“十二五”高职高专院校规划教材(食品类)

功能食品加工技术

车云波　主编

中国质检出版社
中国标准出版社
·北　京·

图书在版编目(CIP)数据

功能食品加工技术/车云波主编. —北京：中国质检出版社，中国标准出版社，2013.1(2021.2 重印)
“十二五”高职高专院校规划教材(食品类)
ISBN 978—7—5026—3689—0

Ⅰ.①功…　Ⅱ.①车…　Ⅲ.①疗效食品—食品加工—高等职业教育—教材　Ⅳ.①TS218

中国版本图书馆 CIP 数据核字(2012)第 267701 号

内 容 提 要

本书是“十二五”规划教材之一，对功能食品加工技术进行了较全面而系统的介绍，体现以职业岗位为导向，以知识和技术应用能力培养为重点的高职教材特色。教材对功能食品加工的技术和工艺流程、技术要领和产品质量控制等作重点介绍。旨在培养学生的实际工作能力，注重学生综合能力的提高。

本教材包括功能食品的加工技术、活性多糖及其加工技术、活性多肽及其加工技术、功能性油脂及其加工技术、自由基清除剂加工技术、活性益生菌加工技术、活性微量元素加工技术、强化食品加工技术。

本教材可供高职高专食品类各专业使用，也可作为从事功能食品生产、教学、学习及相关工作人员的参考书。

中国质检出版社
中国标准出版社　出版发行
北京市朝阳区和平里西街甲 2 号(100013)
北京市西城区三里河北街 16 号(100045)
网址：www. spc. net. cn
总编室：(010)64275323　发行中心：(010)51780235
读者服务部：(010)68523946
中国标准出版社秦皇岛印刷厂印刷
各地新华书店经销

*

开本 787×1092　1/16　印张 13　字数 324 千字
2013 年 1 月第一版　2021 年 2 月第六次印刷

*

定价 **32.00** 元

如有印装差错　由本社发行中心调换

教材编委会

本书编委会

主　编　车云波　黑龙江生物科技职业学院

副主编　李同华　黑龙江生物科技职业学院
　　　　范翠英　黑龙江五大连池市尾山农场学院
　　　　蒲丽丽　江苏畜牧兽医职业技术学院

参　编　（按姓氏笔画为序）
　　　　田建军　内蒙古农业大学
　　　　刘　畅　黑龙江生物科技职业学院
　　　　刘玉兵　黑龙江农业经济职业技术学院
　　　　孙芝杨　江苏食品职业技术学院

主　审　王　良　黑龙江生物科技职业学院
　　　　刘　静　内蒙古商贸职业学院

编者的话

为适应高职高专学科建设、人才培养和教学改革的需要，更好地体现高职高专院校学生的教学体系特点，进一步提高我国高职高专教育水平，加强各高等职业技术学校之间的交流与合作，根据教育部《关于加强高职高专教育人才培养工作的若干意见》等文件精神，为配合全国高职高专规划教材的建设，同时，针对当前高职高专教育所面临的形势与任务、学生择业与就业、专业设置、课程设置与教材建设，由中国质检出版社组织北京农业职业学院、苏州农业职业技术学院、天津开发区职业技术学院、重庆三峡职业学院、湖北轻工职业技术学院、广东轻工职业技术学院、河南鹤壁职业技术学院、广东新安职业技术学院、内蒙古商贸职业学院、新疆轻工职业技术学院、黑龙江生物科技职业学院等60多所全国食品类高职高专院校的骨干教师编写出版本套教材。

本套教材结合了多年来的教学实践的改进和完善经验，吸取了近年来国内外教材的优点，力求做到语言简练，文字流畅，概念确切，思路清晰，重点突出，便于阅读，深度和广度适宜，注重理论联系实际，注重实用，突出反映新理论、新知识和新方法的应用，极力贯彻系统性、基础性、科学性、先进性、创新性和实践性原则。同时，针对高职高专学生的学习特点，注重“因材施教”，教材内容力求深入浅出，易教易学，以利于改进教学效果，体现人才培养的实用性。

在本套教材的编写过程中，按照当前高职高专院校教学改革，“工学结合”与“教学做一体化”的课程建设和强化职业能力培养的要求，设立专题项目，每个项目均明确了需要掌握的知识和能力目标，并以项目实施为载体加强了实践动手能力的强化培训，在编写的结构安排上，既注重了知识体系的完整性和系统性，同时也突出了相关生产岗位核心技能掌握的重要性，明确了相关工种的技能要求，并要求学生利用复习思考题做到活学活用，举一反三。

本套教材在编写结构上特色较为鲜明，设置“知识目标”、“技能目标”、“素质目标”、“案例分析”、“资料库”、“知识窗”、“本项目小结”和“复习思考题”等栏目。编写过程中也特别注意使用科学术语、法定计量单位、专用名词和名称，运用了有关体系规范用法。既方便教学，也便于学生把握学习目标，了解和掌握教学内容中的知识点和能力点。从而使本套教材更符合实际教学的需要。

相信本套教材的出版，对于促进我国高职高专教材体系的不断完善和发展，培养更多适应市场、素质全面、有创新能力的技术专门人才大有裨益。

教材编委会

2012年9月

前　　言

本教材以知识和技术应用能力培养为重点，根据高职高专食品专业人才培养目标和基本要求编写。本书依据功能食品加工技术的理论体系和实践操作技能的要求，体现以职业岗位为导向，以知识和技术应用能力培养为重点的高职高专教材特色，对功能食品加工技术进行了较全面而系统的介绍。教材编写过程中强调基本原理和基本操作技术，各种技术的工艺流程，技术要领和产品质量控制等重点内容，旨在培养学生的实际工作能力，注重学生综合能力的提高。为便于实践教学，本教材以接近于生产实际的实训实例作为学生技能实训的指导，可以根据实际情况选择使用。

本书主要内容有：功能食品的加工技术、活性多糖及其加工技术、活性多肽及其加工技术、功能性油脂及其加工技术、自由基清除剂加工技术、活性益生菌加工技术、活性微量元素加工技术、强化食品加工技术等。

本书由车云波主编，王良、刘静主审。参加本书编写人员（按姓氏笔画为序）有：项目八、附录由车云波编写；项目七由田建军编写；项目六由刘畅编写；项目五由刘玉兵编写；项目九由孙芝杨编写；项目一、项目四由李同华编写；项目三由范翠英编写；项目二由蒲丽丽编写。

本书在编写和出版过程中，得到了中国质检出版社的关心和支持，并得到了王良、刘静及各位作者和同行的悉心指导与帮助，谨此表示感谢。

尽管编者在编写与统稿过程中做了很大的努力，但由于编者水平和经验有限，书中缺点错误在所难免，恳请广大读者批评指正。

编者

2012 年 9 月

目 录

项目一　绪　　论

【知识目标】

了解功能性食品及亚健康的概念、目前国内外功能食品行业的发展现状和我国功能食品发展存在的问题。理解功能食品中的功效成分，熟悉功能性食品的特征、分类，掌握功能性食品与药品或者一般食品的区别。

【能力目标】

能解释功能性食品与药品或者一般食品的区别。能应用功能食品的保健功能，能识别功能食品（保健食品）的标识，能写出功能性食品的特征。

【素质目标】

通过对绪论部分的学习，使学生能够根据标识对功能性食品有一定的辨别和选购能力，增强学习其相应法规的观念与意识，培养良好的思想品德和职业道德。

现代社会经济快速发展，物质文明高度发达，但是也带来了诸多新的困扰和忧虑。社会竞争越来越激烈，人们承受着比原来更多的心理压力；餐桌上各色食品琳琅满目，老百姓不知不觉地走入诸如肥胖症、糖尿病、高血压、高血脂等所谓的“文明病”的陷阱；地球整体生态环境恶化，空气、水源污染严重，我们的器官、组织、细胞乃至基因遭受着严重的威胁……。种种不利的内、外因素困扰着我们，让我们经常感到疲劳、失眠、情绪焦躁，但是检查和常规化验却又找不到生物学的变量结果。这种健康的透支状态，身体存在种种不适，但无身体器质性病变状态被医学界称为亚健康。45%人群处于这种亚健康状态，特别是中年知识分子、现代企业管理者高达85%。它是身体发出的疾病来临前生理功能低下的信号，往往是心脑血管疾病、肝病、肿瘤等多种疾病的前兆。这些事实都刺激着人们更加关注自身的健康，以降低疾病的风险。

所以现代人对食品的要求，除营养（第一功能）和感觉（第二功能）之外，还希望它具有调节人体生理活动的作用（第三功能），这类食品强调第三种功能，被称为功能食品。功能食品是新时代对食品工业的深层次要求。开发功能食品的根本目的，就是要最大限度地满足人类自身的健康要求。因此，目前国际市场上掀起了一股功能食品的研究与生产热潮，很多专家、学者认为它将成为21世纪的主导食品。

任务1　功能食品的特征及分类

一、功能食品的概念

1. 功能食品概念的提出

人们常说的功能食品或者叫功能性食品这一名词，最先出现于日本文部省（相当于我国的卫生部)《食品功能的系统性解释与展开》的报告中。1989 年 4 月,厚生省(负责医疗卫生和社会保障)进一步明确定义为:对人体能充分显示身体的防御功能、调节生理节奏,以及预防疾病和促进康复等方面的工程化食品。1990 年 11 月,他们又提出"特殊保健用途食品"(Food for Specified Health use)。关于"功能食品"的提法,虽尚未得到全世界的公认,但这强调食品具有调节生理活动功能(三次功能)的观点却已为全世界所共识。在欧洲国家将之称为"健康食品(Healthy Food)";在美国称之为"营养增补剂"(Nutritional Supplement);在德国称其为"改善食品(Reform Foods)",在中国这样的食品也有"保健食品"、"疗效食品"、"滋补食品"等多种称谓。值得注意的是,各个国家对于功能食品的定义和范围不尽相同,有交集但是称谓之间并不等同。

2. 我国对功能食品的规定

我们常说的保健食品(health food)其实就是上文国外提出的功能食品(functional food),在我国由于保健食品这个称谓由来已久,因此生产和销售单位一直延用该称谓。1996 年 3 月 15 日,卫生部发布了《保健食品管理办法》,同年的 6 月 1 日施行。它被定义为:具有特定保健功能的食品,适宜于特定人群食用,具有调节机体功能,不以治疗疾病为目的的食品。功能食品具有食品的属性,要求无毒、无害,达到应有的营养要求,经得起科学验证,有明确和具体的保健功能。从 1996 年 6 月起,凡是在我国境内生产和销售的功能食品一律由卫生部进行终审,审查通过后颁发批准证书,准许使用卫生部制定的统一标志(如图 1—1)。"功能食品"和"保健食品",二者在多数情况下可以通用,但在学术与科研上,叫"功能食品"更科学些,并且"功能食品"需要提交产品的功能学评价报告。

图 1—1　中国功能食品(保健食品)的标志(天蓝色)

3. 功能食品中的功效成分

功能食品中真正起生理作用的成分称为生理活性物质(或者称为功效成分、功能因子、活性成分)。显然这些成分是功能食品的基料,是生产功能食品的关键。功效成分主要可分为八大类型:

(1)活性多糖类;

(2)活性多肽和活性蛋白质类;

(3)功能性脂类;

(4)功能性矿物质及微量元素类;

(5)功能性维生素类；

(6)自由基清除剂类；

(7)功能性甜味料类；

(8)活性菌类。

不同的功效成分，调节人体机能的作用各不相同，在下文中我们还要详细介绍。随着科学技术的发展，越来越多的功效成分被开发出来，已经具体确定的有上百种之多，如膳食纤维、谷胱甘肽、二十二碳六烯酸、超氧化物歧化酶、活性硒等，本书将在后面的章节中详细介绍一些重要功效成分及其生产加工技术。

4. 功能食品的特征

功能食品必须具有如下的特征。

(1)功能食品必须是食品，具备食品的法定特征

功能食品属于日常摄取的食品，所选用的原辅料、食品添加剂必须符合相应的国家标准或行业标准规定，具有以下食品的法定特征：

1)供人食用的或者饮用的成品或者原料；

2)无毒、无害；

3)符合应有的营养要求；

4)具有相应的色、香、味等感官性状。

功能食品也能以如下食品成分的形式呈现出来：一些是有一定营养功能但却不是人体所必需的成分的食品(如某些低聚糖)；另一些甚至是什么营养价值也没有的食品(如活微生物和植物化学物质)。另外，功能食品必须经过卫生部指定机构进行毒理学检验，对人体不能产生急性、亚急性或慢性危害。

(2)功能食品必须要有特有的营养保健功效

功能食品是工业化产品，它除了具备普通食品的营养、感觉功能外，特别强调其应具备调节生理活动的第三大功能。它至少应具有调节人体机能作用的某一功能，如“调节血糖”、“调节血脂”等。而且其功能必须经卫生部指定机构进行动物功能试验、人体功能试验和稳定性试验，证明其功能明确、可靠。功能不明确、不稳定者不能作为保健食品即功能食品。

(3)功能食品必须有明确的适用人群对象

一般食品提供人体维持生命活动所需各种营养，但是功能食品则因人而异，如果选择不慎，使用后不仅起不到保健作用，反而有损于身体健康。例如：减肥食品适合肥胖人群而瘦小的人则不适宜；低脂、高钙食品适于老年人而不适于儿童。

(4)功能食品必须与药品相区别

药品可治病，功能食品不以治疗为目的，而是重在调节机体内环境平衡与生理节奏，增强机体的防御功能，以达到保健康复作用；功能食品要达到现代毒理学上的基本无毒或无毒水平，而药品允许一定程度的毒副作用；功能食品无需医生的处方，按机体正常需要摄取。

(5)功能食品配方组成和用量必须具有科学依据

只有明确了功效成分，才能根据不同人身体情况选择合适于自己的功能食品。因此，在规范了功能食品制度以来，对于第三代功能食品应当功效成分明确，需要确知具有该项功能的功能因子(或有效成分)的化学结构及其含量，功效成分含量应可以测定，其作用机理清楚，研究资料充实，临床效果肯定。

(6)功能食品必须具有法规依据

这类食品不仅需由卫生部指定的单位进行功能评价和其他检验，而且必须经地方卫生行政部门初审同意后，报卫生部审批。卫生部审查合格后才发给保健食品批准证书及批号(卫食健字××第××号)，才能使用保健食品标志，才能称为保健食品或功能食品。

二、功能食品的分类

1. 以食用人群和服务对象来分类

(1)用于普通人群的功能食品

旨在促进生长发育、维持活力和精力，强调其成分能够充分显示身体防御功能和调节生理节律的工业化食品。如促进康复、排铅等。

(2)用于特殊生理需要的人群的功能食品

它着眼于某些特殊消费群体的身体状况，它是根据各种不同的健康消费群体的生理特点和营养需求而设计的，如：

1)婴儿/幼儿功能性食品(营养素、微量活性物质)；

2)学生/青少年功能性食品(智力发育)；

3)老年人功能性食品(足够蛋白质、低糖、低胆固醇等)；

4)孕妇功能性食品、乳母功能性食品。

(3)用于特殊工种人群的功能食品

例如：井下作业、高温作业、低温作业、运动员等需要特殊调节机体功能的物质，制作的功能食品。

(4)用于特殊疾病人群的功能食品

如心血管疾病患者、糖尿病患者、肿瘤患者需要的辅助治疗疾病的功能食品。

(5)用于特殊生活方式的人群的功能食品

如在休闲、旅游、登山等生活场景中适宜的功能食品。

2. 以调节机体功能的作用特点来分类

如减肥功能性食品、提高免疫力的功能性食品、美容功能性食品、健脑益智功能性食品、增强免疫力功能性食品、降血压功能性食品和降血糖功能性食品等。

3. 以产品的形式来分类

如饮料、酒、茶、焙烤食品、片剂、胶囊、粉剂等。

4. 根据科技水平

(1)第一代功能食品——强化食品

第一代功能食品即指强化食品。为提高食品营养价值，向食品中添加一种或多种营养素或某些天然食品，进行食品强化。第一代功能食品仅靠依据营养素或有效成分推断其功能。

(2)第二代功能食品

第二代功能食品又叫初级功能产品，这种功能食品经过动物毒理学实验和人体实验检验，能够证明该产品具有某种生理调节作用。其生产工艺要求更科学、更合理，以避免其功效成分在加工过程中被破坏或转化。

(3)第三代功能食品

第三代功能食品又叫高级功能产品，这种功能食品应当功效成分明确，需要确知具有该项功能的功能因子(或有效成分)的化学结构及其含量,含量应可以测定。该产品的作用机理清楚,研究资料充实,临床效果肯定。

三、功能食品与药品的区别

功能食品与药品有着严格的区别,不能认为是在食品中加了药的产品。功能食品与药品的区别在于:

(1)药品能够治病,功能食品不以治疗为目的,而是重在调节机体内环境平衡与生理节奏,增强机体的防御功能,以达到保健康复作用;

(2)功能食品要达到现代毒理学上的基本无毒或无毒水平,而药品允许一定程度的毒副作用;

(3)功能食品无需医生的处方,按机体正常需要摄取。

我国卫生部至今批准的既是食品又是药品的动、植物品种有:

丁香、八角茴香、刀豆、小茴香、小蓟、山药、山楂、马齿苋、乌梢蛇、乌梅、木瓜、火麻仁、代代花、玉竹、甘草、白芷、白果、白扁豆、白扁豆花、龙眼肉(桂圆)、决明子、百合、肉豆蔻、肉桂、余甘子、佛手、杏仁(甜、苦)、沙棘、牡蛎、芡实、花椒、赤小豆、阿胶、鸡内金、麦芽、昆布、枣(大枣、酸枣、黑枣)、罗汉果、郁李仁、金银花、青果、鱼腥草、姜(生姜、干姜)、枳椇子、枸杞子、栀子、砂仁、胖大海、茯苓、香橼、香薷、桃仁、桑叶、桑椹、橘红、桔梗、益智仁、荷叶、莱菔子、莲子、高良姜、淡竹叶、淡豆豉、菊花、菊苣、黄芥子、黄精、紫苏、紫苏籽、葛根、黑芝麻、黑胡椒、槐米、槐花、蒲公英、蜂蜜、榧子、酸枣仁、鲜白茅根、鲜芦根、蝮蛇、橘皮、薄荷、薏苡仁、薤白、覆盆子、藿香(《卫生部关于进一步规范保健食品原料管理的通知》卫法监发[2002]51号)。

另外,6类14个品种的食品新资源也是开发功能性食品的常用原料,它们是:油菜花粉、玉米花粉、松花粉、向日葵花粉、紫云英花粉、荞麦花粉、芝麻花粉、高粱花粉、顶螺旋藻、极大螺旋藻、魔芋、刺梨、玫瑰茄、蚕蛹。

目前,卫生部允许使用部分中草药来开发现阶段的功能性食品,例如:

人参、人参叶、人参果、三七、土茯苓、大蓟、女贞子、山茱萸、川牛膝、川贝母、川芎、马鹿胎、马鹿茸、马鹿骨、丹参、五加皮、五味子、升麻、天门冬、天麻、太子参、巴戟天、木香、木贼、牛蒡子、牛蒡根、车前子、车前草、北沙参、平贝母、玄参、生地黄、生何首乌、白及、白术、白芍、白豆蔻、石决明、石斛、地骨皮、当归、竹茹、红花、红景天、西洋参、吴茱萸、怀牛膝、杜仲、杜仲叶、沙苑子、牡丹皮、芦荟、苍术、补骨脂、诃子、赤芍、远志、麦门冬、龟甲、佩兰、侧柏叶、制大黄、制何首乌、刺五加、刺玫果、泽兰、泽泻、玫瑰花、知母、罗布麻、苦丁茶、金荞麦、金樱子、青皮、厚朴、厚朴花、姜黄、枳壳、枳实、柏子仁、珍珠、绞股蓝、胡芦巴、茜草、荜茇、韭菜子、首乌藤、香附、骨碎补、党参、桑白皮、桑枝、浙贝母、益母草、积雪草、淫羊藿、菟丝子、野菊花、银杏叶、黄芪、湖北贝母、番泻叶、蛤蚧、越橘、槐实、蒲黄、蒺藜、蜂胶、酸角、墨旱莲、熟大黄、熟地黄、鳖甲……。

另外,文件中还严格规定出绝对不能添加在功能食品中的中草药原料,以下就是保健食品禁用品名单:

八角莲、八里麻、千金子、土青木香、山莨菪、川乌、广防己、马桑叶、马钱子、六角莲、天仙子、巴豆、水银、长春花、甘遂、生天南星、生半夏、生白附子、生狼毒、白降丹、石蒜、关木通、农吉痢、夹竹桃、朱砂、米壳(罂粟壳)、红升丹、红豆杉、红茴香、红粉、羊角拗、羊踯躅、丽江山慈菇、京大戟、昆明山海棠、河豚、闹羊花、青娘虫、鱼藤、洋地黄、洋金花、牵牛子、砒石(白砒、红砒、砒霜)、草乌、香加皮(杠柳皮)、骆驼蓬、鬼臼、莽草、铁棒槌、铃兰、雪上一枝蒿、黄花夹竹桃、斑蝥、硫磺、雄黄、雷公藤、颠茄、藜芦、蟾酥。

任务2 功能食品的保健功能

一、增强免疫功能

1. 免疫概述

免疫是指机体接触“抗原性异物”或“异己成分”的一种特异性生理反应,它是机体在进化过程中获得的“识别自身、排斥异己”的一种重要生理功能。免疫系统对维持机体正常生理功能具有重要意义。与免疫有关的功能食品是指具有增强机体对疾病的抵抗力、抗感染、抗肿瘤功能以及维持自身生理平衡的食品。人体由于营养素摄入不足造成机体抵抗力下降,会对免疫机制产生不良影响,所以适当的营养强化有助于提高免疫力。同时,不少功能性物质具有较强的免疫功能调节作用,可以增强人体对疾病的抵抗力。

2. 增强免疫力的功能食品

(1)营养强化剂

1)蛋白质与免疫功能

蛋白质是机体免疫防御体系的“建筑原材料”,我们人体的各免疫器官以及血清中参与体液免疫的抗体、补体等重要活性物质(即可以抵御外来微生物及其他有害物质入侵的免疫分子)都主要由蛋白质参与构成。

2)维生素与免疫功能

维生素A对皮肤/黏膜局部免疫力的增强、提高机体细胞免疫的反应性以及促进机体对细菌、病毒、寄生虫等病原微生物产生特异性的抗体都有较好的效果。维生素C可以提高具有吞噬功能的白细胞的活性;还参与机体免疫活性物质(即抗体)的合成过程;还可以促进机体内产生干扰素(一种能够干扰病毒复制的活性物质)。维生素E是一种重要的抗氧化剂,但它同时也是有效的免疫调节剂,能够促进机体免疫器官的状态和免疫细胞的分化,提高机体细胞免疫和体液免疫的功能。

3)微量元素与免疫功能

铁作为人体必需的微量元素对机体免疫器官的发育、免疫细胞的形成以及细胞免疫中免疫细胞的杀伤力均有影响。锌元素是在免疫功能方面被关注和研究得最多的元素,它的缺乏对免疫系统的影响十分迅速和明显,且涉及的范围比较广泛(包括免疫器官的功能、细胞免疫、体液免疫等多方面),所以应该注重锌元素的摄取,维持机体免疫系统的正常发育状态和生理功能。

(2)增强免疫作用的功能因子

1)免疫球蛋白和免疫活性肽

免疫球蛋白和免疫活性肽在动物体内具有重要的免疫和生理调节作用,是动物体内免疫系统最为关键的组成物质之一。

免疫球蛋白(Ig)是一类具有抗体活性或化学结构与抗体相似的球蛋白,普遍存在于哺乳动物的血液、组织液、淋巴液及外分泌液中。常见的免疫球蛋白类型有IgA,IgG,IgM,IgD,IgE五类。

免疫活性肽分为内源免疫活性肽和外源免疫活性肽两种类型。内源免疫活性肽包括干扰素、白细胞介素和β-内啡肽;外源免疫活性肽主要来自于人乳或牛乳中的酪蛋白。大豆蛋白、大米蛋白通过酶解也可产生具有免疫活性的肽。

2)活性多糖

活性多糖是一种新型高效免疫调节剂,分植物多糖、动物多糖、菌类多糖、藻类多糖等。活性多糖能显著提高巨噬细胞的吞噬能力,增强淋巴细胞(T、B淋巴细胞)的活性,起到抗炎、抗细菌、抗病毒感染、抑制肿瘤、抗衰老的作用。

3)其他

另外,还有SOD、双歧杆菌、乳酸菌、大蒜素、茶多酚等,也具有提高免疫力的功效。

二、改善睡眠功能

1. 睡眠概述

睡眠对人体非常重要,一个人一生中大约有三分之一的时间是在睡眠中度过。通过睡眠,可以消除疲劳,恢复精神与体力,提高工作与学习效率。在睡眠时,机体基本上阻断了与周围环境的联系,身体许多器官系统的活动效力在睡眠时都会慢慢下降。此时机体内清除受损细胞、制造新细胞、修复自身的活动却在悄悄进行,所以睡眠不足将导致抵抗力下降。随着人们生活节奏的加快,生存压力的加大和竞争的日益激烈,睡眠障碍患者日益增多。失眠者长期服用安眠药物会产生耐药性和成瘾性,且有一定的副作用。因此,开发安全有效的改善睡眠的功能性食品具有重要意义。

2. 改善睡眠的功能食品

(1)褪黑激素

褪黑激素是大脑的松果体在睡眠时分泌的一种激素,它是一种对维持正常的生理功能非常重要的物质,尤其对睡眠周期的维持更为重要。

(2)酸枣仁

酸枣仁是由鼠李科乔木酸枣(*Ziziphus jujuba var. spinosa*)成熟果实去果肉、核壳,收集种子,晒干而成。实验证明,酸枣仁对小鼠、豚鼠、猫、兔、犬等均有镇静催眠作用。

(3)葡萄和葡萄酒

葡萄和葡萄酒中富含维生素B_1,B_2,B_6、C、P、PP、胡萝卜素、葡萄糖、果糖及多种人体所必需的氨基酸等成分,对神经衰弱和过度疲劳引起的失眠有镇静、安眠作用。

(4)富含锌、铜的食物

研究发现,神经衰弱者血清中的锌、铜两种微量元素量明显低于正常人。由此可见,患者在饮食上有意识地多吃一些富含锌元素和铜元素的食物对改善睡眠有良好的效果。

(5)面包和馒头

进食适量的面包或馒头后,色氨酸在代谢中被保留下来。色氨酸是5-羟色胺的前体,而5-羟色胺有催眠作用,因此如果失眠,吃一点面包或馒头,能促进睡眠。

(6)酸奶和香蕉

有些人半夜醒后难以入睡,可能与体内血糖水平偏低有关。酸奶中含有一定的糖分和丰富的钙元素，香蕉会使人体血糖水平升高，因此食用一杯酸奶和一个香蕉，可使失眠病人血糖升高，使病人容易再度入睡。

(7)其他

另外，桂圆肉、莲子、远志、柏子仁、猪心、黄花菜等，都有一定的镇静催眠作用，常用来治疗失眠症。

三、辅助改善记忆功能

1. 学习和记忆概述

学习和记忆是脑的高级机能之一。记忆是指获得的信息或经验在脑内贮存和提取(再现)的神经活动过程。人类大脑可贮存巨大的信息量，有人推算认为，人脑一生中约可以贮存5亿册书的知识量。信息在流通中要经过筛选和大量丢失。也就是说，外界通过感觉系统输入的信息很多，而到达长时性记忆的信息量很少。近年来，学习和记忆能力被人们看成是检测衰老的一项重要指标，也有学者利用衰老引起的学习和记忆变化来研究学习和记忆的机理。由此看来，改善记忆力尤其对学生和老人具有重要意义。

2. 提高记忆的功能食品

从芹菜籽提出的芹菜甲素有改善脑缺血、脑功能和能量代谢等多方面的作用。从红辣椒内提出的辣椒素具有振奋情绪、减少忧郁的作用，因而改善老年人的生活质量。1986年，中国科学院上海药物研究所和军事医学科学院同时从石松分离出的石杉碱甲和乙，这种成分对记忆恢复和改善都有效。20世纪70年代欧洲的研究人员从银杏叶中提取出有效成分——黄酮甙，能够改善脑循环、抗血栓、清除自由基和改善学习、记忆等。另外，研究表明：人参对记忆各个阶段记忆再现障碍有显著的改善作用。

四、调节血压、血脂功能

1. 高血压和高脂血症的危害

高血压是指收缩压或舒张压升高的一组临床症候群。它的真正危害性在于对心、脑、肾的损害，造成这些重要脏器的严重病变。高血压最常见的一种并发症是脑中风，最为严重的就是脑出血而危及生命。另外，高血压能够引起冠心病、心肌肥大、心律失常、心力衰竭；它同样也会危害肾血管，会导致肾血管变窄或破裂，最终引起肾功能的衰竭。

血浆中的脂类[甘油三酯、胆固醇酯(cholesterol ester)、胆固醇]高于正常的上限称为高脂血症。研究表明：高胆固醇或高LDL(低密度脂蛋白)血症是动脉粥样硬化的主要危险因素；血清总胆固醇≥8.06mmol/L者发生冠心病的危险性比血清总胆固醇＜4.9mmol/L者增加几倍；脂质过多沉积在血管壁，并由此形成的血栓，而血栓表面的栓子也可脱落而阻塞远端动脉，形成心源性脑栓塞，从而导致缺血性中风。高血脂也可加重高血压症状，在高血压动脉硬化的基础上，血管壁变薄而容易破裂，因此，高脂血症也是出血性中风的危险因素。

作为现代文明病之一的高血压症和高脂血症，是心脑血管疾病的罪魁祸首，对人类健康具有极大的危害性。因此，高血压、高血脂人群应该保持科学的饮食和生活习惯，补充降压、降脂的功能食品。

2. 调节血脂和/或血压的功能食品

(1)辅助调节血压、血脂的营养素

1)微量元素

镁具有调节血压的作用,对我国不同居住区的饮水进行镁含量的测定发现,水中镁元素的含量与高血压、动脉硬化性心脏病呈负相关。有报道称:体内缺镁时降压药的效果会降低。铜元素、硒元素与血压的高低也有着密切的联系。研究显示,硒能降低血压;铜缺乏可引起血管内壁的损伤,造成血中总胆固醇的升高。

2)蛋白质

高血压病人每日摄入适量蛋白质,其中植物蛋白应占50%(尤其是大豆蛋白)。鱼类蛋白质,可改善血管弹性和通透性,增加尿、钠排出,从而降低血压;此外,平时还应该常食用含酪氨酸丰富的物质,如脱脂奶、酸牛奶、奶豆腐、海鱼等。

3)维生素

维生素C可以改善血管的弹性,抵抗外周阻力,延缓因高血压造成的血管硬化的发生几率,预防血管破裂出血的发生。维生素E的抗氧化作用可以稳定细胞膜的结构,抑制血小板的聚集,有利于预防高血压的并发症——动脉粥样硬化的发生。另外,B族维生素对于改善脂质代谢、保护血管结构和功能也有作用。

(2)辅助调节血压、血脂的物质

1)膳食纤维

膳食纤维是来自于植物的一类复杂化合物,具有多种生理功能。肠内的膳食纤维可以抑制胆固醇的吸收。动物试验表明:谷物的秸秆如麦秆能降低家兔的动脉粥样硬化,果胶能防止鸡的动脉粥样硬化。

2)大豆蛋白和大豆多肽

大豆蛋白能预防脑中风,也能与肠内胆固醇类相结合,从而妨碍固醇类的再吸收,并促进肠内胆固醇排出体外。大豆蛋白的降解产物——肽类,也非常适于高血压和高血脂人群服用。大豆多肽能抑制血管紧张素转换酶(ACE)的活性,间接阻碍了血管平滑肌收缩,发挥降低血压的作用。许多动物实验和人体临床实验说明,大豆多肽具有降低血脂和胆固醇的作用。大豆多肽能阻碍肠道内胆固醇的吸收,促使胆固醇排出体外,降低血液中血脂和胆固醇的浓度。

3)山楂

山楂中的活性成分(黄酮类等)能显著降低血清总胆固醇($P<0.001$),增加胆固醇的排泄。山楂核醇提取物可降低总胆固醇33.7%~62.8%,低密度和极低密度脂蛋白胆固醇34.4%~65.6%,减少胆固醇在动脉壁上的沉积。另外,山楂也有很好的调节血压作用:山楂的乙醇提取液有较持久的降压作用。

4)多不饱和脂肪酸

多不饱和脂肪酸能够降低血中胆固醇和甘油三酯含量,降低血液黏稠度,改善血液微循环。高血脂人群可经常食用含不饱和脂肪酸较多的小麦胚芽油、米糠油、紫苏油、沙棘(籽)油、葡萄籽油、深海鱼油、玉米(胚芽)油等油脂。

5)植物固醇

植物固醇又叫植物甾醇,包括菜油固醇、麦芽固醇和豆固醇等。这些化合物在结构上与胆固醇相似,可降低胆固醇吸收。据统计,膳食中植物固醇摄入量越高,人群罹患心脏病和其他慢性病的危险性越少。很多国际组织和学者都建议摄入含植物固醇高的食物,以减少冠心病等慢性病的发生。

6)其他

另外,高血压人群可以服用杜仲叶提取物、芦丁提取物等制成的功能食品。银杏叶提取物中银杏黄酮类等成分可以软化血管、消除血液中的脂肪,降低血清胆固醇,改善血液循环。绞股蓝水提取液对血清胆固醇和甘油三酯有明显降低的作用。血脂较高的人应常吃洋葱、香菇等保护性食品。

五、调解血糖功能

1. 糖尿病概述

糖尿病是由于体内胰岛素不足而引起的以糖、脂肪、蛋白质代谢紊乱为特征的常见慢性病。研究表明,患糖尿病 20 年以上的病人中有 95%出现视网膜病变,糖尿病患心脏病的可能性较正常人高 2～4 倍,患中风的危险性高 5 倍,一半以上的老年糖尿病患者死于心血管疾病。目前,临床上常用的口服降糖药都有副作用,均可引起消化系统的不良反应,有些还引起麻疹、贫血、白细胞和血小板减少症等。因此,寻找开发具有降糖作用的功能食品,以配合药物治疗,在有效地控制血糖和糖尿病并发症的同时降低药物副作用,已引起人们的关注。

2. 调节血糖的功能食品

(1)糖醇

糖醇类是糖类的醛基或酮基被还原后的物质。一般是由相应的糖,经还原反应而成的一种特殊甜味剂。糖醇类有一定甜度,热值大多低于蔗糖,适用于低热量食品。糖醇类在人体的代谢过程中与胰岛素无关,不会引起血糖值和血中胰岛素水平的波动,可用作糖尿病和肥胖患者的特定食品。目前常用的糖醇有:木糖醇、山梨糖醇、甘露糖醇、麦芽糖醇、乳糖醇、异麦芽糖醇等。

(2)蜂胶

蜂胶是蜜蜂从植物叶芽、树皮内采集所得的树胶混入工蜂分泌物和蜂蜡而成的混合物。其能显著降低血糖,减少胰岛素的用量,具有调节血糖功能。并能消除口渴、饥饿等症状,防治由糖尿病所引起的并发症。

(3)活性铬

铬的存在形式有 Cr^{3+} 和 Cr^{6+} 两种形态,Cr^{6+} 有毒(如:K_2CrO_4 中的铬),Cr^{3+} 是活性铬,后者是葡萄糖耐量因子的组成部分,缺乏后可导致葡萄糖耐量降低。所谓“葡萄糖耐量”是指摄入葡萄糖(或能分解成葡萄糖的物质)使血糖上升,经一定时间后,血糖恢复正常。活性铬的主要作用是协助胰岛素发挥作用,因此活性铬参与血糖调节功能。

(4)其他

20 世纪 70 年代日本即用南瓜粉治疗糖尿病,但至今对南瓜降糖的作用机理并不明确;在日本、中国台湾和东南亚亚热带地区的民间,常用番石榴的叶子治疗糖尿病和腹泻。

六、防治贫血功能

1. 贫血概述

贫血是指全身循环血液中红细胞的总容量、血红蛋白和红细胞压缩容积减少至同地区、同年龄、同性别的标准值以下而导致的一种症状。而由于某些营养素摄入不足而引起的贫血被称为营养性贫血。营养性贫血主要包括由于缺乏造血物质铁引起的缺铁性贫血和由于缺乏维生素 B_{12} 或叶酸引起的巨幼红细胞性贫血。

2. 防治贫血功能食品

缺铁性贫血人群需要补充血红素铁,如多吃畜、禽、水产类的肌肉、内脏;注意在平衡膳食中增加铁、蛋白质和维生素 C 的需要量;服用乳酸亚铁、血红素铁、硫酸亚铁、葡萄糖亚铁等作为功效成分的功能食品。对于巨幼红细胞性贫血人群,注射维生素 B_{12} 和口服叶酸是治疗巨幼红细胞性贫血的主要措施,饮食治疗仅为辅助手段。肉、豆类发酵制品、新鲜水果和蔬菜是维生素 B_{12} 的主要来源;肝、腰和绿色蔬菜是叶酸的主要来源。

七、延缓衰老、抗氧化功能

1. 自由基、氧化作用与衰老

衰老是生物在生命过程中,整个机体的形态、结构和功能逐渐衰退的总现象。阐述衰老机理的学说主要有自由基学说、免疫学说、脑中心学说、生物膜衰老学说等。学说中引起氧化反应的自由基与衰老密切相关。自由基是体内各种生化反应的中间代谢产物。在人体的生命活动过程中,各种生化反应,不管是酶促反应还是非酶促反应,都会产生各种自由基。在正常的情况下,体内自由基处于不断产生与清除的动态平衡之中,并在代谢中发挥着重要作用。但是,如果自由基过多或清除过慢,则会对人体造成严重危害。自由基能通过氧化作用攻击体内的生命大分子,如核酸、蛋白质、糖类和脂质等,使这些物质发生过氧化变性、交联和断裂,从而引起细胞结构和功能的破坏,导致机体的组织破坏和退行性变化。因此,如何延缓人的衰老进程,抗氧化、清除自由基,预防老年病发生,具有十分重要的经济意义和社会意义。

2. 抗氧化、延缓衰老的功能食品

(1)生育酚(维生素 E)

维生素 E 又称为生育酚,是强有效的自由基清除剂。它经过一个自由基的中间体氧化生成生育醌,从而将 ROO·转化为化学性质不活泼的 ROOH,中断了脂类过氧化的连锁反应,有效地抑制了脂类的过氧化作用。生育酚共有 α,β,γ,δ,ε,ζ,η 7 种同系物。其中,生物学效价比较结果是:$\alpha->\beta->\gamma->\delta-$;而抗氧化能力则是:$\alpha-<\beta-<\gamma-<\delta-$。天然生育酚的营养生理活性和安全性均高于合成品。近年来,国外掀起了一股天然维生素 E 热,作为抗氧化、防病保健、延年益寿的首选品,年消费量约递增 10%。

(2) 超氧化物歧化酶(SOD)

超氧化物歧化酶(SOD)是目前研究得最深入、应用得最广泛的一种酶类自由基清除剂。SOD 是一类含金属的酶,按其所含金属辅基不同可分为:含铜锌 SOD(Cu·Zn-SOD)、含锰 SOD(Mn-SOD)和含铁 SOD(Fe-SOD)3 种。SOD 可作为功能性食品的功能因子或食品营养强化剂,有良好的抗衰老、抗炎、抗辐射、抗疲劳等保健强身的效果。

(3) 姜黄素

姜黄素类具有很强的抗氧化作用,能消除体内有害的自由基,具有延缓衰老的作用。其主要成分由姜黄素(约占 70%)、脱甲氧基姜黄素(约占 15%)、双脱甲氧基姜黄素(约占 10%)和四氢姜黄素(约占 5%)等组成。姜黄素对·OH 自由基的消除率可达 69%。

(4)茶多酚

茶叶中一般含有20%～30%的多酚类化合物,共约30余种,包括儿茶素、黄酮及其衍生物、花青素类、酚酸和缩酚酸类,其中儿茶素类约占总量的60%～80%,其抽提混合物称茶多酚。茶多酚具有延缓衰老的功能,对O_2^-·和·OH的最大消除率达98%和99%。

(5)还原型谷胱甘肽(GSH)和谷胱甘肽过氧化物酶(G_{PX})

谷胱甘肽由谷氨酸、半胱氨酸和甘氨酸通过肽键缩合而成的活性三肽化合物。只有还原型谷胱甘肽才能发挥有效的消除自由基的生理作用。其天然品广泛存在于动物肝脏、血液、酵母、小麦胚芽中。

谷胱甘肽是谷胱甘肽过氧化物酶(G_{PX})的特异性专一底物,而氢过氧化物则是非专一性底物。G_{PX}分布在细胞的胞液和线粒体中,可以消除H_2O_2和氢过氧化物,从而延缓氧化作用而造成的衰老。

(6)其他

研究表明,灵芝可以明显地延长家蚕的寿命,也可以明显地延长果蝇的平均寿命;阿胶能够促进肌细胞的再生,有抗衰老作用,还具有增强机体的免疫功能,使肿瘤生长减慢延长寿命等功能;人参能提高细胞寿命,还可以促进淋巴细胞体外的有丝分裂,延长人羊膜细胞生存期,可与机体内的自由基相结合从而减少脂褐素在体内的沉积等。

八、抑制肿瘤功能

1. 肿瘤概述

肿瘤不管是良性还是恶性,本质上都表现为细胞失去控制的异常增殖,这种异常生长的能力除了表现为肿瘤本身的持续生长之外,在恶性肿瘤还表现为对邻近正常组织的侵犯及经血管、淋巴管和体腔转移到身体其他部位,而这往往是肿瘤致死的原因。目前,恶性肿瘤已经成为导致人类死亡的首要原因之一,每年全世界约有700万人死于癌症。研究表明:约有35%的肿瘤是与膳食因素密切相关,如改变膳食可以预防50%的乳腺癌、75%的胃癌和75%的结肠癌。因此,只要合理调节营养与膳食结构,发挥各种营养素和非营养素自身的预防肿瘤功效,就可有效地控制肿瘤的发生。

2. 抑制肿瘤功能食品

(1)大蒜和大蒜素

大蒜中存在一类无色无味针状结晶物质——蒜氨酸。蒜氨酸由85%S-烯丙基蒜氨酸、2%丙基蒜氨酸和13%S-甲基蒜氨酸组成。它们是具有抗肿瘤功效成分的前体物质。在蒜氨酸酶与磷酸吡哆醛辅酶参与下,蒜氨酸衍化成具强烈辛辣味的挥发性物质——大蒜素。大蒜素很容易降解成二烯丙基三硫醚等含硫有机化合物,形成大蒜的特殊气味。日本曾用大蒜“疫苗”对接有上百万个肿瘤的小鼠进行试验,结果无一发生癌症。另外,大蒜滤液、大蒜油、大蒜素显著调动体内抑制癌因素cAMP的代谢,达到抗癌的作用。

(2)鲨鱼软骨粉(shark chondroitin powder,也称食用软骨素)

鲨鱼软骨粉由鲨鱼软骨制成的一种硫酸软骨素和蛋白质的复合体,能抑制肿瘤周围血管的生长,使肿瘤细胞因缺乏营养而萎缩、脱落。作为商品,鲨鱼软骨粉中常加有糊精以制成粉末。

(3)番茄红素(lycopene)

番茄红素属于类胡萝卜素中的一种,在番茄中的含量最高。对预防前列腺癌、肺癌、胃癌最有效,对胰腺癌、大肠癌、食道癌、口腔癌、乳腺癌、子宫颈癌也有较好的预防作用。尤其是对已形成的前列腺肿瘤,能使之缩小,延缓扩散。

(4)硒及含硒制品(selenium products)

近年来经进一步研究发现,硒与肿瘤、免疫等有密切关系。它具有防治细胞的畸变、阻止肿瘤细胞的分裂、提高机体细胞的免疫功能、抑制前致癌物转变成致癌物等生理功能。在天然食品麦芽、大麦、鱼类、大蒜、蘑菇等中都含有丰富的硒(mg/kg):小麦胚 1.11,小麦麸皮 0.63,小麦面粉 0.19,麦片 0.45,鳕鱼 0.43,比目鱼 0.34,牡蛎 0.65,生大蒜 0.25,鲜蘑菇 0.13,猪肾 1.89,牛肉 0.20,鸡腿肉 0.14,鱼粉 1.93。

(5)十字花科蔬菜和异硫氰酸酯

十字花科蔬菜是一类因有十字花而得名的蔬菜,包括卷心菜(Cabbage)、甘蓝、花菜、白菜、萝卜及其他的芸苔科蔬菜。异硫氰酸酯是研究的最多的一种十字花科防癌、抗癌成分。目前,已对 20 多种天然和合成异硫氰酸酯预防癌症发生的能力进行了研究。流行病学研究表明,摄入十字花科蔬菜可以预防肺、胃、结肠肿瘤。体内试验证明,此类物质对致癌物有混合的脱甲基和氧化作用;可以预防肝、肺、乳腺、胃和食管肿瘤的发展等。

(6)其他

1)冬凌草

冬凌草(rabbosia rubescens),也称碎米亚,对移植性动物肿瘤艾氏腹水癌、食道癌 109 株、乳腺癌和肉瘤 S180、肝癌、网织细胞肉瘤等均有明显抑制作用。

2)虾青素

虾青素(astaxanthin) 能促进 T 细胞的活性作用,对人的大肠癌 SWll6 细胞的增殖有明显抑制作用。此外,虾青素对膀胱癌、口腔癌和由紫外线引起的皮肤癌也有一定抑制作用。

3)琼脂低聚糖

琼脂低聚糖(agaro-oligosaccarides)主要由红藻类石花菜、江蓠等海藻,经碱、酸、加热等处理制成。研究证明,将人的结肠癌细胞植入大鼠皮下后,饲以琼脂二糖为主的琼脂低聚糖后,肿瘤体积和重量减少,有 20%的肿瘤消失。

九、缓解体力疲劳的功能

1. 疲劳概述

无论是从事以肌肉活动为主的体力活动,还是以精神和思维活动为主的脑力活动,经过一定的时间和达到一定的程度都会出现活动能力的下降,表现为疲倦或肌肉酸痛或全身无力,这种现象就称为疲劳。在运动或劳动的过程中,机体的能量消耗增加,为了提供大量的氧,输送营养物质,排出代谢产物和散发运动过程中产生的多余热量,心血管系统和呼吸系统等的活动必须加强,此时心率加快,血压升高,呼吸次数增加……。总之,疲劳时的生理生化本质是多方面的,如体内疲劳物质的蓄积,包括乳酸、丙酮酸、肝糖元、氮的代谢产物等;体液平衡的失调,包括渗透压、pH 值、氧化还原物质间的平衡等。

2. 缓解体力疲劳的功能食品

(1)人参和西洋参

人参原产中国东北部,朝鲜、韩国和日本也有栽培。人参含多种人参皂苷、人参多糖、低聚肽、氨基酸、无机盐、维生素及精油等成分,对中枢神经有一定兴奋作用和抗疲劳作用,能预防和治疗机体功能低下,非常适用于各器官功能趋于全面衰退的中老年人。

西洋参俗称"芦头",原产北美地区,与人参同属人参属。对中老年人脏器功能衰弱、免疫功能低下、适应环境耐力减退,有一定保障作用。同时西洋参还具有抗疲劳、增强机体对各种有害刺激的特异防御能力的生理功能。

(2)二十八醇

二十八醇(二十八烷醇)属长碳链饱和脂肪醇,常以脂肪酸酯的形式存在于小麦胚芽、米糠、甘蔗、苹果、葡萄等果皮中。但是甘蔗中,却存在较多游离态的二十八醇。二十八醇具有增强耐久力、精力和体力;提高反应灵敏度,缩短反应时间;提高肌肉耐力;提高能量代谢率,降低肌肉痉挛等生理功能。

(3)牛磺酸

牛磺酸又称2-氨基乙磺酸,白色结晶或结晶性粉末。牛磺酸具有促进婴幼儿大脑的发育,消除用脑过度、运动及工作过劳者疲劳的生理功能。

(4)鱼鳔胶

鱼鳔胶为鱼鳔的干制品。质量以片胶最好,呈椭圆形,淡黄色,半透明,有光泽。鱼鳔胶有养血、补肾、固精作用,能增强肌肉组织的韧性和弹力,增强体力,消除疲劳。

(5)其他

葛根是豆科葛属的药食两用植物,其块茎主要成分为葛根总黄酮,具有改善心脑血管的血流量,抗疲劳的作用。乌骨鸡含有多种营养成分,试验表明,乌骨鸡能增加体力,提高抗疲劳能力。另外,鹿茸、大枣也具有降低肌肉疲劳的功效。

十、美容养颜功能

1. 美容养颜的意义

皮肤,特别是面部的皮肤,对显示人们的美貌和健康状况中起着十分重要的作用。可以说,面部皮肤的状态直接体现了一个人的健康和美学修养水平。皮肤的健美涉及人体的各个方面,也受到遗传、健康状况、营养水平、生活与工作环境等多种因素的影响。遗传因素属先天因素,一般较难改变,而健康、营养等因素可通过人们的努力,影响皮肤的健美。

2. 美容养颜的功能食品

(1)芦荟

芦荟属百合科多肉植物,原产地中海沿岸和非洲。芦荟品种甚多,约有360余种,但可供药用和食用的仅数种。其食用、药用品种主要成分较复杂,具有营养保湿、促进新陈代谢、消炎杀菌、防晒、漂白、防粉刺、祛斑、除青春痘、防皱、改善伤痕等美容养颜作用。

(2)珍珠粉

由珍珠贝所产珍珠为原料制备而成。其主要成分具有美容增白、祛斑功能。

(3)红花

红花,呈红色(未成熟者呈黄色),为菊科植物红花的干燥花朵,中国新疆为世界最大生产地。红花具有活血化瘀，加速血液循环，促进新陈代谢，增加排除黑素细胞所产生的黑色素，促进滞留于体内的黑色素分解，使之不能沉淀形成色斑，或使已沉淀的色素分解而排出体外等功效。

(4)阿魏酸

阿魏酸具有吸收紫外线，减少紫外线诱发的皮肤红斑形成，促使血液微循环，滋养皮肤的作用。该物质能够降低色素沉着和抑制生成黄褐斑的酪氨酸酶的作用，因而抑制皮肤老化，提高白度。因此，阿魏酸是很好的美容养颜物质。一般将其与维生素 E 或卵磷脂合用，有相乘的抗氧化效果。

(5)苹果多酚(生苹果提取物)

生苹果中提取出的苹果多酚具有很强的抗氧化作用，它能够抑制酪氨酸酶的活性来降低黑色素的形成，通过抑制过氧化脂质的形成以消除黄褐斑，达到增白美容效果。

十一、减肥功能

1. 肥胖与减肥

近年来，肥胖症的发病率明显增加，尤其在一些经济发达国家，肥胖者剧增。即使在发展中国家，随着饮食条件的逐渐改善，肥胖患者也在不断增多。迄今为止，较为常见的预防和治疗肥胖症的方法有药物疗法、饮食疗法、运动疗法和行为疗法 4 种。虽然这些药物都具有减肥作用，但大多有一定的副作用，而且药物治疗的同时，一般还需配合低热量饮食以增加减肥效果。事实上，不仅仅是药物疗法，即使是运动疗法和行为疗法也需结合低热量食品。可见，饮食疗法是最根本、最安全的减肥方法。因此，筛选具有减肥作用的纯天然的食品即成为减肥研究过程中的一个重要课题。

2. 减肥功能食品

(1)脂肪代谢调节肽

脂肪代谢调节肽由乳、鱼肉、大豆、明胶等蛋白质混合物酶解而得，肽键含有 3～8 个氨基酸碱基，主要由“缬—缬—酪—脯”、“缬—酪—脯”、“缬—酪—亮”等氨基酸组成。脂肪代谢调节肽具有调节血清三甘油酯、抑制脂肪的吸收、促进脂肪代谢等作用。

(2)魔芋精粉和葡甘露聚糖

葡甘露聚糖是一种主要由甘露糖和葡萄糖以 β-1,4 糖苷键结合(相应的摩尔比为 1.6∶1～4∶1)的高相对分子质量非离子型多糖。其平均相对分子质量为 200000～2000000，有很强的亲水性，可吸收本身重量数十倍的水分。葡甘露聚糖为白色或奶油至淡棕黄色粉末，不溶于乙醇和油脂。葡甘露聚糖是由魔芋精粉酶解精制而成。有学者用魔芋精粉饲养大鼠，试验证明魔芋精粉能使脂肪细胞中的脂肪含量减少。另据报道，通过对糖尿病患者进行试验，受试者体重由于摄入葡甘露聚糖后脂肪的吸收受到抑制而减少。

(3)乌龙茶提取物

乌龙茶提取的功效成分，主要为各种茶黄素、儿茶素以及它们的各种衍生物。此外，还含有氨基酸、维生素 C、维生素 E、茶皂素、黄酮、黄酮醇等许多复杂物质。乌龙茶中可水解单宁类，并在儿茶酚氧化酶催化下形成邻醌类发酵聚合物和缩聚物，对甘油三酯和胆固醇有一定结合能力，结合后随粪便排出。而当肠内甘油三酯不足时，就会动用体内脂肪和血脂经一系列变化而与之结合，从而达到减脂的目的。

(4)荞麦

荞麦中蛋白质的生物效价比大米、小麦要高；脂类以油酸和亚油酸居多；各种维生素和微量元素也比较丰富；它还含有较多的芦丁、黄酮类物质，具有维持毛细血管弹性，降低毛细血管的渗透功能。常食荞麦面条、饼等面食有明显降脂、降糖、减肥之功效。

(5)红薯

红薯中含有大量的黏液蛋白质，具有防止动脉粥样硬化、降低血压、减肥、抗衰老作用。红薯中还含有丰富的胶原维生素，有阻碍体内剩余的碳水化合物转变为脂肪的特殊作用。这种胶原膳食纤维素在肠道中不被吸收，吸水后使大便软化，便于排泄，预防肠癌。胶原纤维与胆汁结合后，能降低血清胆固醇，逐步促进体内脂肪的消除。

十二、调节胃肠功能

1. 肠道微生态和菌群失调

在长期的进化过程中，人类与其体内寄生的微生物之间，形成了相互依存互相制约的生理状态，形成了独特的微观生态系统。有学者曾提出，一个健康人全身寄生的微生物(主要是细菌)有1271g之多，而在肠道中，微生物重量达1000g，总数为100万亿个(10^{14})，因此肠道微生态是主要的，最活跃的，一般情况下也是对人体健康有更加显著影响的系统。肠道菌群栖息在人体肠道的环境中，保持一种微观生态平衡。如果由于机体内外各种原因，导致这种平衡的破坏，某种或某些菌种过多或过少，外来的致病菌或过路菌的定植或增殖，或者某些肠道菌向肠道外其他部位转移，即称为肠道菌群失调。

2. 调节肠道的功能物质

(1)有益活菌制剂

有益活菌制剂(probiotics)，主要是以双歧杆菌和各种乳杆菌为主，也有其他细菌。如以双歧杆菌为有效菌的商品有贝菲得、回春生、双歧王、金双歧、丽株肠乐；以乳杆菌或乳杆菌与双歧杆菌为有效菌种的有昂立1号、三株、裴菲康等；也有以需氧菌(蜡样芽孢杆菌、地衣芽孢杆菌等)为主的活菌制剂的，如促菌生、整肠生等。对这类活菌制剂要求其安全、有效、保持一定存活率。国外这类活菌制剂的开发，主要也是用双歧杆菌、乳杆菌，也有肠球菌。美国除保健用品外，还将其作为生物治疗剂(biotherapeutic agents)，用以治疗腹泻，以及预防和治疗由应用抗生素引起的腹泻与肠道菌群失调。

(2)有益菌增殖促进剂

有益菌增殖促进剂(prebiotics)，也有人译为益生原，在汉语中似乎尚无公认的统一名称。针对双歧杆菌的增殖促进剂有人称为双歧因子(bifidus factor)。这一类物质是近年来国际学术界和产业界研究与开发的热点，即通过这类物质使机体自身的生理性固有的菌增殖，形成以有益菌占优势的肠道生态环境。

近年来，日本、欧美各国对促进有益菌增殖物质的研究与开发集中于一些低聚糖类。这些低聚糖能被双歧杆菌、乳杆菌等有益菌选择性利用，但在人消化道内因没有此类糖的水解酶故不能被人体消化吸收，因而又称之为“不能利用的碳水化合物”(Unavailable saccharides)或“双歧杆菌增殖因子”(Bifidus factor)。异构化乳糖、低聚异麦芽糖、大豆低聚糖(水苏糖与棉籽糖)等就属于此类有益菌增殖促进剂。选用这类物质至少要符合如下几项基本要求：在上消化道基本不消化、不吸收；能促进有益菌的增殖；能有效改善肠道菌群构成；有改善宿主肠道功能的作用。

(3)有益菌及其增殖因子的综合制剂

有益菌及其增殖因子的综合制剂就是国外称为 Synbiotics 的制剂,汉语暂无统一公认的名称。鉴于双歧杆菌与乳杆菌在制剂形式、保存与人服用后均有许多不稳定因素,所以人们主张将有益菌与增殖促进剂并用。这方面虽然还有一些问题有待研究,但我们对其中一些产品的应用检测证明,它在改善肠道菌群构成和降低肠道 pH 与缓解便秘上的功效却是明显的,可靠的。所以当前在这类保健食品的开发上,有益菌及其增殖因子并用的产品是值得开发、推广的。

任务 3　功能食品的发展概况

一、国内外功能食品的历史进程

近年来,全球工业食品年增长率约 2.27%。而功能食品年增长率高达 20%左右。由此可见,功能食品无愧为世界食品工业新的增长点,功能性食品配料也成为国内外竞相开发的热点。

1. 德国

德国是世界上保健食品发展较早的国家,其历史与国家的饮食改善运动(1927)和饮食改善学院(1944)的发展史相关。学院毕业生遍布于德国的食品工厂、商店、医院、社区,对德国的保健食品的发展起了积极作用。德国具有 Eden 公司、Schoenenberger 公司等大型保健食品企业,其产品市场占有率 10%。另外,保健食品的销售对象以城市居民和高收入消费者为主,在会员店中进行保健食品的销售、咨询和指导。

2. 美国

美国是世界上保健食品工业发展较早的国家,20 年代初已有雏形,1936 年成立全国健康食品协会(NHFA),健康食品的销售额成倍增长,大多数食品企业已转向生产健康食品,生产品种 15 000 种以上。目前,美国功能食品范围很广,如牛奶也列入功能食品。而可口可乐与百事可乐之减肥产品也列入功能食品,功能食品产业的规模,2001 年达 531 亿美元。与日本不同,美国人关心心脏病、关节炎等,对胆固醇高度关切,依功能健康食品分为一般健康食品、特定疾病预防食品、特定症状维持食品、功能强化食品、特定症状改善或治疗食品、减肥食品、医疗用食品等。

3. 日本

日本也是世界上较早开发和推广功能食品的国家之一。战后饮食的欧化,国民健康的危机,高血压、脑溢血、冠心病、恶性肿瘤、糖尿病等发病率的增高,催生了保健食品。1982 年以前政府限制,1983 年开始调查,1987 年 1 月厚生省的食品卫生科设置"功能食品对策室",加强政府指导力度,1987 年 4 月出现"功能性食品",同年先后成立"新开发食品安全评价研究会"、"功能食品工业调查计划委员会"。保健食品成为日本食品工业独特高速成长领域。超市设有保健食品专柜,专业人员解答问题、介绍知识。资料显示,2005 年的市场规模总计约 11 370 亿日元(其中,特定专用保健食品 6770 亿日元,营养功能食品 800 亿日元,健康辅助食品 3800 亿日元)。日本用于特定专用保健食品的功能性配料的调节目标主要是肠道功能、血脂、血压、血糖、骨骼健康、牙齿健康。

4. 中国

我国自古就有“药食同源”、“食疗”等与功能食品类似的论述，但是当时对于这样的食品缺少机制功能的研究。我国现代功能食品的发展始于20世纪80年代。1980年出现现代保健食品雏形，1984年成立了中国保健品协会，此后功能食品产业以前所未有的速度发展壮大。1992年，我国功能食品企业有近千家、产品2000余种；1994年，有关企业已超过3000家，产品3000余种，产值高达300亿元人民币。但是这期间生产的主要为科技水平比较低的第一代功能食品。第一代产品包括各类强化食品，仅根据食品中各类营养素和其他有效成分的功能来推断该类产品的保健功能，这些功能没经过任何实验予以验证。1996年，卫生部和(原)国家技术监督局对功能食品的管理和申报制度进行了规范，经过一系列的整顿，我国的功能食品行业走上了法制化轨道。目前，我国比较规范的保健食品厂家有4000多家，还有有相关外企纷纷涌入。安利、宝洁、美国全球健康联盟、杜邦等一批保健品跨国公司在中国设厂、推出产品。据统计，近5年来洋品牌在中国市场上的销售量以每年12%以上的速度增长。可以看出，中国保健品市场空间之大，这也提示我们尽管在功能食品发展过程中有着这样那样的问题，但是我们必须抓紧时间，迎头赶上。

5. 法国

法国被视为保健品/功能食品领域内的投资首选。根据益普索(IPSOS，一家典型的市场调研公司)的一份2007年10月市场调查显示，52%的法国消费者关注他们的日常食品是否对健康有利。法国的保健食品市场正在持续增长中。根据法国政府投资部的统计数据：2002年至2007年间，功能食品领域内诞生了200个新的外国投资项目，占这一期间项目总数的7%，是所有新增工作岗位的5%。2006年法国功能食品市场为9亿欧元，现在正以每年超过10%的速度快速增长。

6. 韩国

近年来，韩国人饮食方式也有所改变，动物源食品的消费量增大，与传统韩国饮食模式相比，人们从动物脂肪中摄取了更多的热量，超重和肥胖人群增多，导致糖尿病和冠心病等慢性疾病的发病率不断升高。因此，功能食品在韩国受到青睐。1997年亚洲金融风暴后，韩国经济的快速复苏，间接带动了功能食品产业的发展。2004年韩国市场规模达20亿美元，目前韩国已经成为亚洲功能食品最大的市场之一。在韩国，功能食品被称作“健康/功能食品(Health/Functional Foods，HFFs)”。2002年8月，韩国颁布了《健康/功能食品法》(The Health/Functional Food Act，HFFA)，并于2004年1月正式生效。由于韩国与中国的文化背景相似，因此韩国的健康/功能食品法规与我国保健食品的法规体系具有较强的可比性。

二、我国功能食品存在的问题

1. 资源地和生产地发展不均衡

目前，功能食品在北京、上海、广州、天津几大城市占50%左右，西北、西南地区仅占5%，而后者都是功能食品丰富的原料产地，但利用程度却很低，生产规模也很小。

2. 低水平重复现象严重，产品进入生产步履艰难

目前，经卫生部批准的4000多种保健食品中，90%以上属于第一、二代产品，功能因子构效关系、量效关系、作用机理不清楚，产品质量不高，低水平重复现象严重。其中三分之二的产品功能集中在免疫调节、抗疲劳和调节血脂上，产品功能如此集中，使消费者难辨上下，市场销售艰难。

3. 产品质量不过关

在4000余家功能食品厂家中，三分之二以上属于中小企业。上市公司不超过6家，年销售额达到1亿元的不超过18家。企业小，科技资金投入不够，设备简单，质量参差不齐，掺假违规现象严重。

4. 监管不严，监管难度较大

《保健食品管理办法》已经实施十多年了，但往往是产品上市前，审批程序严格；产品上市后，行业监管松。这与我国功能食品管理中评审、审批管理和日常监督管理结合不够有关。大多功能食品属于一二代产品，功效成分不明确，作用机理不清楚，一旦造假难以甄别。此外，地方保护主义也是造成功能食品产品鱼目混珠现象严重，管理失控的原因之一。

5. 夸大产品功效，失信于民

从脑黄金到中华鳖精，从补钙大战到基因食品，保健品热一波接着一波。假冒伪劣产品虚假广告的泛滥，使国内保健品再次面临整体信誉危机。有些企业确实做了或做过虚假夸大的宣传，保健品脱离功效来宣传，最终会使它失去卖点。

6. 主要采用非传统食品形态，价格过高

部分功能食品采用片剂、胶囊等非传统食品形态，脱离人们日常生活。而且一些功能食品价位较高，远离普通人群对保健品的需求和渴望，使消费者望而却步。

7. 基础研究不足，科技力度不够

功能食品是一个综合性产业，需要各部门密切配合。主管部门重视不够，科技投入少，专业单薄，缺少综合学科的沟通和联合，导致产品的竞争力不强。

三、我国功能食品发展前景及策略

1. 功能食品市场将逐步扩大

随着经济的发展，人们生活水平提高，功能食品已成为人们生活中的一种追求，成为一种不可阻挡的食品新潮流。因此，我们应该加强对国民营养知识的宣传和指导，使大家对营养与健康、功能因子与其作用机理有所了解，能够正确地指导人们的购买。从市场调查资料看，目前保健品市场主要有3大消费群体：一是白领市场；二是银发市场；三是儿童市场。他们的购买力都非常强，因此市场发展空间很大，很多有商业眼光的企业家不断涉足这一行业。现在随着市场的不断规范和科技手段不断提高，功能食品管理也将逐步趋于完善和规范化。

不同功能食品的消费群体将逐步形成。据资料统计，北京、上海、广州、天津几大城市中有93%的少年儿童、98%的老人、50%中青年都在用各类保健品。

2. 第三代功能食品是21世纪发展重点

(1)确保功能食品安全

功能食品长期食用应是无毒、无害，需要确保其安全性。因此，一个功能食品进入市场前应先完成毒理学检测。卫生部《食品安全性毒理学评价程序和方法》主要评价食品生产、加工、保藏、运输和销售过程中使用的化学和生物物质以及在这些过程中产生和污染的有害物质、食物新资源及其成分和新资源食品。对于功能食品及功效成分必须进行《食品安全性毒理学评价程序和方法》中规定的第一、二阶段的毒理学试验，并依据评判结果决定是否进行

三、四阶段的毒理学试验。若功能食品的原料选自普通食品原料或已批准的药食两用原料则不再进行试验。

1)试验的四个阶段

第一阶段:急性毒性试验,包括经口急性毒性(LD50)和联合急性毒性。

第二阶段:遗传毒性试验、传统致畸试验、短期喂养试验。

第三阶段:亚慢性毒性试验(90天喂养试验)、繁殖试验和代谢试验。

第四阶段:慢性毒性实验(包括致癌试验)。

2)试验原则

功能食品特别是功效成分的毒理学评价可参照下列原则进行。

①凡属我国创新的物质一般要求进行四个阶段的试验。特别是对其中化学结构提示有慢性毒性、遗传毒性或致癌性可能者或产量大、使用范围广、摄入机会多者,必须进行全部四个阶段的毒性试验。

②凡属与已知物质(指经过安全性评价并允许使用者)的化学结构基本相同的衍生物或类似物,则根据第一、二、三阶段毒性试验结果判断是否需进行第四阶段的毒性试验。

③凡属已知的化学物质,世界卫生组织已公布每人每日容许摄入量(ADI),同时又有资料证明我国产品的质量规格与国外产品一致,则可先进行第一、二阶段毒性试验,若试验结果与国外产品的结果一致,一般不要求进行进一步的毒性试验,否则应进行第三阶段毒性试验。

④食品新资源及其食品原则上应进行第一、二、三个阶段毒性试验,以及必要的人群流行病学调查。必要时应进行第四阶段试验。若根据有关文献资料及成分分析,未发现有或虽有但量甚少,不至构成对健康有害的物质,以及较大数量人群有长期食用历史而未发现有害作用的天然动植物(包括作为调料的天然动植物的粗提制品)可以先进行第一、二阶段毒性试验,经初步评价后,决定是否需要进行进一步的毒性试验。

⑤凡属毒理学资料比较完整,世界卫生组织已公布日许量或不需规定日许量者,要求进行急性毒性试验和一项致突变试验,首选Ames试验或小鼠骨髓微核试验。

⑥凡属有一个国际组织或国家批准使用,但世界卫生组织未公布日许量,或资料不完整者,在进行第一、二阶段毒性试验后做初步评价,以决定是否需进行进一步的毒性试验。

⑦对于由天然植物制取的单一组分,高纯度的添加剂,凡属新产品需先进行第一、二、三阶段毒性试验,凡属国外已批准使用的,则进行第一、二阶段毒性试验。

⑧凡属尚无资料可查、国际组织未允许使用的,先进行第一、二阶段毒性试验,经初步评价后,决定是否需进行进一步试验。

另外,还应从分子、细胞和器官水平上研究功能因子的构效关系、量效关系、作用机理和可能的毒性作用,积极研发作用机理清楚,研究资料充实,临床效果肯定的第三代功能食品。

(2)重视功能食品的有效性

功能食品的有效性,是评价功能食品质量的关键前提。国家做出明确规定,77种药食两用的动植物可作保健品的原材料。卫生部已专门制定有功能食品评价程序和方法。

3. 高新技术在功能食品中的应用

(1)寻找和提取各种特殊功能因子

采用高新技术,从各种天然动植物资源中寻找和提取各种特殊功能因子。特别是对于那些具有中国特色的基础原料,如银杏、红景天、人参、林蛙、鹿茸等,我们更应重视其功能食品的开发和研究。如基因工程与发酵工程的结合可生产全新的目标菌种，不仅使产量和风味得到改进和提高，而且可以使原来从动植物中提取的各种食品添加剂如天然香料、色素等变成由微生物直接转化而来。

（2）检测各类功能因子，去除有害、有毒物质

生物技术的运用、发展将使21世纪功能食品呈现空前的大发展。基因工程、细胞工程、酶工程等生物技术将是21世纪功能食品的主要科技手段，它将使功能食品研究水平得到极大的提高和加强，使功能因子的阵营迅速扩大，功能更加专一、有效，推动功能食品出现新的热潮。我们不仅要建立和发展检测各类功能因子的方法，而且还要研究分离保留其活性和稳定性的工艺技术，包括去除原料中一些有害、有毒的物质。

功能食品科学已发展成为有别于传统的食品科学和营养的新学科，它涉及植物学、食品工程学、营养学、生理学、生物化学、细胞生物学、遗传学、流行病学、分析化学等诸多领域。因此，国外市场强调跨学科和跨国度的协作研究。我国功能食品的研究也将打破独立部门或独立专业的束缚，开展院校、科研机构和企业的联合研发，进行深入系统的功能食品研究。

【小结】

目前相当一部分人群处于亚健康状态，为了满足人类的健康要求，功能食品的开发和研究势在必行。因此，很多专家、学者认为功能食品将成为21世纪的主导食品。从全球看来，功能食品的概念尚未统一。在我国，保健食品（health food）其实就是日本提出的功能食品（functional food），它被定义为：具有特定保健功能的食品，适宜于特定人群食用，具有调节机体功能，不以治疗为目的食品。功能食品中真正起生理作用的成分称为生理活性物质或者功效成分，或者叫功能因子、活性成分。功能食品具有如下基本特征：

（1）功能食品必须是食品，具备食品的法律特征；

（2）功能食品必须要有特有的营养保健功效；

（3）功能食品必须有明确的适用人群对象；

（4）功能食品必须与药品相区别；

（5）功能食品配方组成和用量必须有科学依据；

（6）功能食品必须具有法规依据。

功能食品可以根据食用人群和服务对象、调节机体功能的作用特点、产品的形式和科技水平分类，我们尤其要加强高科技含量的第三代功能食品的开发。

功能食品不是加了药的食品。功能食品与药品的区别在于：

（1）药品是治病，功能食品不以治疗为目的，而是重在调节机体内环境平衡与生理节奏，增强机体的防御功能，以达到保健康复作用；

（2）功能食品要达到现代毒理学上的基本无毒或无毒水平，而药品允许一定程度的毒副作用；

（3）功能食品无需医生的处方，按机体正常需要摄取。

功能食品的保健功能很多，包括增强免疫功能，改善睡眠功能，调节血脂，降低血压功能，调解血糖功能，防治贫血功能，抗氧化功能，抑制肿瘤功能，延缓衰老功能，减肥功能，调节胃肠功能等方面。

世界上保健食品发展较早的国家有美国、德国和日本，法国和韩国人对功能食品也倍受

青睐，市场前景很大。我国现代功能食品的发展始于20世纪80年代，尽管在功能食品发展过程中还有着诸多不足和问题，但是我们将迎头赶上。

【复习思考题】

1. 简述功能食品具有哪些基本特征。
2. 什么是亚健康状态？你是否曾经出现亚健康状态？
3. 什么是功能食品中的功效成分？功效成分包括哪些类型？
4. 简述功能食品与药品的区别。
5. 简述功能食品的分类。

项目二　功能食品的加工技术

【知识目标】

了解分离膜的种类及性质、选取超临界流体萃取剂的原则、微胶囊的器材与芯材种类、食品粉碎方式。理解功能食品加工技术的基本概念与原理。掌握功能食品加工技术在现代食品加工领域中的应用。

【能力目标】

能解释说明各种功能食品加工技术的种类、原理及特点。能应用功能食品加工技术原理及特点，确定生产相应食品的技术方法。

任务1　膜分离技术

一、膜分离技术的基本概念

膜分离技术已逐渐成为化学工业、食品加工、废水处理、医药生产等方面的重要分离技术。膜技术主要包括微滤（MF）、超滤（UF）、反渗透（RO）、电渗析（ED）、气体渗透（GP）、膜乳化（FE）、液膜分离技术等，是常用的蒸馏、萃取、沉淀、蒸发等工艺所不能取代的。膜分离时，由于料液既不受热升温，又不汽化蒸发，因此功能活性成分不会散失或破坏，容易保持活性成分的原有功能特性。

1. 膜分离的概念

用天然或人工合成的高分子薄膜，以外界能量或化学位差为推动力，对双组分或多组分溶质和溶剂进行分离、分级、提纯和浓缩的方法，统称为膜分离法。膜分离法可用于液相和气相，是一种使用半透膜的分离方法。所谓半透膜是指只能使某些溶质或溶剂透过，而不能使另一些溶质或溶剂透过，具有选择透过性。膜是膜分离技术的核心部件。“膜”的定义是指：如果在一个流体相内或两个流体相之间有一薄层凝聚相物质（可以是固态的，也可以是液态或气态的）把流体分隔开来成为两部分，则这一薄层物质就是膜。

2. 膜的种类及性质

膜的种类繁多，大致可以按以下几方面对膜进行分类。

（1）根据膜的材质，从相态上可分为固体膜和液体膜。

（2）根据膜的结构，可分为多孔膜和致密膜。

（3）从材料来源上，可分为天然膜和合成膜，合成膜又分为无机材料膜和有机高分子膜。

（4）按膜断面的物理形态，固体膜又可分为对称膜（又称均质膜）、不对称膜和复合膜。不对称膜具有极薄的表面活性层（或致密层）和其下部的多孔支撑层。复合膜通常是用两种不同的膜材料分别制成表面活性层和多孔支撑层。

(5)根据固体膜的形状,可分为平板膜、管式膜、中空纤维膜等。

(6)根据膜的功能,可分为离子交换膜、渗析膜、微孔过滤膜、超过滤膜、反渗透膜和气体渗透膜等。

有机膜主要是由高分子材料制成的聚合物膜。目前有机膜中,应用最广泛的是纤维素酯系膜,其次是聚砜膜、聚酰胺膜。一般可以将多孔无机膜分为特种钢膜、玻璃膜、碳膜、陶瓷膜等。

无机膜与有机膜相比较,具有耐化学腐蚀、高的热稳定性、可反向冲洗、使用寿命长、分离极限和选择性可控制等优点。但由于无机膜的成本高、易碎的特性,要求有特殊的构造,膜本身的热稳定性常常由于密封材料的缘故而不能得到充分的利用,因此无机膜在工业中的应用范围受限。

膜的物化稳定性和膜分离透过性对膜分离的应用和效果有较大影响。膜的物化稳定性主要是指膜的耐压性、耐热性、适用的 pH 范围、化学惰性、机械强度。膜的物化稳定性主要取决于构成膜的高分子材料,主要从膜的抗氧化性、抗水解性、耐热性和机械强度等方面来评价膜的物化稳定性。而膜的分离透过性主要从分离效率、渗透通量和通量衰减系数三个方面来评价。

二、常用膜分离技术

1. 超滤

超滤是以超过滤膜(由丙烯腈、醋酸纤维素、硝酸纤维素、尼龙等高分子聚合物制成的多孔薄膜)为过滤介质,依靠薄膜两侧压力差作为推动力,其操作压力为 0.05～0.5MPa,工作温度在 30～40℃,也可达 50℃。只有直径小于 0.02μm 的粒子,如水、盐、糖和芳香物质等能够通过超滤膜,而直径大于 0.1μm 的粒子,如蛋白质、果胶、脂肪及所有微生物,特别是酵母菌和霉菌等不能通过超滤膜。

当物料和溶剂被超滤膜分隔开时,在物料侧施加一定压力(一般大于两侧的渗透压差),则可以使物料侧的小分子量物质向溶剂侧转移。在压力足够大时物料中的溶剂大量进入溶剂侧,这样,仅在一种操作中就可完成渗析(从大分子溶液中除去小分子物质)和浓缩(从物料中脱去部分溶剂),从而达到物料的分离和浓缩。

2. 反渗透

如果在反渗透膜(主要有醋酸纤维素膜和芳香聚酰胺纤维膜)的两侧施加一个逆向的压力差,使浓度较高的溶液进一步浓缩,这种现象称为反渗透。一般反渗透过程的操作压力差为 2～10 MPa。具体地说,用一层半透膜把容器隔成两部分,一边注入淡水,另一边注入盐水,并使两边液位相等,这时淡水会自然地透过半透膜至盐水一侧。盐水的液面达到某一高度后,产生一定压力,抑制了淡水进一步向盐水一侧渗透,此时的压力即为渗透压。如果在盐水一侧加上一个大于渗透压的压力,盐水中的水分就会从盐水一侧透过半透膜至淡水一侧,这一现象就是"反渗透"。所以,通过外界压力克服反渗透膜两侧的渗透压,使水通过反渗透膜,从而使水和盐类分离。

3. 电渗析

电渗析是以电位差为推动力,利用离子交换膜的选择透过性,从溶液中脱除或富集电解质。电渗析的选择性取决于所用的由高分子物质构成的离子交换膜。电渗析主要应用于咸水淡化及其他带电荷的小分子的分离。也可将电泳后的含蛋白质或核酸等的凝胶，经电渗析，使带电荷的大分子与凝胶分离。

4. 微滤

微滤是膜分离过程中最早产业化的，与超滤的基本原理相同。微孔过滤膜的孔径一般在0.02～10μm左右。微滤膜的孔隙率一般可高达80%左右，过滤通量大，过滤所需的时间短。微孔过滤的截留主要依靠机械筛分作用，吸附截留是次要的。由醋酸纤维素与硝酸纤维素等混合组成的膜是微孔过滤的标准常用滤膜。在实际应用中，主要从溶液中过滤除去微粒或菌体等颗粒物质。

5. 纳滤

作为目前国内外膜分离领域研究热点的纳滤技术，是介于超滤和反渗透之间的一种膜分离技术，以压力差为推动力，一般纳滤膜的操作压力为0.5～1.5MPa，从溶液中分离出相对分子质量300～1000的物质。

纳米过滤具有很好的工业应用前景，目前已在食品、制药等许多工业中得到有效的应用。

6. 气体膜分离

膜法气体分离的基本原理是根据混合气体中各组分在压力的推动下透过膜的传递速率不同，从而达到分离目的。气体分离所用膜材料有高分子聚合物膜材料和无机膜材料两大类。

三、膜分离技术在食品工业中的应用

1. 超滤技术的应用

超滤是目前唯一能用于分子分离的过滤方法，主要用于病毒和各种生物大分子的分离，在食品工程、酶工程、生化制品等领域广泛应用。

(1)酶及蛋白质类大分子分离

采用醋酸纤维素超滤膜组件浓缩α-淀粉酶取代传统的硫酸铵沉淀法，平均回收率95%，酶活力>1200U/mL，平均截留率98%以上，可浓缩4～5倍，减少操作能耗，产品收率可提高2%，纯度也大为提高。

(2)小分子产品分离

对于小分子产品如柠檬酸和抗生素、氨基酸等，相对分子质量在500～2000之间，通常超滤膜的截断相对分子质量为10 000～30 000之间，因而小分子产品能透过超滤膜，起到与大分子分离的作用。

2. 反渗透技术的应用

反渗透膜的基本性能，一般包括透水率、透盐率和抗压密性等，这是衡量反渗透膜特性的几个主要参数。反渗透常见的基本流程有一级流程、一级多段流程、二级流程等。

(1)苦咸水与海水淡化

目前，反渗透的应用主要是海水和苦咸水淡化、纯水制备以及生活用水处理。按1984年统计，全球咸水淡化装置的总产水量为每天$992\times10^4m^3$，其中用反渗透法制造的淡水占20%。用反渗透法生产淡水的成本与原水中的盐含量有关，盐含量越高，则淡化成本越高。

(2)纯水生产

电子工业用的超纯水，一般均是采用反渗透除去大部分(90%～95%)盐后，再用离子交换法脱除残留的盐。

(3)低分子量物质水溶液的浓缩

食品工业中液体食品(牛奶、果汁等)的部分脱水,与常用的冷冻干燥和蒸发脱水相比,反渗透法脱水比较经济,而且产品的香味和营养不致受到影响。

3. 电渗析技术的应用

(1)海水浓缩制盐

用电渗析法浓缩海水制盐与常规盐田法制盐比较,具有占地少、投资省、节省劳动力以及不受地理气候条件限制等优点。对于缺少盐田的国家是一种有意义的制盐方法。

(2)脱除有机物(在电场中不离解为离子的物质)中的盐分

让含盐与有机物的溶液进入电渗析器的淡化室中,盐的阴阳离子通过膜进入两侧,留下有机物得到纯化。这种方法应用甚广,例如食品工业中牛乳、乳清的脱盐,酒类产品脱除酒石酸钾;还有医药工业生产中,葡萄糖、甘露醇、氨基酸、维生素C等溶液的脱盐等。

任务2 超临界流体萃取技术

一、超临界流体的萃取原理和特性

1. 超临界流体(supercritical fluid,SCF)的概念

任何一种物质都存在3种相态——气相、液相、固相,三相成平衡态共存的点叫三相点。液、气两相成平衡状态的点叫临界点。在临界点时的温度和压力称为临界温度和临界压力。

超临界流体的密度和溶解能力类似液体,而迁移性和传质性类似于可压缩气体。

2. 超临界流体萃取的原理

超临界流体萃取分离过程是利用超临界流体的溶解能力与其密度的关系,即超临界流体密度与其萃取能力成正比。在临界点附近,压力和温度的微小变化都会引起流体密度的较大变化,即通过对压力和温度的调解,可改变超临界流体的溶解能力,就有可能有效地萃取和分离溶质。

当气体处于超临界状态时,具有和液体相近的密度,黏度虽高于气体但明显低于液体,扩散系数为液体的10~100倍,因此对物料有较好的渗透性和较强的溶解能力。当将超临界流体与待分离的物质接触时,能够将物料中某些成分有选择性地萃取出来,并且借助减压、升温的方法使超临界流体变成普通气体,被萃取物质则完全或基本析出,从而达到分离提纯的目的。此过程将萃取和分离两过程合为了一体。

二、超临界流体萃取剂的选择

1. 选取超临界流体萃取剂的原则

良好的超临界流体萃取剂应具备以下条件:①化学性质稳定,对设备没有腐蚀性,不与萃取物发生反应;②临界温度应接近常温或操作温度,不宜太高或太低;③操作温度应低于被萃取溶质的分解变质温度;④临界压力低,以节省动力费用;⑤对被萃取物的选择性高(容易得到纯产品);⑥纯度高,溶解性能好,以减少溶剂循环用量;⑦货源充足,价格便宜;⑧如果用于食品、化妆品、医药及香料工业,还应考虑选择无毒的气体。

已研究过的萃取剂有多种，如乙烯、乙烷、正戊烷、二氧化碳、乙醇、丁醇、水等。

表 2－1　一些超临界萃取剂的临界点性质

溶剂		临界温度/℃	临界压力/MPa	临界密度/(kg/m³)
乙烷	C_2H_6	32.3	4.88	203
丙烷	C_3H_8	96.9	4.26	220
丁烷	C_4H_{10}	152.0	3.80	228
戊烷	C_5H_{12}	296.7	3.38	232
乙烯	C_2H_4	9.9	5.12	227
氨	NH_3	132.4	11.28	235
二氧化碳	CO_2	31.1	7.38	460
二氧化硫	SO_2	157.6	7.88	525
水	H_2O	374.3	22.11	326
氟里昂-13	CClF3	28.8	33.9	578

2. CO_2 萃取剂的特点

CO_2 作为超临界萃取剂在工业上应用最为广泛。它还可看作与水最相近、价格最便宜的溶剂，它可以从环境中来，用于化工过程后再回到环境中去，无任何毒副作用，无腐蚀性，不可燃烧且纯度高。CO_2 有优良的传质性能，扩散系数大，黏度低，而且和其他用作超临界流体的溶剂相比，CO_2 具有相对较低的临界压力和临界温度。由于较温和的临界条件，因而适合于处理某些热敏性生物制品和天然物产品。

3. 辅助溶剂的研究

辅助溶剂（又称夹带剂或拖带剂），用来增加物质的溶解度和萃取选择性。如在 CO_2 中添加约 14％的丙酮后，甘油酯的溶解度增加了 22 倍。纯 CO_2 几乎不能从咖啡豆中萃取咖啡因，但在加湿（水）的超临界 CO_2 流体萃取剂中，因为生成了具有极性的 H_2CO_3，在一定的条件下，能选择性地溶解萃取极性的咖啡因。

寻求良好的辅助溶剂，对提高溶解度，改善选择性和增加收率，对实现超临界流体的工业化生产，将起到关键作用。一般具有很好溶解性能的溶剂也往往是很好的夹带剂，例如甲醇、乙醇、丙酮、水等。

表 2－2　常见超临界流体萃取辅助溶剂

被萃取物	超临界流体	辅助溶剂	被萃取物	超临界流体	辅助溶剂
咖啡因	CO_2	水	豆油	CO_2	己烷、乙醇
单甘酯	CO_2	丙酮	菜籽油	CO_2	丙烷
亚麻酸	CO_2	正己烷	棕榈油	CO_2	乙醇
乙醇	CO_2	氯化锂	EPA，DHA	CO_2	尿素

三、超临界流体萃取技术在食品工业中的应用

超临界流体特别是超临界 CO_2 萃取技术以传统分离技术不可比拟的优势，在食品工业中

正在不断扩展。主要集中在提取动植物油脂、色素、香料及生理活性物质等方面。

1. 油脂的提取

富含油脂的植物种子是食用油的主要原料，用超临界 CO_2 萃取得到的油品，一般油收率高，杂质含量低，色泽浅，并且可省去减压蒸馏和脱臭等精制工序。与传统的压榨法和有机溶剂萃取相比，萃取油脂后的残粕仍保留了原样，避免常规提取溶剂的残留。利用超临界萃取从葡萄籽、红花籽、玉米胚、小麦胚、米糠中提取功能性油脂，可使油脂中必需脂肪酸和维生素不会受到损失。

2. 天然香料的提取

植物中的挥发性芳香成分由精油和某些特殊香味的成分构成，在超临界条件下，精油和特殊的香味成分可同时被抽出，萃取效率高。超临界 CO_2 流体萃取，因其操作条件温和，可避免不稳定的香气成分受热破坏、溶剂残留及低沸点头香成分的损失。利用超临界 CO_2 流体萃取技术从桂花、肉桂、辣椒、柠檬皮、红花等中提取天然香精，其香料的成分和香气更接近天然，质量更佳，可作为功能食品的调香剂。

3. 食用色素的提取

我国超临界 CO_2 萃取技术在天然食用色素方面的研究，主要集中在四吡咯类（如叶绿素）、类胡萝卜素（如胡萝卜素、辣椒红色素、番茄红素、枸杞红素、玉米黄、栀子黄、沙棘黄等）、多酚类（如可可色素、葡萄色素等）、二酮类（如姜黄色素）、醌类（如紫草色素、红曲色素等）等几大类色素。其中，类胡萝卜色素占有很大比例，该类又以辣椒红素和番茄红素的实验研究居多，从辣椒中提取辣椒红色素，其色价远远高于普通溶剂提取的产品，已有批量工业化生产。

4. 生理活性物质的提取

鱼油中含有大量的二十碳五烯酸（EPA）和二十二碳六烯酸（DHA）这类具有生理活性的不饱和脂肪酸。由于高度不饱和脂肪酸分子结构的特点，EPA 和 DHA 极易被氧化，易受光热破坏，传统的分离方法，因条件的影响而易使 EPA 和 DHA 失去生理活性功效，不利于高浓度的 EPA 和 DHA 的提取。超临界 CO_2 萃取由于分离条件温和，可将 EPA 和 DHA 从鱼油中分离。

对生姜进行超临界 CO_2 萃取，萃取物含有丰富的姜辣素。月见草中的 γ-亚麻酸、紫苏籽中的 α-亚麻酸、荔枝种仁中的荔枝酸等生理活性物质均可用超临界 CO_2 萃取。

5. 咖啡因的提取

咖啡因富含于咖啡豆和茶叶中。从咖啡豆和茶叶中提取的咖啡因不仅可作药用，而且也满足了一些人喜欢饮用咖啡因含量低的饮料要求，因此从咖啡豆和茶叶中提取咖啡因是一举两得的事。用超临界 CO_2 萃取咖啡豆和茶叶，不仅得到了咖啡因，而且保留了咖啡和茶叶的原香、原味。用同一原理处理烟草，能获得低尼古丁含量却又保留原烟草香气的烟草叶。

常用的 CO_2 超临界萃取技术只适合提取亲脂性、相对分子质量小的物质，对于极性大、相对分子质量大的物质，需要加携带剂或在很高的压力下进行，给工业化生产带来一定难度，由于应用高压加工的工艺，其投资成本较高。不过，因为它能提供高产率和质量令人满意的产品，所以逐渐为食品加工企业采用。

任务3　分子蒸馏技术

一、分子蒸馏技术基本原理

1. 分子运动平均自由程

由于分子间作用力的存在，分子总是处于不停的运动变化中，从分子间排斥（当两个分子很接近时）到分子间吸引（当两个分子离得较远时），甚至碰撞，它们之间的距离也在不停地变化着。而所谓的分子运动平均自由程是一个分子在相邻的两次分子碰撞之间所经过的路程。分子运动平均自由程与环境温度成正比，而与分子的大小和压力成反比。即当压力不变时，物质的分子平均自由程随温度的增加而增加；当温度不变时，物质的分子平均自由程随压力的降低而增加；分子越大，分子平均自由程越小。

2. 分子蒸馏的基本原理

在普通蒸馏过程中，当分子离开蒸发面后形成蒸汽分子，蒸汽分子在运动中互相碰撞，一部分进入冷凝器中，另一部分返回蒸发面。在蒸馏的过程中，如果使蒸发面与冷凝面十分靠近，当分子离开蒸发面后在它们的自由程内不相互碰撞直接到达冷凝面，而不再返回蒸发面，蒸馏的效率可大幅度提高。如果在蒸馏的设备内采用很强的负压，蒸发的温度就可以低于被蒸馏组分的沸点。具备上述特征的蒸馏过程就是分子蒸馏。

分子蒸馏的分离作用是利用液体分子受热会从液面逸出，而不同种类分子逸出后其分子平均自由程不同这一性质来实现的。若在离液面小于分子质量小的平均自由程而大于分子质量大的平均自由程处设置一冷凝面，使得分子质量小的不断被冷凝捕集，混合液中分子质量小的就不断逸出，而分子质量大的因达不到冷凝面而返回原来液面（蒸发面），这样，混合物就得到了分离。

3. 分子蒸馏器

一套完整的分子蒸馏系统主要包括脱气系统、分子蒸馏器、真空系统和控制系统。脱气系统的作用是将物料中所溶解的挥发气体组分尽量排出，避免由于高真空度下导致物料暴沸。

分子蒸馏的设备主要有降膜式、刮板式和离心式三类。它们的基本结构均是为被蒸发组分在蒸发面上形成薄膜而设置的。其中，降膜式分子蒸馏器在实验室及工业生产中有广泛应用。降膜式分子蒸馏器的优点是液膜沿蒸发表面流动，停留时间短，蒸馏过程可以连续进行；缺点是液体分配装置难以完善，蒸发表面不易被液膜均匀覆盖；液体流动时易产生雾沫溅到冷凝面上，降低分离效果。

二、分子蒸馏技术的特点

从分子蒸馏的技术原理及设备设计的形式来看，分子蒸馏技术与普通蒸馏或真空蒸馏技术相比，具有如下一些特点。

1. 蒸馏温度低

分子蒸馏可在远低于沸点的温度下进行操作，操作温度低。如某液体混合物在通常真空蒸馏时的操作温度为 260℃，而分子蒸馏仅为 150℃左右，特别适宜一些高沸点热敏性物料的分离。

2. 蒸馏压强低

由于分子蒸馏装置内部结构比较简单，压降极小，所以极易获得相对较高的真空度，更有利于进行物料的分离。

3. 物料受热时间短

分子蒸馏在蒸发过程中，物料被强制形成很薄的液膜，并被定向推动，蒸发器表面到冷凝器表面间的距离很短，约为 2～5cm，要小于分子平均自由程，所以物料处于气态这一受热状态的时间就短，一般仅为 0.05～15s。特别是轻分子，一经逸出就马上冷凝，受热时间更短，一般为几秒。特别适用于热敏性物质的净化分离。

4. 分离程度高

可进行多级分子蒸馏，适用于较为复杂的混合物的分离提纯，产率较高。也常常用来分离常规蒸馏不易分开的物质(不包括同分异构体的分离)。

5. 不可逆性

普通蒸馏的蒸发与冷凝是可逆过程，液相和气相之间是动态平衡；分子蒸馏中从加热面逸出的分子直接飞射到冷凝面上，理论上没有返回到加热面的可能性。

三、分子蒸馏技术在食品工业中的应用

分子蒸馏技术作为一种新型、有效的分离手段，出现于 20 世纪 30 年代，主要用于高沸点、热敏性及易氧化物料的分离。目前，该技术已广泛地应用到食品、日化、制药和石化等行业。

1. 脂肪酸甘油单酯的制备

脂肪酸甘油单酯是食品工业中常用的乳化剂，它是由脂肪酸甘油三酯水解而成。水解产物由甘油单酯和甘油双酯组成，其中甘油单酯含量约为 50%，其余为甘油双酯。甘油单酯对温度较为敏感，只能用分子蒸馏法分离。采用二级分子蒸馏流程，可得含量大于 90%的甘油单酯产品，收率在 80%以上。

2. 天然维生素的提纯

天然维生素主要存在于一些植物组织中，如大豆油、花生油、小麦胚芽油以及油脂加工的脱臭馏分和油渣中。因维生素具有热敏性，沸点很高，用普通的真空精馏很容易使其分解。利用二级分子蒸馏技术提取维生素 E，浓度达到 30%以上。

3. 不饱和脂肪酸的分离

二十碳五烯酸(EPA)和二十二碳六烯酸(DHA)若用高效液相色谱法、尿素配位法分离提纯，要用大量的溶剂并产生副产品；用真空精馏法又由于操作温度较高会导致鱼油中高度不饱和脂肪酸分解、聚合或异构化。因此，分子蒸馏法是分离 EPA 和 DHA 较理想的方法。

4. 天然色素的提取

天然食用色素以其安全、无毒和有营养的特点，越来越受到人们的青睐。传统提取类胡萝卜素的方法，由于有剩余溶剂的存在等问题影响了产品质量。用分子蒸馏从脱蜡的甜橙油中进一步提取得到类胡萝卜素，产品具有很高的色价，而且不含外来的有机溶剂。

5. 天然抗氧化剂的生产

天然抗氧化剂主要存在于一些植物如辣椒、生姜、丁香当中，广泛应用于食品、化妆品、制

药等工业。天然抗氧化剂要求活性高、稳定性强、无色无害。传统的有机溶剂萃取方法，由于残留溶剂很难从抗氧化剂中清除干净而污染产品，而且天然抗氧化剂的收率也低。用分子蒸馏法可克服上述问题。

任务4 冷冻升华干燥技术

一、冷冻升华干燥技术基本原理

冷冻干燥，亦称升华干燥，这是将湿物料或溶液在较低的温度下（$-10\sim-50$℃）冻结成固态，然后在高度真空（133～0.133Pa）下，将其中水分不经液态直接升华成气态而脱水的干燥过程。

水有固、液、气三相，其相平衡性质由温度和压强决定，只有在环境压力低于对应的冰的饱和蒸汽压时，才具有从固相到气相升华的有效扩散推动力，冷冻干燥即是基于此原理。

通常，需冷冻干燥的物品先在冻结设备中快速冻结，使物品中的游离水都冻结为细小冰晶粒，然后在真空环境中加热升华。其干燥过程是由周围逐渐向内部中心干燥的，随着干燥层的逐渐增厚，可将其看成是多孔结构，升华热由加热体通过干燥层不断地传给冻结部分，在干燥与冻结交界的升华面上，水分子得到加热后，由于周围环境中的气压低于升华面上的饱和蒸汽压力，水分子就会脱离升华面，沿着细孔跑到周围环境中而实现升华干燥。

二、冷冻升华干燥技术特点

冷冻干燥法与常规干燥法相比具有如下特点。

(1)冷冻干燥是在低于水的三相点压力(610Pa)下进行的干燥。其对应的相平衡温度低，因而物料干燥时的温度低，且处于真空的状态之下。此法特别适用于热敏食品以及易氧化食品的干燥，可以保留新鲜食品的色、香、味及维生素C等营养物质。

(2)干燥后制品仍保持原有的固体框架结构及原有的形状。物料中水分存在的空间，在水分升华以后基本维持不变。

(3)冷冻干燥制品复水后易于恢复原有的性质和形状。

(4)产品重量轻、体积小、运输方便。如升华干燥的蔬菜经压块，重量和体积均减小许多。

(5)复原性好。干燥过程中物料表面不会形成硬质薄皮，不会使物料干燥后因收缩引起变形，极易吸水恢复原状。

(6)能长期保存而不变质。冷冻升华干燥能排除95%～99%以上的水分，因此能长期保存而不变质。

(7)系统装备较复杂，操作费用较高。

三、冷冻升华干燥技术在食品工业中的应用

随着研究工作的深入，加工材料及制造技术的改进，冷冻升华干燥在肉类、水产、果蔬、禽蛋、咖啡、茶和调味品等方面的干燥应用日益广泛。

1. 方便食品领域

高档次的方便面和方便米饭的配料，已采用色、香、味俱全且复水特快的冻干肉丁、虾仁、

鸡蛋以及小葱、胡萝卜、香菜等。

2. 即时汤料领域

用冻干食品搭配的各种汤料，用开水即冲即喝，既美味可口，又方便卫生。

3. 颗粒蔬菜领域

根据人体营养需求合理搭配，制成颗粒。这种蔬菜颗粒含有天然的叶绿素、维生素、胡萝卜素以及人体必需的微量元素，特别适宜儿童、老人、病人以及一些难于吃到蔬菜的人食用。

4. 速溶饮品领域

继用冻干技术生产的速溶奶粉和速溶咖啡之后，又开发出速溶茶、速溶菜汁粉、速溶果汁粉等。这类速溶饮料，具有原汁原味原营养、保质期长、饮用方便等特点。

任务5 微胶囊技术

一、微胶囊技术的基本原理与包囊材料

1. 微胶囊技术的概念

微胶囊通常是指直径在5～400μm之间、壁厚度在0.2～10μm范围内的一种具有聚合物壁壳的微型容器或包装物。包在微胶囊内的物质称为芯材，而外面的“壳”称为壁材。微胶囊因制作方法的不同有球型、椭球型、柱型、无定型等形状，但最多的是球型。它们有单核和多核之分，壁材可以是单层也可以是双层。所谓微胶囊技术(microencapsulation technology)是利用包囊材料(天然的或者是合成的高分子材料)对固体、液体或气体等核心物质进行包埋和固化的技术。

2. 微胶囊技术的原理

微胶囊技术是根据物质物理和化学性质的不同，用一种性能较稳定的物质作为壁材，将性能不稳定的物质(芯材)在一定的条件下包埋起来，胶囊化后的微粒，由于壁壳有保护作用，可避免光、热、氧等外界环境对芯材的影响，最大限度地保持被包埋材料原有的色、香、味和生物活性，并延长贮存期。当壁材溶解、熔融或破裂时，芯材便从壁材中释放出来而被利用。

3. 微胶囊的壁材与芯材

微胶囊化时，由于不同的芯材和要求，选用一种或几种复合的壁材进行包埋。一般来说，油溶性芯材应采用水溶性壁材，而水溶性芯材必须采用油溶性壁材。

(1)芯材

在食品工业生产中，芯材是微胶囊技术被包裹的目的物。当食品中添加某种成分需要保护、分隔、缓释时，该物质成分就可作为芯材。如香料(香料油、调味品)、甜味剂、营养品(维生素、氨基酸、矿物质)、精炼油、水、酶、发酵剂、酸味剂、食用盐、食用碱、抗氧化剂、杀菌剂、防腐剂等。

(2)壁材

食品微胶囊的壁材首先应无毒，符合国家食品添加剂卫生标准。它必须性能稳定，不与芯材发生反应；具有一定强度，耐摩擦、耐挤压、耐热；高浓度时也具有良好的流变性，利于操作；有较强的分散、乳化及稳定乳状液能力等。

最常用的壁材为植物胶、阿拉伯胶、海藻酸钠、卡拉胶、琼脂等。其次是淀粉及其深加工

产物，此外明胶、酪蛋白、大豆蛋白、多种纤维素衍生物也都是很好的壁材。微胶囊常用的壁材见表2—3。

表2—3　微胶囊常用的壁材物质

碳水化合物	胶体物质	蛋白质	纤维素
麦芽糊精	阿拉伯胶	酪蛋白	CMC
环状糊精	刺槐树胶	氨基酸	甲基纤维素
玉米淀粉糖浆	海藻胶	大豆蛋白	乙基纤维素
单糖、双糖、多糖	海藻酸钠	明胶	硝酸纤维素

二、食品工业中常见的几种微胶囊技术

1. 芯材的包衣步骤

在微胶囊化工艺中，无论是固体、液体或气体的芯材，都要先将其分散成细粒，然后再用壁材包裹。若芯材为液体，可应用乳化方法、机械搅拌或超声振动等手段，使心材分散成小液滴。若芯材为气体，则可应用喷雾法、离心力法或流化床法等方法细化芯材。若芯材为固态，可将其研磨成细粉并过筛，亦可将其先制备成溶液，再乳化成小液滴。

微胶囊化可分4个步骤：①将芯材分散入微胶囊化的介质中；②再将壁材放入该分散体系中；③通过某一种方法将壁材聚集、沉积或包覆在已分散的芯材周围；④这样形成的微胶囊膜壁在很多情况下是不稳定的，尚需要用化学或物理的方法进行处理，以达到一定的机械强度。

2. 常见的微胶囊技术

目前所报道的用于制备微胶囊的方法很多，大约有200多种。如果按Kondo的分类方法，可将各种微胶囊的制备方法分为三大类，即化学法、物理化学法和机械法，这是根据涂层方法的不同进行分类的。食品工业常用的微胶囊化方法见表2—4所示。

表2—4　食品工业常用的微胶囊方法

化学法	物理化学法	机械法
界面聚合法	水相分离法（凝聚法）	喷雾干燥法
包接络合物法（分子包接法）	油相分离法（凝聚法）	空气悬浮法（wurster法）
锐孔法（聚合物快速沉析法）	粉末床法	挤压法
原位聚合法		旋转悬浮分离法

（1）喷雾干燥法

微胶囊化过程首先是制备芯材和壁材的混合乳化液，然后将乳化液在干燥器内进行喷雾干燥而成。壁材在遇热时形成一种网状结构，起着筛分作用，水或其他溶剂等小分子物质因热蒸发而透过“网孔”顺利地移出，分子较大的芯材滞留在“网”内，使微胶囊颗粒成型。芯材通常是香料等风味物质和油脂类，壁材常选用明胶、阿拉伯胶、变性淀粉、蛋白质、纤维酯等食品级胶体。

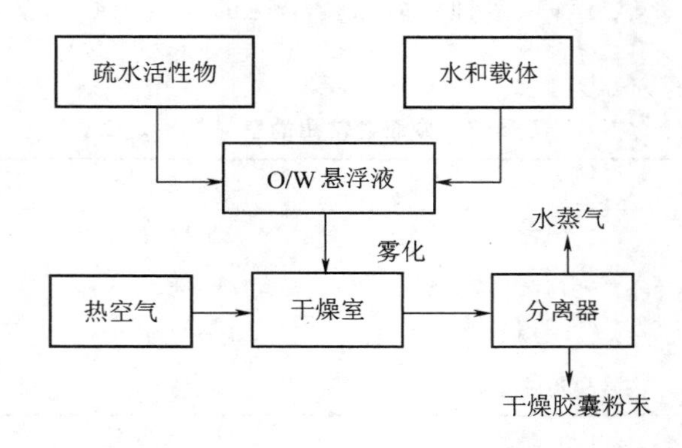

图 2—1　喷雾干燥法制备微胶囊工艺流程

(2)空气悬浮法

空气悬浮法又称硫化床法或喷雾包衣法，其工作原理是将芯材颗粒置于硫化床中，冲入空气使芯材随气流做循环运动，溶解或熔融的壁材通过喷头雾化，喷洒在悬浮上升的芯材颗粒上，并沉积于其表面。这样经过反复多次的循环，芯材颗粒表面可以包上厚度适中且均匀的壁材层，从而达到微胶囊化目的。

(3)凝聚法

凝聚法又称相分离法，其形成过程一般可分为 3 个阶段，即凝聚相的形成、壁膜的沉积、壁膜的固化。凝聚相是在芯材和壁材的混合物中加入另一种物质，或将壁材的溶解度降低，从混合液中凝聚而产生的一种新的相；壁膜沉积过程是壁材凝聚出来附着在芯材表面，形成包裹层；壁膜形成后通过加热、交联、去除溶剂等使壁膜进一步固化，最后完成整个微胶囊化过程。

(4)包接络合物法

包接络合物法又称分子包接法，主要是利用具有特殊分子结构的β-环状糊精(β-CD)作壁材，进行分子包埋取得了令人满意的效果。β-CD 是由 7 个吡喃型葡萄糖分子以 α-1,4-糖苷键结合而成的具有圆台状外形的麦芽低聚糖物，亲水性基团分布在表面而形成亲水区，内部的中空部位则分布着疏水性集团(疏水中心)。在溶液中，许多疏水性的物质如油脂、风味物质、色素能取代它中心的水分子聚集在环糊精中心，而和它强烈的结合完成包埋过程。

(5)挤压法

挤压法因为其处理过程采用低温方式，特别适用于包埋各种风味物质、维生素 C 和色素等热敏感性物质。其原理为先将芯材分散到熔融的碳水化合物中，通过压力作用压迫混合液通过一组膜孔而呈丝状液，挤入吸水剂中。当丝状混合液与吸水剂接触后，液状的壁材会脱水、硬化，将芯材包裹在里面成为丝状固体，然后将丝状固体从液体中分离出来，干燥打碎而成初产品。

三、微胶囊技术在食品工业中的作用

微胶囊技术大概始于 20 世纪 30 年代，当时美国的大西洋海岸渔业公司(Atlantic Coast Fishers)提出了在液体石蜡中，以明胶为壁材制备鱼肝油—明胶微胶囊的方法。20 世纪 70

年代中期，微胶囊制备技术已经在医药、石化、农业等方面得到了广泛应用。目前，微胶囊技术已成功应用于食品工业，使许多传统的工艺过程得到简化，同时也使许多用通常技术手段无法解决的问题得到了解决，极大地推动了食品工业由低级初加工向高级深加工产业的转变。

1. 微胶囊化香精香料

液体香料微胶囊化转变成固态，有效控制风味物质的挥发，提高了产品的稳定性，拓宽了其适用范围。许多液体香精如薄荷油、柠檬油、橙油、橘子油、茴香油、花椒油和香辛料精油通过微胶囊化。

2. 微胶囊化酸味剂

由于酸味剂的酸味刺激性，如果直接添加至食品中，易使某些敏感成分劣变。如果把酸味剂微胶囊化，使其与外界环境隔离，可有效控制其释放，使其持久恒定地发挥作用。

3. 微胶囊化甜味剂

一些多元糖醇如山梨糖醇、木糖醇和麦芽糖醇等作为甜味剂时，因吸湿性大、易结块，给加工和储藏带来不便。经微胶囊化处理后，产品的稳定性大大提高，吸湿性明显降低，可应用于焙烤食品和固体饮料中。

4. 微胶囊化蓬松剂

烘焙工业中使用蓬松剂时，要求在面胚表面升温到某一程度，淀粉糊化和蛋白质变形已具备了保气功能后再产气，这样产品蓬松效果好，这是烘焙食品的关键工艺。

5. 微胶囊化营养强化剂

通过微胶囊化可使易受到加工条件和外界环境因素影响的营养素如氨基酸、维生素、矿物质等免遭损失。

6. 微胶囊化防腐剂

微胶囊化防腐剂可起到控制释放及防腐的作用。将微胶囊化乙醇置入乙醇气体不易透过的密封包装中，利用胶囊缓慢释放的乙醇蒸气达到杀菌防腐的目的。

任务6　超微粉碎技术

一、概述

粉碎是通过研磨、挤压或冲击等方法减小固体食品的平均个体体积的单元操作。当用于减小融合液体中小滴（如水中的油滴，牛乳中的脂肪球）的体积时，粉碎更常被称为均化（均质）或乳化。

食品粉碎方式主要归纳为：①挤压粉碎（物料置于两个工作构件之间，逐渐加压，使之由弹性变形或塑性变形而至破裂粉碎）；②弯曲折断粉碎（物料在工作构件间承受弯曲应力超过强度极限而折断）；③剪切粉碎（物料在构件间承受切应力超过强度极限而折断）；④撞击粉碎（当物料与工作构件以相对高速运动撞击时，受到时间极短的变载荷，物料被击碎）；⑤研磨粉碎（物料与粗糙工作面之间在一定压力下相对运动而摩擦，使物料受到破坏，表面剥落）（图2－2）。

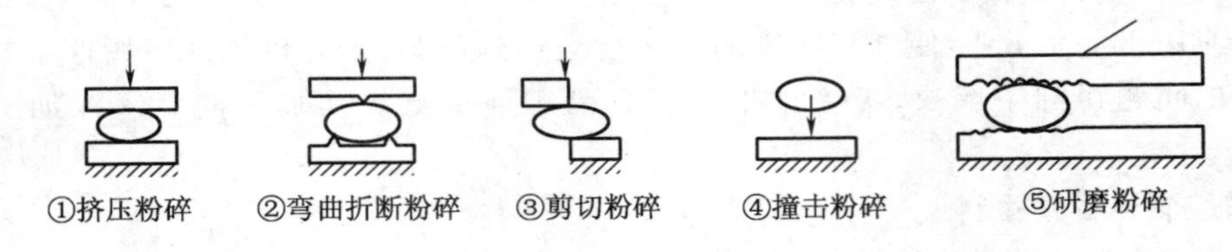

图 2—2 食品粉碎方式示意图

根据被粉碎物料的成品颗粒度的大小，粉碎可分成粗粉碎（成品粒度为 5～50mm）、中粉碎（成品粒度为 5～10mm）、微粉碎（成品粒度在 100μm 以下）和超微粉碎（成品粒度在 10～25μm 以下）4 种。

超微粉碎有干法超微粉碎和湿法超微粉碎之分。干法超微粉碎主要包括气流式、高频振动式、旋转球（棒）磨式、转辊式等类型。而湿法超微粉碎主要有压力均质机、胶体磨、超声波均质机、搅拌磨等。

二、干法超微粉碎技术

1. 气流式超微粉碎

待粉碎物料经由喂料装置输送到环形粉碎室底部喷嘴上，压缩空气从管道下方的一系列喷嘴中喷出形成了高速喷射气流（射流），夹带着物料颗粒运动。在管道内的射流大致可分为外层、中层和内层 3 层。各层射流的运动速度不相等，这迫使物料颗粒在粉碎室内相互冲击、碰撞、摩擦以及受射流的剪切作用达到粉碎。

2. 高频振动式超微粉碎

其原理是利用研磨介质（球形或棒形）作高频振动时产生的冲击、摩擦和剪切等作用力，来实现对物料颗粒的超微粉碎，并同时起到混合分散作用。

3. 旋转球（棒）磨式超微粉碎

其原理是利用水平回转筒体中的研磨介质（球或棒状），由于受到离心力的影响产生了冲击和摩擦等作用力，达到对物料颗粒粉碎的目的。

4. 转辊式超微粉碎

这种超微粉碎技术是利用转动的辊子在另一相对表面之间产生摩擦、挤压或剪切等作用力，达到粉碎物料的目的。

三、湿法超微粉碎

1. 压力均质机

均质阀是压力均质机的最重要部件，是均质阀基本结构和均质过程示意图。在高压泵的作用下，液体被强制通过阀座与阀杆间大小可以调节的缝隙（约 100μm）时，其流动速度瞬间提高，当液体从缝隙出口流出时，流速急速下降，这样，因液体静压力突降与突升，液体中会发生微气泡的瞬时大量生成和破灭，即形成了“空穴”现象，“空穴”现象似无数的微型炸弹爆炸，能量强烈释放产生强烈的高频振动，同时伴随着强烈的湍流产生强烈的剪切力，液体中的软性颗粒就在“空穴”、湍流和剪切力的共同作用下被粉碎成微粒。被粉碎了的微粒接着又强烈地冲击到冲击环上，被进一步分散和粉碎，完成均质过程。

2. 胶体磨

工作构件由一个固定的磨体(定子)和一个高速旋转磨体(转子)组成,两磨体之间有一个可以调节的微小间隙。当物料通过这个间隙时,由于转子的高速旋转,使附着于转子面上的物料速度最大,而附着于定子面的物料速度为零,这样产生了急剧的速度梯度,从而使物料受到强烈的剪切、摩擦和湍动,产生了超微粉碎作用,成品粒径可达 1μm。

均质机与胶体磨相比较,前者适于处理黏度较低的制品(小于 0.2 Pa·s),而后者适于处理黏度较高的制品(大于 1.0 Pa·s)。对黏度介于上述范围之间的物料则两者均可使用,但均质机具有更细的乳化分散性。

3. 搅拌磨

在分散器高速旋转产生的离心力作用下,研磨介质(玻璃珠、钢珠、氧化铝珠或天然砂子等)和液体浆料颗粒冲向容器内壁,产生强烈的剪切、摩擦、冲击和挤压等作用力,使浆料颗粒得以粉碎,成品的平均粒度最小可达到数微米。研磨成品粒径与研磨介质粒径成正比,研磨介质粒径愈小,研磨成品粒径愈细,产量愈低,研磨介质过小会影响研磨效率。

4. 超声波乳化器

频率大于 16 kHz 的超声波遇到障碍时,会对障碍物起着迅速交替的压缩和膨胀作用。在膨胀的半个周期内物料受到拉力呈气泡膨胀;而在压缩的半个周期内,此气泡将被压缩。当压力的变化很大而气泡很小时,压缩的气泡就急速破裂,这种现象称为“空穴”现象,可释放出巨大的能量,对周围产生复杂而强有力的搅拌作用,达到均质目的。

四、超微粉碎技术在食品工业中的应用

1. 膳食纤维生产

自然界中富含纤维的原料很多,如小麦麸皮、燕麦皮、玉米皮、豆皮、米糠和蔗渣等,由于常规状态下纤维粒度大,可食性极差,直接补充很难为人们所接受。通过超微粉碎将纤维素制成极细粉末后添加于食品中可有效地解决这一难题。蔬菜在低温下磨成微膏粉,既保存全部的营养素,纤维素又因微细化而增加了水溶性,口感更佳。

2. 微量食品添加剂制作

在功能性食品生产上,某些微量活性物质(如硒)的添加量很小,如果颗粒稍大,就可能带来毒副作用。这就需要非常有效的超微粉碎手段将之粉碎至足够细小的粒度,加上有效的混合操作才能保证它在食品中的均匀分布,使功能活性成分更好地发挥作用。

3. 骨粉生产

鲜骨中含有丰富的维生素、钙、铁、骨胶原(氨基酸)及软骨素等,利用气流超微粉碎技术将鲜骨经多级粉碎后加工成超微骨粉,与传统的煮熬食用方法比较,既能保持 95%以上的营养素,而且营养成分又易被人体吸收。骨粉(泥)可以作为功能性食品添加剂,制成高钙高铁的骨粉(泥)系列食品,具有独到的营养保健功能。

4. 软饮料加工

目前,利用气流超微粉碎技术开发出的软饮料有粉茶、豆类固体饮料、超细骨粉配制富钙饮料和速溶绿豆精等。

5. 滑润柔和口感特性产品的制作

利用湿法超微粉碎技术以热变性牛乳或鸡蛋白为原料,使蛋白颗粒大小降至 0.1～2μm,

这样的粒度人的嘴部不会感知出颗粒的存在,同时细小的蛋白微粒还易发生滑动,生产出类似脂肪滑腻柔和的口感特性产品。

6. 调味品加工

超微粉食品的巨大孔隙率造成集合孔腔,可吸收并容纳香气,且经久不散。这是重要的固香方法之一,因此作为调味品使用的超微粉,其香味和滋味更浓郁、突出。

7. 食品保鲜技术

当超微粉孔腔中吸收容纳一定量的 CO_2 和 N_2 时,保鲜期会大大延长。因此,超微粉碎技术可用于食品保鲜。

任务7 现代生物技术

一、现代生物技术的研究内容

现代生物技术,是应用生命科学、工程学原理,依靠微生物、动物、植物细胞及其产生的活性物质,将原料加工成某种产品的技术。它是在分子生物学、生物化学、应用微生物学、化学工程、发酵工程和电子计算机技术基础上形成的综合性学科,主要包括基因工程、细胞工程、酶工程和发酵工程等。

1. 基因工程

基因工程就是用人工方法把生物DNA从细胞中分离出来,并在体外进行切割和选择目的基因,再与适宜的载体拼接后,导入一定的受体细胞或个体,从而改变受体的遗传品性或获得目的基因的表达产物的过程。基因工程包括以下主要研究内容:①带有目的基因的DNA片段的获取;②在体外,将带有目的基因的DNA片段连接到载体上,形成重组DNA分子;③重组DNA分子导入受体细胞(也称宿主细胞或寄主细胞);④带有重组体的细胞扩增,获得大量的细胞繁殖群体;⑤重组体的筛选。基因工程又常称DNA重组技术或基因克隆,常应用于食品原料的改良和微生物菌种选育等领域。

2. 细胞工程

细胞工程是将动物和植物的细胞或者是去除细胞壁所获得的原生物质体,在离体条件下进行培养、繁殖及其他操作,使其性状发生改变,达到积累生产某种特定代谢产物或形成改良种甚至创造新物种的目的的工程技术。细胞工程技术能生产各种功能性食品的有效成分、新型食品和食品添加剂。

3. 酶工程

酶工程是将生物体内具有特定催化功能的酶分离,结合化工技术,在液体介质中固定在特定的固相载体上,作为催化生化反应的反应器,以及对酶进行化学修饰,或采用多肽链结构上的改造,使酶化学稳定性能、催化性能甚至抗原性能等发生改变,以达到特定目的的工程技术。

4. 发酵工程

发酵工程又称为微生物工程,它是采用现代发酵设备,对经过优选的细胞或经现代生物技术改造的菌株进行放大培养和控制性发酵,获得工业化生产预定的食品或食品的功能成分。

二、现代生物技术在功能性食品开发中的应用

食品生物技术是现代生物技术在食品原料生产、加工和制造中应用的一个学科，充分利用生物资源丰富和多样性的优势开发出新一代的功能性食品，是未来发展最快的食品工业技术之一，具有广阔的发展前景。

1. 基因工程的应用

利用基因工程可使许多酶和蛋白质的基因得以克隆和表达，在这方面较为成功的是牛皱胃凝乳酶的克隆，凝乳酶是制造干酪过程中起凝乳作用的关键酶。利用“基因工程菌”生产的食品酶制剂还有葡萄糖淀粉酶、α-淀粉酶、葡萄糖氧化酶、葡萄糖异构酶、转化酶、脂肪酶、溶菌酶等。在食品加工过程中，如用葡萄糖氧化酶可以除去蛋液中的葡萄糖，改善制品的色泽；用脂酶和蛋白酶可加速奶酪的成熟；葡萄糖苷酶可用于果汁和果酒的增香。丹麦一家公司用重组技术合成的单一成分酶—纤维素酶、木聚糖酶已经商品化。

通过转基因技术可制造有利于人类健康的食品或有效因子，如低胆固醇肉猪、低胆固醇蛋和高特种微量元素蛋、人类血液代用品、高异黄酮大豆、高胡萝卜素稻米等。

2. 细胞工程的应用

目前，国际上流行的是用生物合成法代替化学法合成法生产的更天然、新鲜的食品添加剂，尽量不用化学合成的添加剂。利用细胞杂交和细胞培养技术可生产独特的食品香味和风味添加剂，如香草素、可可香素、菠萝风味剂以及高级的天然色素，如咖喱黄、类胡萝卜素、紫色素、花色苷素、辣椒素等。

利用细胞工程技术还可生产各种功能性食品和功能性成分，如对人参、西洋参、长春花、紫草和黄连等植物细胞进行培养生产活性细胞干粉、L-苏氨酸、免疫球蛋白、生长激素等。

3. 酶工程的应用

生产酶的工程菌以大肠杆菌、酵母菌和丝状真菌为主，还有芽孢菌和链霉菌等。固定酶技术和酶分子修饰技术已经取得一定成果，同时固定化细胞技术不断完善。利用酶修饰食品中的蛋白组分和脂肪组分等，改变食品质构和营养的研究在不断深入。非水相酶促反应的应用在国内外则处于试验阶段。在功能性食品的研究开发中，酶工程应用广泛，诸如功能性低聚糖、肽、氨基酸、维生素等功效成分的生产。

4. 发酵工程的应用

生物技术在改造传统食品生产工艺方面的应用主要体现为用微生物发酵代替化学合成，克服化学合成因产率低、周期长及合成产品中往往含诱变剂的问题。目前国内外研究开发的食品添加剂主要有甜味剂、酸味剂、鲜味剂、维生素、色素、活性多肽等现代发酵产品。

【小结】

主要介绍了膜分离、超临界流体萃取、分子蒸馏、冷冻升华干燥、微胶囊技术、超微粉碎、现代生物技术等的基本概念及原理。常用膜分离技术、超临界流体萃取、常见微胶囊技术、超微粉碎及现代生物技术的种类。各种功能食品加工技术的特点及在现代食品加工业中的应用。

【复习思考题】

1. 常用的膜分离技术工作原理是怎样的？并举出两种膜分离技术在食品工业中的应用实例。

2. 超临界流体萃取技术的原理及CO_2超临界流体萃取剂的特点是怎样的？在功能食品加工中有哪些应用？

3. 分子蒸馏的基本原理与特点是怎样的？

4. 冷冻升华干燥技术的原理与特点是怎样的？并简述在功能食品工业中的应用。

5. 常用的微胶囊技术有哪几种方法？简述在功能食品工业中的应用。

项目三　活性多糖及其加工技术

【知识目标】

了解活性多糖的种类、生理功能及其应用，掌握活性多糖的概念和生理功能。

【能力目标】

掌握一种膳食纤维制备的方法和技术要点，学会真菌多糖的制备工艺和技术要点。

多糖是由十个以上到上万个单糖分子的衍生物组成的大分子。多糖主要是淀粉和纤维素，淀粉是人类膳食糖类化合物的主要形式。多糖是由糖苷键连接起来的醛糖或酮糖组成的天然大分子。多糖是所有生命有机体的重要组成成分并与维持生命所必需的多种功能有关，大量存在于藻类、真菌、高等陆生植物中。谷类、薯类等植物中都有充足的淀粉。具有生物学功能的多糖又被称为"生物应答效应物"(biological response modifier，BRM)或活性多糖(active polysaccharides)。很多多糖都具有抗肿瘤、免疫、抗补体、降血脂、降血糖、通便等活性。

任务1　膳食纤维的生产及应用

一、膳食纤维的定义与分类

1. 膳食纤维的概念

(1)膳食纤维的定义

膳食纤维：指不被人体消化酶所消化的植物细胞残余。不被人体消化酶所消化的非淀粉类多糖。膳食纤维分为水不溶性和水溶性膳食纤维两类。

水不溶性膳食纤维：指不被人体消化酶所消化、且不溶于热水的膳食纤维。如纤维素、半纤维素、木质素、原果胶等。

水溶性膳食纤维：是指不被人体消化酶所消化，但可溶于温水或热水的膳食纤维，如果胶、魔芋甘露聚糖、种子胶、半乳甘露聚糖、阿拉伯胶、卡拉胶、琼脂、黄原胶、CMC等。

(2)膳食纤维与粗纤维的区别

传统意义上的粗纤维是指植物经特定浓度的酸、碱、醇或醚等溶剂作用后的剩余残渣。强烈的溶剂处理导致几乎100%水溶性纤维、50%～60%半纤维素和10%～30%纤维素被溶解损失掉。因此，对于同一种产品，其粗纤维含量与总膳食纤维含量往往有很大的差异，两者之间没有一定的换算关系。

虽然膳食纤维在人体口腔、胃、小肠内不被消化吸收，但人体大肠内的某些微生物仍能降解它的部分组成成分。从这个意义上说，膳食纤维的净能量并不严格等于零。而且，膳食纤维被大肠内微生物降解后的某些成分被认为是其生理功能的一个起因。

2. 膳食纤维的分类

膳食纤维有许多种分类方法，根据溶解特性的不同，可将其分为不溶性膳食纤维和水溶性膳食纤维两大类。不溶性膳食纤维是指不被人体消化道酶消化且不溶于热水的膳食纤维，是构成细胞壁的主要成分，包括纤维素、半纤维素、木质素、原果胶和动物性的甲壳素和壳聚糖，其中木质素不属于多糖类，是使细胞壁保持一定韧性的芳香族碳氢化合物。水溶性膳食纤维是指不被人体消化酶消化，但溶于温水或热水且其水溶性又能被4倍体的乙醇再沉淀的那部分膳食纤维。主要包括存在于苹果、橘类中的果胶，植物种子中的胶，海藻中的海藻酸、卡拉胶、琼脂和微生物发酵产物黄原胶，以及人工合成的羧甲基纤维素钠盐等。

按来源分类，可将膳食纤维分为植物来源、动物来源、海藻多糖类、微生物多糖类和合成类。

植物来源的有：纤维素、半纤维素、木质素、果胶、阿拉伯胶、愈疮胶和半乳甘露聚糖等；动物来源的有：甲壳素、壳聚糖和胶原等；海藻多糖类有：海藻酸盐、卡拉胶和琼脂等；微生物多糖如黄原胶等；合成类如羧甲基纤维素等。其中，植物体是膳食纤维的主要来源，也是研究和应用最多的一类。

中国营养学会将膳食纤维分为：总的膳食纤维、可溶膳食纤维和水溶膳食纤维、非淀粉多糖。

二、膳食纤维的化学组成与物化性质

1. 膳食纤维的化学组成

膳食纤维的化学组成包括三大类：

①纤维状碳水化合物（纤维素）；

②基质碳水化合物（果胶类物质等）；

③填充类化合物（木质素）。

其中，①、②构成细胞壁的初级成分，通常是死组织，没有生理活性。来源不同的膳食纤维，其化学组成的差异可能很大。

(1)纤维素

纤维素是β-Glcp（吡喃葡萄糖）经β-(1→4)糖苷键连接而成的直链线性多糖，聚合度大约是数千，它是细胞壁的主要结构物质。在植物细胞壁中，纤维素分子链由结晶区与非结晶区组成，非结晶结构内的氢键结合力较弱，易被溶剂破坏。纤维素的结晶区与非结晶区之间没有明确的界限，转变是逐渐的。不同来源的纤维素，其结晶程度也不相同。

通常所说的“非纤维素多糖”(Noncellulosic polysaccharides)泛指果胶类物质、β-葡聚糖和半纤维素等物质。

(2)半纤维素

半纤维素的种类很多，不同种类的半纤维素其水溶性也不同，有的可溶于水，但绝大部分都不溶于水。不同植物中半纤维素的种类、含量均不相同，其中组成谷物和豆类膳食纤维中的半纤维素有阿拉伯木聚糖、木糖葡聚糖、半乳糖甘露聚糖和β-(1—3,1—4)葡聚糖等数种。

(3)果胶及果胶类物质

果胶主链是经α-(1→4)糖苷键连接而成的聚GalA（半乳糖醛酸），主链中连有(1→2)Rha（鼠李糖），部分GalA经常被甲基酯化。果胶类物质主要有阿拉伯聚糖、半乳聚糖和阿拉伯半乳聚糖等。果胶能形成凝胶，对维持膳食纤维的结构有重要的作用。

(4)木质素

本质素是由松柏醇、芥子醇和对羟基肉桂醇3种单体组成的大分子化合物。天然存在的木质素大多与碳水化合物紧密结合在一起，很难将之分离开来。木质素没有生理活性。

2. 膳食纤维的物化特性

从膳食纤维的化学组成来看，其分子链中各种单糖分子的结构并无独特之处，但由这些并不独特的单糖分子结合起来的大分子结构，却赋予膳食纤维一些独特的物化特性，从而直接影响膳食纤维的生理功能。

(1)高持水力

膳食纤维化学结构中含有很多亲水基团，具有很强的持水力。不同品种膳食纤维其化学组成、结构及物理特性不同，持水力也不同。

膳食纤维的持水性可以增加人体排便的体积与速度，减轻直肠内压力，同时也减轻了泌尿系统的压力，从而缓解了诸如膀胱炎、膀胱结石和肾结石这类泌尿系统疾病的症状，并能使毒物迅速排出体外。

(2)吸附作用

膳食纤维分子表面带有很多活性基团，可以吸附螯合胆固醇、胆汁酸以及肠道内的有毒物质(内源性毒素)、化学药品和有毒医药品(外源性毒素)等有机化合物。膳食纤维的这种吸附整合的作用，与其生理功能密切相关。

其中研究最多的是膳食纤维与胆汁酸的吸附作用，它被认为是膳食纤维降血脂功能的机理之一。肠腔内，膳食纤维与胆汁酸的作用可能是静电力、氢键或者疏水键间的相互作用，其中氢键结合可能是主要的作用形式。

(3)对阳离子有结合和交换能力

膳食纤维化学结构中所包含的羧基、羟基和氨基等侧链基团，可产生类似弱酸性阳离子交换树脂的作用，可与阳离子，尤其是有机阳离子进行可逆的交换，从而影响消化道的pH、渗透压及氧化还原电位等，并出现一个更缓冲的环境以利于消化吸收。

(4)无能量填充剂

膳食纤维体积较大，遇水膨胀后体积更大，易引起饱腹感。同时，由于膳食纤维还会影响可利用碳水化合物等成分在肠内的消化吸收，使人不易产生饥饿感。所以，膳食纤维对预防肥胖症十分有利。

(5)发酵作用

膳食纤维虽不能被人体消化道内的酶所降解，但却能被大肠内的微生物所发酵降解，产生乙酸、丙酸和丁酸等短链脂肪酸，使大肠内pH降低，从而影响微生物菌群的生长和增殖，诱导产生大量的好气有益菌，抑制厌气腐败菌。

不同种类的膳食纤维降解的程度不同，果胶等水溶性纤维素几乎可被完全酵解，纤维素等水不溶性纤维则不易为微生物所作用。同一来源的膳食纤维，颗粒小者较颗粒大者更易降解，而单独摄入的膳食纤维较包含于食物基质中的膳食纤维更易被降解。

膳食纤维的发酵作用由于好气菌群产生的致癌物质较厌气菌群少，即使产生也能很快随膳食纤维排出体外，这是膳食纤维能预防结肠癌的一个重要原因。另外，由于菌落细胞是粪便的一个重要组成部分，因此膳食纤维的发酵作用也会影响粪便的排泄量。

(6)溶解性与黏性

膳食纤维的溶解性、黏性对其生理功能有重要影响,水溶性纤维更易被肠道内的细菌所发酵,黏性纤维有利于延缓和降低消化道中其他食物成分的消化吸收。

在胃肠道中,这些膳食纤维可使其中的内容物黏度增加,增加非搅动层(unstirred layer)厚度,降低胃排空率,延缓和降低葡萄糖、胆汁酸和胆固醇等物质的吸收。

三、膳食纤维的生理功能

关于膳食纤维的生理功能,美国 Graham 早在 1839 年和英国的 Allinson 在 1889 年就已提出,Allinson 认为假如食物中完全不含膳食纤维或麸皮,不但易引起便秘,而且还会引起痔疮、静脉血管曲张和迷走神经痛等疾病。1923 年,Kellogg 博士论述了小麦麸皮的医疗功能,可是这些早期的研究工作当时均未得到人们的重视。直到 20 世纪 60 年代,在大量的研究事实与流行病调查结果基础上,膳食纤维的重要生理功能才为人们所了解,并逐渐得到公认,现在它已被列入继蛋白质、碳水化合物、脂肪、维生素、矿物元素和水之后的第七营养素。

1. 调整肠胃功能(整肠作用)

膳食纤维能使食物在消化道内的通过时间缩短,一般在大肠内的滞留时间约占总时间的 97%,食物纤维能使物料在大肠内的移运速度缩短 40%,并使肠内菌群发生变化,增加有益菌,减少有害菌,从而预防便秘、静脉瘤、痔疮和大肠癌等,并预防其他合并症状。

(1)防止便秘

膳食纤维使食糜在肠内通过的时间缩短,大肠内容物(粪便)的量相对增加,有助于大肠的蠕动,增加排便次数,此外,膳食纤维在肠腔中被细菌产生的酶所酵解,先分解成单糖而后又生成短链脂肪酸。短链脂肪酸被当作能量利用后在肠腔内产生二氧化碳并使酸度增加、粪便量增加以及加速肠内容物在结肠内的转移而使粪便易于排出,从而达到预防便秘的作用。

(2)改善肠内菌群和辅助抑制肿瘤作用

膳食纤维能改善肠内的菌群,使双歧杆菌等有益菌活化、繁殖,并因而产生有机酸,使大肠内酸性化,从而抑制肠内有害菌的繁殖,并吸收掉有害菌所产生的二甲基联氨等致癌物质。粪便中可能会有一种或多种致癌物,由于膳食纤维能促使它们随粪便一起排出,缩短了粪便在肠道内的停留时间,减少了致癌物与肠壁的接触,并降低致癌物的浓度。此外,膳食纤维尚能清除肠道内的胆汁酸,从而减少癌变的危险性。

已知膳食纤维能显著降低大肠癌、结肠癌、乳腺癌、胃癌、食管癌等癌症的发生。

(3)缓和由有害物质所导致的中毒和腹泻

当肠内有中毒菌和其所产生的各种有毒物质时,小肠腔内的移动速度亢进,营养成分的消化、吸收降低,并引起食物中毒性腹泻。而当有膳食纤维存在时可缓和中毒程度,延缓在小肠内的通过时间,提高消化道酶的活性和对营养成分正常的消化吸收。

(4)预防阑尾炎的发生

膳食纤维在消化道中可防止小的粪石形成,减少此类物质在阑尾内的蓄积,从而减少细菌侵袭阑尾的机会,避免阑尾炎的发生。

2. 调节血糖值

膳食纤维中的可溶性纤维,能抑制餐后血糖值的上升,其原因是延缓和抑制对糖类的消化吸收,并改善末梢组织对胰岛素的感受性,降低对胰岛素的要求。水溶性膳食纤维随着凝胶的形成，阻止了糖类的扩散，推迟了在肠内的吸收，因而抑制了糖类吸收后血糖的上升和血胰岛素升高的反应。此外，膳食纤维能改变消化道激素的分泌，如胰汁的分泌减少，从而抑制了糖类的消化吸收，并减少小肠内糖类与肠壁的接触，从而延迟血糖值的上升。因此，提高可溶性膳食纤维的摄入量可以防止Ⅱ型糖尿病的发生。但对Ⅰ型糖尿病的控制作用很小。

3. 调节血脂

可溶性膳食纤维可螯合胆固醇，从而抑制机体对胆固醇的吸收，并降低血浆胆固醇5%～10%，且都是降低对人体健康不利的低密度脂蛋白胆固醇，而高密度脂蛋白胆固醇降得很少或不降。相反，不溶性纤维很少能改变血浆胆固醇水平。此外，膳食纤维能结合胆固醇的代谢分解产物胆酸，从而会促使胆固醇向胆酸转化，进一步降低血浆胆固醇水平。流行病学的调查表明，纤维摄入量高与冠心病死亡的危险性大幅度降低有关。

4. 控制肥胖

大多数富含膳食纤维的食物，仅含有少量的脂肪。因此，在控制能量摄入的同时，摄入富含膳食纤维的膳食会起到减肥的作用。黏性纤维使碳水化合物的吸收减慢，防止了餐后血糖的迅速上升并影响氨基酸代谢，对肥胖病人起到减轻体重的作用。膳食纤维能与部分脂肪酸结合，使脂肪酸通过消化道，不能被吸收，因此对控制肥胖症有一定的作用。

5. 消除外源有害物质

膳食纤维对汞、砷、镉和高浓度的铜、锌都具有清除能力，可使它们的浓度由中毒水平减低到安全水平。

可溶性和不溶性膳食纤维的各种性能比较见表3－1。

表3－1　可溶性和不溶性膳食纤维在生理作用方面的差别

生理作用	不溶性膳食纤维	可溶性膳食纤维	生理作用	不溶性膳食纤维	可溶性膳食纤维
咀嚼时间	延长	缩短	肠黏性物质	偶有增加	增加
胃内滞留时间	略有延长	延长	大便量	增加	关系不大
对肠内pH值的变化	无	降低	血清胆固醇	不变	下降
与胆汁酸的结合	结合	不结合	食后血糖值	不变	抑制上升
可发酵性	极弱	较高	对大肠癌	有预防作用	不明显

四、膳食纤维的缺点

过量摄入可能造成的一些副作用。

(1)束缚Ca^{2+}和一些微量元素。许多膳食纤维对钙、铜、锌、铁、锰等金属离子都有不同程度的束缚作用，不过，是否影响矿物元素代谢还有争论。

(2)束缚人体对维生素的吸收和利用。研究表明：果胶、树胶和大麦、小麦、燕麦、羽扇豆等的膳食纤维对维生素A、维生素E和胡萝卜素都有不同程度的束缚能力。由此说明膳食纤维对脂溶性维生素的有效性有一定影响。

(3)引起不良生理反应。过量摄入，尤其是摄入凝胶性强的膳食纤维，如瓜尔豆胶等会有腹胀、大便次数减少、便秘等副作用。另外，过量摄入膳食纤维也可能影响到人体对其他营养物质的吸收。如膳食纤维会对氮代谢和生物利用率产生一些影响，但损失氮很少，在营养上几乎不起作用。

五、膳食纤维的推荐摄入量

鉴于对人体有利的一面,过量摄入也可能有副作用,为此许多科学工作者对膳食纤维的合理摄入量进行了大量细致的研究。美国FDA推荐的成人总膳食纤维摄入量为20～35g/d。美国能量委员会推荐的总膳食纤维中,不溶性膳食纤维占70%～75%,可溶性膳食纤维占25%～30%。

我国低能量摄入(7.5MJ)的成年人,其膳食纤维的适宜摄入量为25g/d。中等能量摄入的(10MJ)为30g/d,高能量摄入的(12MJ)为35g/d。但对患病者来说剂量一般都有所加大。膳食纤维生理功能的显著性与膳食纤维中的比例有很大关系,合理的可溶性膳食纤维和不溶性膳食纤维的比例大约是1∶3。

六、膳食纤维的生产技术

膳食纤维的资源非常丰富,现已开发的膳食纤维共6大类约30余种。这6大类包括:谷物纤维、豆类种子和种皮纤维、水果和蔬菜纤维、微生物、其他天然纤维以及合成和半合成纤维。然而,目前在生产实际中应用的只有10余种,利用膳食纤维最多的是烘焙食品。

膳食纤维依据原料及对其纤维产品特性要求的不同,其加工方法有很大的不同,必需的几道加工工序为包括原料粉碎、浸泡冲洗、漂白脱色、脱水干燥和成品粉碎、过筛等。

不同的加工方法对膳食纤维产品的功能特性有明显的影响。反复的水浸泡冲洗和频繁的热处理会明显减少纤维中产品的持水力与膨胀力,这样会恶化其工艺特性,同时影响其生理功能的发挥,因为膳食纤维在增加饱腹感预防肥胖症、增加粪便排出量预防便秘与结肠癌方面的作用,与其持水力、膨胀力有密切的关系,持水力与膨胀力的下降会影响膳食纤维这方面功能的发挥。高温短时的挤压机处理会对纤维产品的功能特性产生良好的影响。有试验表明,小麦与大豆纤维经挤压机处理后,由于高温、高剪切挤压力的作用,大分子的不溶性纤维组分会断裂部分连接键,转变成较小分子的可溶性组分,变化幅度达3%～15%(依挤压条件的不同而异),这样就可增加产品的持水力与膨胀力。而且,纤维原料经挤压后可改良其色泽与风味.并能钝化部分引起不良风味的分解酶,如米糠纤维。

1. 小麦纤维(Wheat bran fiber)

小麦麸俗称麸皮,是小麦制粉的副产物。麸皮的组成因小麦制粉要求的不同而有很大差异,在一般情况下,所含膳食纤维约为45.5%,其中纤维素占23%,半纤维素占65%,木质素约6%,水溶性多糖约5%,另含一定量的蛋白质、胡萝卜素、维生素E、钙、钾、镁、铁、锌、硒等多种营养素,某一分析结果见表3－2。在当今食品日趋精细时,不失为粗粮佳品。

加工方法:

原料预处理→浸泡漂洗→脱水干燥→粉碎→过筛→灭菌→包装→成品

麸皮受小麦本身及贮运过程中可能带来的污染。往往混杂有泥沙、石块、玻璃碎片、金属屑、麻丝等多种杂质,加工前的原料预处理中去杂是一个重要步骤。其处理手段一般有筛选、磁选、风选和漂洗等。

因麸皮中植酸含量较高,植酸可与矿物元素螯合,从而影响人体对矿物元素的吸收,因此,对麸皮的植酸脱除成了小麦纤维加工的重要步骤。

先将小麦麸皮与50～60℃的热水混合搅匀，麸皮与加水量之比为(0.1～0.15)∶1，用硫酸调节pH至5.0，搅拌保持6h，以利用存在于麸皮中的天然植酸酶来分解其所含有的植酸。随后，用NaOH调节pH至6.0，在水温为55℃条件下加入适量中性或碱性蛋白酶分解麸皮蛋白，时间2～4h。然后升温至70～75℃，加入α-淀粉酶保持0.5～3h以分解去除淀粉类物质，再将温度提高至95～100℃，保持0.5h，灭酶同时起到杀菌的作用。之后分数次清洗、过滤和压榨脱水，再送到干燥机烘干至所需要的水分，通常是7%左右。洗涤步骤有时也可在升温灭酶之前进行。

这样制得的产品为粒状，80%的颗粒大小为0.22mm范围内。其化学成分是：果胶类物质4%、半纤维素35%、纤维素18%、木质素13%、蛋白质≤8%、脂肪≤5%、矿物质≤2%和植酸≤0.5%，膳食纤维总量在80%以上。这种产品对20℃水的膨胀力为4.7mL/g并保持17h不变。该产品颗粒适宜，可直接食用也可与酸奶、面包等一起食用；若要加工成食品添加剂，只需再经粉碎过筛即可。

小麦纤维在加工制备时，考虑到其吸水(潮)性较强。因而生产过程必须连续，且容器的密闭性要求高，尤其是南方地区湿度较高，需对生产环境的相对湿度做一些特殊处理，以免产品因吸潮过量而影响产品质量。

表3—2　多功能纤维添加剂的氨基酸组成(%)

氨基酸	Asp	Thr	Ser	Glu	Gly	Ala	Cys	Val	Met
含量	9.98	4.58	5.46	14.66	5.82	4.46	0.66	5.54	1.46
氨基酸	Ile	Leu	Tyr	Phe	Lys	His	Arg	Hyp	Pro
含量	4.08	8.50	2.42	5.12	5.42	3.02	5.04	2.04	4.82

2. 大豆纤维

(1)大豆皮膳食纤维

工艺流程：大豆皮→粉碎→筛选→调浆→软化→过滤→漂白→离心→干燥→粉碎→成品

以大豆的外种皮为原料，为增加外种皮的表面积，以便更有效地除去不需要的可溶性物质(如蛋白质)，可用锤片粉碎机将原料粉碎至大小以全部通过30～60目筛为适度。然后加入20℃左右的水使固形物浓度保持在2%～10%之间，搅打成水浆并保持6～8min，以使蛋白质和某些糖类溶解，但时间不宜太长，以免果胶类物质和部分水溶性半纤维素溶解损失掉。浆液的pH值保持在中性或偏酸性，pH值过高易使之褐变，色泽加深，pH值低色泽浅，柔和。

将上述处理液通过带筛板(325目)振动器进行过滤，滤饼重新分散于25℃、pH为6.5的水中，固形物浓度保持在10%以内，通入0.01%的过氧化氢进行漂白，25min后经离心机或再次过滤得白色的湿滤饼，干燥至含水分8%左右，用高速粉碎机使物料全部通过100目筛为止，即得天然豆皮纤维添加剂。这个过程纤维最终得率为70%～75%左右。

(2)多功能纤维

工艺流程：豆渣→湿热处理→脱腥→干燥→粉碎→筛选→成品

多功能纤维(Multifunction Fiber Additive，MFA)是由大豆种子的内部成分组成，与通常来自种子外覆盖物或麸皮的普通纤维明显不同。这种纤维是由大豆湿加工所剩的新鲜不溶性残渣为原料，经过特殊的湿热处理转化内部成分而达到活化纤维生理功能的作用，再经脱腥、干燥、粉碎和过筛等工序而制成，其外观呈乳白色，粒度小于面粉。

化学分析表明，MFA 含有 68%的总膳食纤维和 20%的优质植物蛋白，添入食品中既能有效地提高产品的纤维含量又有利于提高蛋白含量。所以，更确切地说应称之为“纤维蛋白粉”。

MFA 有良好的功能特性，可吸收相当于自身重量 7 倍的水分，也就是吸水率达到 700%，比小麦纤维的吸水率 400%高出很多。由于 MFA 的持水性高，有利于形成产品的组织结构，以防脱水收缩。在某些产品如肉制品中，它能使肉汁中的香味成分发生聚集作用而不逸散。此外，高持水特性可明显提高某些加工食品的经济效益，如在焙烤食品中添加它可减少水分损失而延长产品的货架寿命。这种多功能纤维添加剂能在很多食品中得到应用并能获得附加的经济效益。

3. 甜菜纤维

新鲜甜菜废粕洗净去杂质并挤干，分别用自来水、1.5%柠檬酸、95%乙醇浸泡 1h，然后用匀浆器打碎。用自来水冲洗，4 层尼龙布过滤至滤液变清。挤去水分，50℃下烘干，再用粉碎机磨成粉末。

该方法生产的产品食物纤维含量达到 76%～80%，持水能力为 6.1～7.8g(水)/g(干纤维)，与一般食物纤维相比，甜菜纤维具有中等水平的持水能力，吸油能力为 1.51～1.77g(油)/g(干纤维)。

4. 玉米纤维

利用玉米淀粉加工后的下脚玉米皮为原料，用枯草芽孢杆菌 α-淀粉酶(0.02g/50g)及少量蛋白酶，在 60℃下酶解 90min 后过滤，干燥而得。酶法生产比酸法、碱法操作简单，设备要求低，产品中无机物含量低。也可由玉米秸经碱、酸水解后精制而得。

产品为乳白色粉末，无异味，含半纤维素 70%、纤维素 25%、木质素 5%。80℃时可吸水 6 倍。

5. 新型纤维

(1)壳聚糖

壳聚糖(Chitosan)是以甲壳类物质为原料，脱脸钙、磷、蛋白质、色素等制备成甲壳素(Chitin)，进一步脱去分子中的乙酰基而获得的一种天然高分子化合物，其化学结构是 β-1，4-D-萄糖胺的聚合物，在结构上与纤维素很相似。由于这种特殊的化学结构，致使壳聚糖有高分子性能、成膜性、保湿性、吸附性、抗辐射线和抑菌防霉作用，对人体安全无毒，且具备可吸收性能。壳聚极不仅具有一般膳食纤维的生理功能，且更具有一般膳食纤维所不具备的特性，如它是地球上至今为止发现的膳食纤维中惟一阳离子高分子集团，并且具有成膜性、人体可吸收性、抗辐射线和抑菌防霉作用等。这些特性使壳聚糖作为膳食纤维具备更优越的生理功能。

(2)菊粉(Inulin)

菊粉是由 D-呋喃果糖分子以 β-2，1 糖苷键连接而成的果聚糖。菊粉在自然界中分布很广，某些真菌和细菌中含有菊粉，但其主要来源是植物。菊粉是一种水溶性膳食纤维，具有膳食纤维的营养功能。

菊粉主要从菊芋或菊苣块茎中提取，这两种植物来源丰富，菊粉含量高，占其块茎干重的 70%以上。

生产工艺流程：

菊芋块茎→清洗→切片→沸水提取→过滤→石灰乳除杂→阴离子交换树脂脱色→阳离子交换树脂脱盐→真空浓缩→喷雾干燥→菊粉成品

菊粉粗提液中通常含有蛋白质、果胶、色素等杂质，需要进一步纯化处理。参照制糖工艺，在提取液中添加石灰乳，可以有效去除非菊粉杂质，通过离子交换树脂去除提取液中各种离子成分，从而达到最终纯化菊粉提取液的目的。

食品中添加菊粉可以改善低能量冰淇淋的质构和口感；保持饮料稳定，增强饮料体积和口感；替代焙烤食品中的脂肪和糖分，提高焙烤食品的松脆性；改善肉制品的持水性；保持低能量涂抹食品的品质稳定性。

七、膳食纤维在功能食品中的应用

(1)在焙烤食品中的应用。膳食纤维在焙烤食品中的应用比较广泛。丹麦自 1981 年就开始生产高膳食纤维面包、蛋糕、桃酥、饼干等焙烤食品，用量一般为面粉含量的 5%～10%，如其用量超过 10%，将使面团醒发速度减慢。因膳食纤维吸水性特强，故配料时应适当增加水量。

(2)在果酱、果冻食品中的应用。此类食品主要添加水溶性膳食果胶，所用果蔬原料主要是苹果、山楂、桃、杏、香蕉和胡萝 F 等。

(3)在制粉业中的应用。利用特殊加工工艺，含麸量达 50%～60%的面粉，适口性稍差于精白粉，但蛋白质含量、热量优于精白粉，粗脂肪低于精白粉，面粉质地疏松，可消化的蛋白量优于精白粉。国内市场仍处于开发和起步阶段。

(4)在制糖业中的开发应用。采用酶法生产工艺生产双歧杆菌的增殖因子——低聚糖，对双歧杆菌增殖效果明显，生产成本低，低热值，用途广，可实现工业化生产。

(5)在馅料、汤料食品中的应用。为了改变膳食纤维面食制品中外观质量，人们将膳食纤维与焦糖色素、动植物油脂、山梨酸、水溶性维生素、微量元素等营养成分以及木糖醇、甜菊甙等甜味剂混合后，加热制成膳食纤维馅料，可用于牛肉馅饼、点心馅、汉堡包等面食制品，效果较好。此外，也可在普通汤料中加入 1%的膳食纤维后一同食用，同样能达到补充膳食纤维之目的。

(6)在油炸食品中的应用。取豆渣膳食纤维 1kg，加水 0.5kg，淀粉 5 kg，混匀后蒸煮 30min，再加入食盐 90g、糖 100g、咖喱粉 50g，混匀、成型，干燥至含水量 15%左右，油炸后得油炸膳食纤维点心。也可在丸子中加入 30%膳食纤维，混匀，油炸制成油炸丸子或油条。

(7)在饮料制品中的应用。膳食纤维饮料于 10 年前就已盛行欧洲。并于 1988 年风靡美国。日本雪印等公司从 1986 年起先后推出了膳食纤维饮料或酸奶，每 100g 饮料含 2.5～3.8g 膳食纤维，其销量势头良好。台湾多家食品公司也陆续生产出膳食纤维饮料，膳食纤维并在台湾饮料市场上异军突起。此外，也可将膳食纤维用乳酸杆菌发酵处理后制成乳清饮料。

(8)在其他食品中的应用。除上述应用之外，膳食纤维还可用于快餐、膨化食品、糖果、酸奶、肉类及其他一些功能性方便食品。

任务2　真菌活性多糖的生产及应用

真菌多糖是从真菌子实体、菌丝体、发酵液中分离出的、可以控制细胞分裂分化，调节细胞生长衰老的一类活性多糖。真菌多糖主要有香菇多糖、灵芝多糖、云芝多糖、银耳多糖、冬虫夏草多糖、茯苓多糖、金针菇多糖、黑木耳多糖等。对真菌多糖的研究主要始于20世纪50年代，在60年代以后成为免疫促进剂而引起人们兴趣。研究表明：香菇多糖、银耳、灵芝多糖、茯苓多糖等食药性真菌多糖具有抗肿瘤、免疫调节、抗突变、抗病毒、降血脂、降血糖等方面功能。

一、物理性质与功效的关系

多糖的溶解度、分子量、黏度、旋光度等性状影响其生理功能。

1. 溶解度与功效的关系

多糖溶于水是其发挥生物学活性的首要条件，如从茯苓中提取的多糖组分中，不溶于水的组分不具有生物学活性，水溶性组分则具有突出的抗肿瘤活性。降低分子质量是提高多糖水溶性，从而增加其活性的重要手段，一种真菌多糖，不溶于水，在大鼠体内仅有微弱的抑瘤活性，5mg/kg剂量时抑瘤率为57%，降低分子质量后，完全溶于水，1mg/kg剂量可使抑瘤率达到100%。向多糖引入分支可在一定程度上削弱分子间氢键的相互作用，从而增加其水溶性，如具有α-葡聚糖结构的灵芝多糖，不溶于水，羧甲基化后溶解性提高，在体外也表现出一定的抗肿瘤活性，经红外色谱分析，经羧甲基化后，α-葡聚糖在3400cm^{-1}处的羟基伸缩振动峰变窄，且向高波长方向振动，说明分子间的氢键在引入羧甲基分支后被破坏。有些含有疏水分支的多糖不溶于水，经过氧化还原成羟基多糖后才溶于水，从而产生生物学活性。由此可见，降低分子质量、引入支链或对支链进行适当修饰，均可提高多糖溶解度，从而增强其活性。

2. 分子质量与功效的关系

研究结果表明，真菌多糖的抗肿瘤活性与分子质量大小有关，分子质量大于16ku时才有抗肿瘤活性。如分子质量为16ku的虫草多糖有促进小鼠巨噬细胞吞噬作用的活性，而分子质量为12ku的虫草多糖就失去此活性。大分子多糖免疫活性较强，但水溶性较差，分子质量介于10～50ku的高分子组分的真菌多糖属于大分子多糖，呈现较强的免疫活性。高分子质量的β-(1→4)-D-葡聚糖具有独特的分子结构，其高度有序结构（三股螺旋）对于免疫调节活性至关重要，只有分子质量大于90ku的分子才能形成三股螺旋，三股螺旋结构靠β-葡萄糖苷键的分支来稳定。Janusz等发现多糖分子大小与其免疫话性之间存在明显的对应关系。分子质量越大其结构功能单位越多，抗癌活性越强。

3. 黏度与功效的关系

多糖的黏度主要是由于多糖分子间的氢键相互作用产生，还受多糖分子质量大小的影响，它不仅在一定程度上与其溶解度呈正相关，还是临床上药效发挥的关键控制因素之一，如果黏度过高，则不利于多糖药物的扩散与吸收。通过引入支链破坏氢键和对主链进行降解的方法可降低多糖黏度，提高其活性。如向纤维素引入羧甲基后，分子间的氢键发生断裂，产物黏度从0.15Pa·s降至0.05Pa·s。

二、真菌活性多糖的基本特性及生理功能

1. 真菌多糖的免疫调节功能

免疫调节作用是大多数活性多糖的共同作用，也是它们发挥其他生理和/或药理作用（抗肿瘤）的基础。真菌多糖可通过多条途径、多个层面对免疫系统发挥调节作用。大量免疫实验证明，真菌多糖不仅能激活 T、B 淋巴细胞，巨噬细胞和自然杀伤细胞（NK）等免疫细胞，还能活化补体，促进细胞因子的生成，对免疫系统发挥多方面的调节作用。

2. 抗肿瘤的功能

据文献报道，高等真菌已有 50 个属 178 种的提取物都具有抑制 S－180 肉瘤及艾氏腹水瘤等细胞生长的生物学效应，明显促进肝脏蛋白质及核酸的合成及骨髓造血功能，促进体细胞免疫和体液免疫功能。

3. 真菌多糖的抗突变作用

在细胞分裂时，由于遗传因素或非遗传因素的作用，会产生转基因突变。突变是癌变的前提，但并非所有突变都会导致癌变，只有那些导致癌细胞产生恶性行为的突变才会引起癌变，但可以肯定，抑制突变的发生有利于癌症的预防。多种真菌多糖表现出较强的抗突变作用。

4. 降血压、降血脂、降血糖的功能

冬虫夏草多糖对心律失常、房性早博有疗效；灵芝多糖对心血管系统具调节作用，可强心、降血压、降低胆固醇、降血糖等。试验结果表明，蜜环茵多糖（AMP）能使正常小鼠的糖耐量增强，能抑制四氧嘧啶糖尿病小鼠血糖升高；研究也发现，蘑菇、香菇、金针菇、木耳、银耳和滑菇等 13 种食用菌的子实体具有降低胆固醇的作用，其中尤以金针菇为最强。腹腔给予虫草多糖，对正常小鼠、四氧嘧啶小鼠均有显著的降血糖作用，且呈现一定的量效关系。云芝多糖、灵芝多糖、猴头菇多糖等也具降血糖或降血脂等活性。真菌多糖可降低血脂，预防动脉粥样硬化斑的形成。

5. 真菌多糖的抗病毒作用

研究证明，多糖对多种病毒，如艾滋病毒（HIV－1）、单纯泡疹病毒（HSV1，HSV－2）、巨细胞病毒（CMV）、流感病毒、囊状胃炎病毒（VSV）、劳斯肉瘤病毒（RSV）和反转录病毒等有抑制作用。香菇多糖对水泡性口炎病毒感染引起的小鼠脑炎有治疗作用，对阿拉伯耳氏病毒和十二型腺病毒有较强的抑制作用。

6. 真菌多糖的抗氧化作用

已发现许多真菌多糖具有清除自由基、提高抗氧化酶活性和抑制脂质过氧化的活性，起到保护生物膜和延缓衰老的作用。

7. 真菌多糖的其他功能

除具有上述生理功能外，真菌多糖还具有抗辐射、抗溃疡和抗衰老等功能。具有抗辐射作用的真菌多糖有灵芝多糖和猴头多糖。具有抗溃疡作用的真多糖有猴头多糖和香菇多糖。具有抗衰老作用的真菌多糖有香菇多糖、虫草多糖、灵芝多糖、云芝多糖和猴头菌多糖等。

三、真菌活性多糖的生产技术

真菌多糖的加工方法有两种，一种是从栽培真菌子实体提取，另一种是发酵法短时间生

产大量的真菌菌丝体。多糖从真菌子实体中提取，由于人工栽培真菌子实体，生产周期长达半年以上，而且价格也比较高。真菌深层发酵工艺来获真菌多糖，易于连续化生产，规模大，生产周期缩，产量高，降低了价格。但发酵法生产多糖一次性投资大，设备多，工艺流程长，而且部分菌丝体缺乏子实体的芳香风味。

一般粉碎后在真菌子实体中加入多糖5～20倍体积的水、稀酸或稀碱(0.2～1mol/L)，在50～80℃温度下进行浸提，有时为了加速浸提速度，也可添加些纤维素酶或半纤维素酶。深层发酵提取多糖工艺是：菌种活化→种子罐发酵→发酵罐发酵。

若是需要供研究用的真菌多糖纯品，则可对上法得到的粗制多糖进行分级提纯处理，包括使用溶剂的分级提取、凝胶色谱或离子交换色谱的分级提纯等。

这里主要介绍几个典型的真菌多糖加工的工艺。

1. 香菇多糖

(1)提取法

1)工艺流程

鲜香菇→捣碎→浸渍→过滤→浓缩→乙醇沉淀→乙醇、乙醚洗涤→干燥→成品

2)操作要点

①取香菇新鲜子实体，水洗干净，捣碎后加5倍量沸水浸渍8～15h，过滤，滤液减压浓缩。

②浓缩液加1倍量乙醇得沉淀物，过滤，滤液再加3倍量乙醇，得沉淀物。

③将沉淀加约20倍的水，搅拌均匀，在猛烈搅拌下，滴加0.2mol/L氢氧化十六烷基三甲基胺水溶液，逐步调至pH值12.8时产生大量沉淀，离心，沉淀用乙醇洗涤，收集沉淀。

④沉淀用氯仿、正丁醇去蛋白，水层加3倍量乙醇沉淀，收集沉淀。

⑤沉淀依次用甲醇、乙醚洗涤，置真空干燥器干燥，即为香菇多糖。

(2)深层发酵法

1)工艺流程

菌种→斜面培养→一级种子培养→二级种子培养→深层发酵→发酵液

2)操作要点

①斜面培养：在土豆琼脂培养基接菌种，25℃培养10d左右，至白色菌丝体长满斜面，0～4℃冰箱保存备用。

②摇瓶培养：500mL三角瓶盛培养液150mL左右，0.12kPa蒸汽压力下灭菌45min。当温度达到30℃时，接斜面菌种，置旋转摇床(230r/min)，25℃培养5～8d。

培养液配方(g/100mL)：蔗糖4，玉米淀粉2，NH_4NO_3为0.2，KH_2PO_4为0.1，$MgSO_4$为0.05，维生素$B_1$0.001。pH值6.0。

③种子罐培养

培养液同前，装量70%(体积分数)，接入摇瓶菌种，菌种量10%(V/V)，25℃，通气比1∶0.5～1∶0.7V/(V·min)培养5～7d。

④发酵罐培养

配料与接种。发酵罐先灭菌。罐内配料，培养液配方同前。配料灭菌，0.12kPa灭菌50～60min。冷却后，以压差法将二级菌种注入发酵罐，接种量10%(V/V)，装液量70%(V/V)。

发酵控制。发酵温度22～28℃，通气比1∶0.4～1∶0.6V/(V·min)，罐压0.05～0.07 kPa，搅拌速度70r/min；发酵周期5～7d。

放罐标准。发酵液 pH 降至 3.5，镜检菌丝体开始老化，即部分菌丝体的原生质出现凝集现象，中有空泡，菌丝体开始自溶，也可发现有新生、完整的多分枝的菌丝；上清液由混浊状变为澄清透明的淡黄色；发酵液有悦人的清香，无杂菌污染。

3)发酵液中多糖的提取

香菇发酵液由菌丝体和上清液两部分组成，胞内多糖含于菌丝体，胞外多糖含于上清液。因此，多糖提取要分上清液和菌丝体两部分来完成。

①上清液胞外多糖的提取

a. 工艺流程

发酵液→离心→发酵上清液→浓缩→透析→浓缩→离心→上清液→乙醇沉淀→沉淀物→丙酮、乙醚洗涤→P_2O_5 干燥→胞外粗多糖

b. 操作步骤

离心沉淀，分离发酵液中菌丝体和上清液。上清液在不大于 90℃条件下浓缩至原体积的 1/5。上清浓缩液置透析袋中，于流水中透析至透析液无还原糖为止。透析液浓缩为原浓缩液体积，离心除去不溶物，将上清液冷却至室温。加 3 倍预冷至 5℃的 95%乙醇，5～10℃下静置 12h 以上，沉淀粗多糖。沉淀物分别用无水乙醇、丙酮、乙醚洗涤后，真空抽干，然后置 P_2O_5 干燥器中进一步干燥，得胞外粗多糖干品。

②菌丝体胞内多糖的提取

a. 工艺流程

发酵液→离心→菌丝体→干燥→菌丝体干粉→抽提→浓缩→离心→上清液→透析→浓缩→离心→上清液→沉淀物→丙酮、乙醚洗涤→P_2O_5 干燥→胞内粗多糖

b. 操作要点

菌丝体在 60℃干燥，粉碎，过 80 目筛。菌丝体干粉水煮抽提 3 次，总水量与干粉重之比为 50∶1～100∶1。提取液在不大于 90℃下浓缩至原体积的 1/5。其余步骤同上清液胞外提取。

2. 金针菇子实体多糖分离工艺金针菇多糖

(1)工艺流程

原料→称重→匀浆→调配→热水抽提→过滤→滤液醇析→复溶→去除蛋白→多糖产品

滤渣弃去

(2)操作要点

①选用质地优良的鲜子实体(或按失水率计算称取一定量的干菇)。

②使用试剂——氯仿、正丁醇、乙醇、葡萄糖等均为分析纯。

③多糖总量测定采用酚—硫酸法，以葡萄糖为标准品。

④提取条件：浸提时间 1h，温度 80℃，溶剂体积为样品 30 倍，多糖得率达到 1.03%。

⑤醇析的乙醇最终浓度为 60%～70%，放置一定时间后，离心收集沉淀并烘干称重得多糖粗品。

⑥多糖粗品中的蛋白质去除，可用 Sevag 法，即氯仿/正丁醇(体积比)，氯仿＋正丁醇/样品(体积比)分别为 1∶0.2 和 1∶0.24。选用该法去除蛋白质时，如能连续操作，直接使用溶剂抽提，粗多糖产品中蛋白质去除效率高，效果好。

⑦粗多糖经 Sevag 法去除蛋白质后，再进行真空干燥，即得到纯多糖粉状产品。

上述工艺在分离多糖产品时，可因生产目的和要求不同而异。通过30倍体积80℃浸提1h后，直接从子实体中提取的提取物，再经醇析后制得的多糖产品可广泛用于饮料、食品行业中；粗多糖再经优化的Sevag法去除蛋白质纯化后即可。

四、真菌活性多糖在功能食品中的应用

真菌多糖由于具有增强机体免疫力而对正常细胞无毒副作用，在保健食品行业受到青睐。目前已有多种富含或添加真菌多糖的产品出现。将上述浓缩液、菌丝体、粗糖成品、纯糖成品作为活性成分添加到各种食品中，即制成功能食品，现举几例说明。

1. 灵芝多糖口服液生产工艺

(1)基本工艺流程

灵芝纯多糖→调配→均质→过滤→灌封→杀菌→成品

(2)工艺说明

①原料配方(%)

灵芝纯多糖 0.1、蜂蜜 8、山梨酸钾 0.02、水 92.9。用柠檬酸调制最佳糖酸比(也可不调)。

②均质

调配好的液体，均质机300atm① 下均质。

③过滤

先经过0.45μ精密过滤器过滤，再经过截留分子量20万的超滤机过滤，取透过液灌装。

④灌装、杀菌

口服液瓶水洗后，用200mg/kg的二氧化氯浸泡10min，无菌水清洗，捞起滤干，灌装、封口。120℃下杀菌30min。

(3)产品质量要求

色泽淡黄或金黄色，无沉淀，酸甜适口，口感圆润，每支(10ml)含灵芝纯多糖10mg。

2. 灵芝菌丝体袋泡茶生产工艺

(1)基本工艺流程

灵芝干菌丝体 → 粉碎 → 过筛 ↘
　　　　　　　　　　　　　　　袋装 →成品
干绿茶 → 粉碎 → 过筛 ↗

(2)工艺说明

①原料及粉碎：取成品绿茶及干燥菌丝体除异物粉碎。

②过筛、混匀、袋装：分别过50目筛。按茶：菌丝体为85：15比例混合均匀。取滤纸袋包装。

3. 香菇营养面包生产工艺

(1)基本工艺流程

原辅料处理→调制面团→发酵→分块→称重→揉圆→醒发→烘烤→冷却→包装

注：①1atm=101 325Pa。

(2)工艺说明

①原辅料预处理及产品配方

香菇子实体或菌丝体去杂,粉碎过40目筛。

配方(%)

特一面粉85,糖10.8,盐1.0,即发型活性干酵母0.8,香菇粉2.0,脱脂奶粉4.0,α-单甘酯0.5,色拉油3.0,总含水量51。

②发酵和醒发条件

发酵温度30℃,相对湿度75%,3～4 h;醒发温度37℃,相对湿度85%,时间1h。

③烘烤时间

温度200～230℃,18～30min。

(3)面包质量指标

色泽棕黄色,表面光滑,表面可看到香菇沫,松软可口,有香菇特有香味。

4. 金针菇冰淇淋生产工艺

(1)基本工艺流程

原辅料预处理→混合调配→加热→杀菌→均质→冷却→老化→凝冻→成型包装→硬化→冷藏→成品

(2)工艺说明

①主要原料、辅料的预处理

选择组织细密汁多的优质品种金针菇,剔除腐烂变质部分,切去金针菇蒂,用清水洗净沥干,用榨汁机进行榨汁,通过过滤机制得金针菇生汁,经高温蒸煮后制得金针菇原汁。先用水浸泡复合稳定剂,软化后备用。奶油加热融化,备用。

②产品配方(%)

金针菇汁45,鲜牛奶35,白砂糖15,奶油3,超细淀粉1,复合稳定剂1,香精适量。

③杀菌

把调好的料液经高温杀菌器杀菌。杀菌条件为90℃、15s。

④均质

经杀菌后的料液迅速冷却至65℃左右,再进行均质处理。均质压力为17～19.6MPa。

⑤冷却和老化

均质后的料液冷却至10℃以下,但冷却温度不能低于0℃,以防止产生大的冰晶,影响产品的口感和组织状态。将冷却的料液倒入老化缸搅拌老化,条件为0～4℃、4～8h,黏度增加,提高膨化率,改善产品的组织状态。

⑥凝冻成形

在混合料液中均匀地混入空气,使其冻结成半流动状态,注入不同的模具冻结成形。

⑦硬化、冷藏

凝冻分装后的冰淇淋,必须及时硬化处理,硬化温度为－23～－25℃。若不及时分装、硬化,则冰淇淋表面易受热融化,再经低温冷冻,表面会形成粗大的冰晶体。硬化的冰淇淋经包装后放入－18℃以下的冷库中冷藏。

(3)产品质量标准

具有金针菇冰淇淋特有的香气和奶香,香甜适口,风味纯正,无其他异味,组织细腻,形体柔软，轻滑，质地均匀，无肉眼可见的大冰晶。无任何异物，杂质。

任务3 植物活性多糖的生产及应用

植物活性多糖大多数是从中草药中提取的，研究较多的有茶多糖、枸杞多糖、银杏叶多糖、人参多糖、党参多糖、刺五加多糖、绞骨蓝多糖、酸枣仁多糖、波叶多糖和栀子多糖、薏仁米多糖、大蒜多糖和猕猴桃多糖等。植物多糖具有许多生理活性和保健功能，这些多糖参与了生命科学中细胞的各种活动，具有多种多样的生物学功能，如参与生物体的免疫调节功能，降血糖、降血脂、抗炎、抗疲劳、抗衰老等，目前人们已成功地从近百种植物中提取出了多糖并广泛地用于医药和保健食品的研究和开发中。植物多糖研究得比较深入的是稻草多糖、麦秸多糖、竹多糖、黄芪多糖、刺五加多糖等。植物来源的多糖类化合物由于它们的独特功能和很低的毒性，随着植物多糖研究的不断深入，其在临床应用和保健食品开发上将有很广阔的前景。

一、植物活性多糖的生理功能

1. 免疫调节、抗肿瘤功能

大量的药理和临床研究表明，植物多糖是一种免疫调节剂，它具有抑制肿瘤生长、激活免疫细胞、改善机体免疫功能的作用。柴胡多糖、淫羊藿多糖、紫松果菊多糖等能激活体内的巨噬细胞功能，进而抗肿瘤；女贞子多糖、商陆多糖等能增强细胞免疫功能；波叶大黄多糖、板蓝根多糖等对体液免疫有促进作用。人参多糖有显著增强腹腔巨噬细胞的吞噬功能，激活网状内皮系统(RES)。海带及藻类多糖也具有增强免疫、抗肿瘤作用。

2. 降血糖功能

薛惟建等人研究了昆布多糖及褐藻淀粉对小鼠实验性高血糖的防治作用，注射后小鼠血糖水平明显降低。日本Konno等人从朝鲜白参、中国红参和日本白参分离到21种人参多糖，均有降血糖作用。黄芪多糖对血糖及肝糖原含量影响的研究发现黄芪多糖具有双向调节血糖的作用。彭红等人研究发现南瓜多糖能提高动物对高糖的耐受力；且与胰岛素有很好的协同作用；它对正常动物血糖的影响不明显。

3. 抗氧化、抗疲劳功能

丙二醛(MDA)是反映机体脂质过氧化损伤的重要指标，具有很强的生物毒性，极易与磷脂蛋白发生反应改变细胞膜的通透性，而造成组织细胞的氧化损伤。许多资料表明，宁夏枸杞多糖具有清除自由基作用，而阻断脂质过氧化反应，使MDA生成减少，同时它也可以提高机体抗氧化酶活性，抑制自由基引发的脂质过氧化损伤。

4. 清除自由基、抗衰老功能

自由基被认为是人体衰老和某些慢性病发生的原因之一。当人体内的自由基产生过多或清除过慢，就会攻击各种细胞、器官并使之受到损伤，加速机体的衰老过程并诱发各种疾病。在众多自由基中，羟基自由基是最活泼的，其反应速度快，是对机体危害最大的自由基。

5. 血脂功能

海带多糖(主要结构为1，3 -葡萄糖的多聚物应为褐藻淀粉)对高脂血症患者的临床疗效，表明海带多糖以胶囊制剂口服，能明显降低高脂血症患者血清胆固醇、甘油三酯含量，同时能升高高脂血症患者高密度脂蛋白与低密度脂蛋白比值。据中药药典记载决明子具有降血脂作用。另外，甘蔗多糖也能降低体内血脂。

6. 对抗慢性肝炎作用

预先腹腔注射黄芪多糖对内毒素造成的小鼠肝内明矾沉淀类毒素（APT）水平、电子偶联（EC）值下降具有明显的拮抗作用。香菇多糖肯定对慢性肝炎有免疫调节作用，主要是促进T细胞活性，对辅助性T细胞及杀伤性T细胞的促进作用尤为显著，具有抗病毒及诱生干扰素保护肝脏的作用。

7. 其他功能

糊精、人参果胶这两种植物多糖对大鼠实验性胃溃疡（消炎痛型、应急型、幽门结扎型及醋酸型）均有不同程度的抑制作用。红藻类多糖也具有抗溃疡作用。

二、植物活性多糖的制备工艺

植物活性多糖制备方法有两类：一类是从植物中提取，其主要缺点是植物资源有限且生长缓慢，故制得的多糖成本较高；另一类是植物细胞大规模培养法，与真菌液体发酵法类似，这种方法在大型发酵罐内进行，可通过调节培养基的组成、发酵工艺条件等，在短时间内得到大量细胞及植物多糖，具有生产规模大、产率和经济效益高等优点，因而具有很好的发展前景。但细胞培养法目前还处于实验室研究阶段，对培养工艺和设备要求较高，故产业化的路途还很远。

植物活性多糖的提取方法与真菌多糖子实体或菌丝体的提取工艺相同，这里不再重述。

三、植物活性多糖在功能食品中的应用

植物活性多糖在中药制剂上的应用已十分悠久，但在功能食品加工中应用的例子不多。本节主要介绍两种植物多糖在功能食品中的应用。

1. 枸杞果汁饮料生产工艺

（1）基本工艺流程

原料调配→均质→过滤→杀菌→无菌灌装→成品

（2）工艺说明

①原料选择

选择个大、饱满、色泽鲜红、籽少的枸杞；新鲜、无病虫害、无腐烂的甜橙为原料。

②原汁制备

枸杞子去籽洗净后，按固液比 1∶4 加水，于 80℃条件下加热浸提 2h，200 目过滤的滤液；甜橙洗净后榨汁，过 200 目滤布。

③配方（%）

枸杞汁 5，橙汁 5，水 80 和 砂糖 12。用柠檬酸调节原汁至合适酸甜度，pH 4.5。

④均质、过滤

160atm 均质，0.45μm 过滤。

⑤杀菌、灌装

巴氏消毒，无菌灌装，封罐。

(3)质量标准

色泽鲜红、酸甜适宜、有枸杞风味。

2. 茶多糖奶茶生产工艺

(1)基本工艺流程

奶粉(或鲜奶)
↓
茶叶→破碎→溶剂提取→过滤(或离心)→清夜浓缩→乙醇沉淀→茶多糖→调配→均质→喷雾干燥→包装→成品

(2)工艺说明

①原料

茶叶选择老茶(乌龙茶、红茶、绿茶等),老茶茶多糖含量高。奶粉可选择全脂或脱脂奶粉,也可用新鲜牛奶。

②茶多糖提取方法

与真菌多糖提取方法完全相同。

③调配

根据产品的食用对象可添加白砂糖、微量元素、维生素等成分,调配液固形物含量控制在12%～15%。茶多糖添加量以多糖奶茶中纯茶多糖含量在0.1%为控制标准。

④均质

在200atm压力下均质。

⑤喷雾干燥

采用离心式喷雾干燥设备。干燥条件为:待干燥液固形物含量12%～15%,进风温度160℃,排风温度75℃。

⑥包装:干燥后迅速包装,以防吸水。

(3)产品标准

粒度均匀,有茶叶和牛奶双重特有香味,速溶性强。

【小结】

根据生物来源不同,活性多糖可分为植物多糖、动物多糖和微生物多糖。

活性多糖具有增强机体免疫功能、抗肿瘤、抗突变、降血脂、抗衰老、抗菌、抗病毒、预防肠道疾病、减肥、调节糖代谢、解毒等多项保健功能。其功能的发挥受多糖的结构、分子量、溶解度以及提取方法诸因素的影响。麦麸、米糠、稻壳、玉米渣、燕麦麸、豆渣、豆壳、水果皮、水果渣、多种植物、藻类、虾贝壳类、微生物类等均可作为膳食纤维生产的原料;真菌多糖可由大型真菌子实体和发酵菌丝体制备而得到。不溶膳食纤维可通过粗分离法、化学法、酶法、发酵法和综合制备法生产;可溶性膳食纤维一般在不溶性纤维制备基础上进一步加工而成,也有通过挤压法改性、淀粉水解来制备,即乙醇沉淀法、膜浓缩法、挤压法和淀粉转化法;真菌多糖和植物多糖多采用发酵、分离提取的方法制备。膳食纤维可在焙烤食品、挂面、快餐面、馒头、早餐食品等主食、饮料、肉制品、布丁、饼干、薄脆饼、油炸丸、巧克力、糖果、口香糖等小吃食品以及馅料、汤料、调味料等食品中广泛应用,其他活性多糖也广泛应用于饮料、茶、口服液、冰淇淋等功能食品中。

【复习思考题】

1. 什么是膳食纤维,其与粗纤维有何区别?
2. 膳食纤维的化学组成是什么? 各有什么特点?
3. 举例说明大豆纤维的生理功能和加工方法。
4. 举例说明膳食纤维在食品加工中的应用。
5. 真菌多糖加工的方法有几种? 各是什么?

项目四　活性多肽及其加工技术

【知识目标】

了解活性多肽的概念和生理功能，理解酪蛋白磷酸肽、谷胱甘肽、降血压肽、大豆多肽的结构及生理功能。熟悉酪蛋白磷酸肽、谷胱甘肽、降血压肽和大豆多肽在功能食品中的应用。

【能力目标】

熟悉酪蛋白磷酸肽、谷胱甘肽、降血压肽、大豆多肽主要生产方法和工艺流程。掌握主要活性多肽生产操作要点和相应的工艺说明。

肽类是指氨基酸以肽键相连的化合物，一般是由2～100个氨基酸分子脱水缩合而成，它们的分子质量通常低于10 000，能透过半透膜，不被三氯乙酸及硫酸铵所沉淀。肽类的研究涉及人体的激素、神经、细胞生长和生殖各领域，它是人体重要的生理调节物，具有重要的生物学功能。生物活性肽是在20世纪被发现的。生物活性肽是蛋白质中天然氨基酸以不同组成和排列方式构成的，是源于蛋白质的多功能化合物。从简单的二肽到复杂线性或环形结构的多肽物质，只要源于天然蛋白质都可以叫做生物活性肽。活性肽食用安全性极高，是当前国际食品界最热门的研究课题和极具发展前景的功能因子。很多人工合成的肽是没有活性的，只有经过严格的筛选才能放心使用。

现代营养学研究发现人类摄食蛋白质经消化道的酶作用后，大多是以短肽形式被消化吸收的，以游离氨基酸形式吸收的比例很小。

活性多肽的生理功能很多，主要有以下几点：

(1)调节体内的水分、电解质平衡；

(2)为免疫系统制造对抗细菌和感染的抗体，提高免疫功能；

(3)促进伤口愈合；

(4)易消化吸收，在体内制造酵素，有助于将食物转化为能量；

(5)修复细胞，改善细胞代谢，防止细胞变性，能起到防癌的作用；

(6)促进蛋白质、酶、酵素的合成与调控；

(7)沟通细胞间、器官间信息的重要化学信使；

(8)降血压、降血脂，预防心脑血管疾病；

(9)调节内分泌与神经系统；

(10)改善消化系统、治疗慢性胃肠道疾病；

(11)改善糖尿病、风湿、类风湿等疾病；

(12)抗菌、抗病毒感染、抗衰老，消除体内多余的自由基；

(13)促进造血功能，治疗贫血，防止血小板聚集，能提高血红细胞的载养能力。

常见的活性多肽有酪蛋白磷酸肽、谷胱甘肽、降血压肽、大豆多肽、调味肽、免疫活性肽、高F值低聚肽、神经活性肽、激素肽、抗氧化肽、营养肽等。本章我们将以酪蛋白磷酸肽、谷胱甘肽、降血压肽、大豆多肽、免疫活性肽为例介绍其结构、生理功能和生产技术。

任务1　酪蛋白磷酸肽

酪蛋白磷酸肽(CPPs)是应用生物技术从牛奶蛋白中分离的天然生理活性肽，其中最具代表性的酪蛋白磷酸肽为α-酪蛋白磷酸肽和β-酪蛋白磷酸肽。早在20世纪50年代在国外就开始了对酪蛋白磷酸肽的研究，80年代后期，CPPs的结构和生理功能日趋明朗化。

一、酪蛋白磷酸肽的结构和生理功能

1. 酪蛋白磷酸肽的结构

(1)核心结构

酪蛋白磷酸肽分子质量为2000～4000,含有3个磷酸丝氨酸残基组成的一个富磷丝氨酸基团簇,后面紧接着二个-Glu-残基。研究表明,酪蛋白磷酸肽分子质量并不均一,一般含有25个～37个氨基酸残基,但是-Ser(P)-Ser(P)-Ser(P)-Glu-Glu-结构是其发挥生物活性必不可少的部分。

(2)酪蛋白磷酸肽的结构

CPPs分布于α-酪蛋白、β-酪蛋白等牛乳酪蛋白的不同区域,经酶消化产生CPPs。国内研究发现,CPPs中氮与磷的摩尔比值越小,CPPs的肽链越短,磷酸基的密度越大,则CPPs纯度越高,生理功能也就越强。因此,氮磷比(N/P)是评价CPPs产品质量的最重要指标。

2. 酪蛋白磷酸肽的生理功能

(1)促进小肠对钙的吸收

酪蛋白磷酸肽是一种良好的金属结合肽。在小肠这种弱碱性环境中,酪蛋白磷酸肽能与钙、铁、镁、锌、硒等二价矿物质离子结合,防止产生磷酸盐沉淀,增强肠内可溶性矿物质的浓度,从而促进其吸收利用。而且CPPs是目前惟一的一种促进钙吸收的活性肽。其作用机理主要源于其黏附在磷酸钙晶体表面,在中性或偏碱性条件下阻止钙的沉淀,从而促进钙在小肠中的吸收。不同结构的酪蛋白磷酸肽结合钙离子的能力差异很大,这种差异可能与离磷酸结合位点较远的氨基酸残基的极性有关。

(2)促进骨骼对钙的利用

1)促进生长期儿童骨骼和牙齿的发育

骨骼的生长和钙化在胎儿期及出生后持续进行,在21岁时达到相对稳定。早在1950年,就有关于在缺乏V_D情况下,患有佝偻病的儿童服用酪蛋白的胰酶消化液(酪蛋白磷酸肽)可强化骨骼的钙化的报道。随后的早期研究,例如CPPs促进佝偻病雏鸡的骨骼钙化和增加大鼠体内钙吸收的结果,支持了这一观点。

2)预防和改善骨质疏松症

35～40岁后,骨的生成和再吸收不再匹配,发生骨的净丢失,最终导致骨质疏松症。CPPs虽可抑制磷酸钙形成沉淀,却不能使已形成的磷酸钙溶解。它可以促进钙的吸收和利用,减弱破骨细胞(bone-resorbing cells)的作用,抑制骨的再吸收,预防和改善骨质疏松症。

3)促进骨折患者的康复

科学研究发现,增加钙的摄入量并不加速断骨的愈合,而且对于长期卧床的骨折患者,盲目补钙还会引起血钙增高、血磷降低的潜在危险。另外，骨折患者需要补充锌、铁、锰等微量元素。这些元素有的参与人体代谢活动酶的组成，有的是合成骨胶原和肌红蛋白的原料。一方面酪蛋白磷酸肽可以和金属离子（钙、铁、锰、锌、硒等）结合形成可溶性复合物，这种复合物的形成可以有效地避免其在小肠的中性或微碱性环境中形成沉淀，被肠壁细胞顺利吸收；另一方面可以避免其磷酸盐形成，保持血磷水平。

（3）预防和改善缺铁性贫血

Andrew 的研究表明，由于暴露出磷酸丝氨酸基团能阻止铁的沉淀，从而提高铁的生物利用率，并且发现铁的利用率和体内的碱性磷脂酶有关。

（4）提高精子和卵细胞的受精率

目前，CPPs 促进动物体外受精的作用机理尚不十分清楚，可能与溶解状态钙离子介导的精卵细胞融合有关，也可能与谷氨酸的游离羧基有关，也可能与 CPPs 促进精子对钙离子的吸收，增强精子顶体的反应能力，提高精子对卵细胞的穿透能力有关。

（5）抗龋齿

研究证明，早期牙釉质损伤的修复是源于酪蛋白磷酸肽（CPPs）与无定形磷酸钙形成的稳定复合物。CPPs 形成磷酸钙运载工具，这阻止了牙釉质去矿化并促进了再矿化。酪蛋白磷酸肽可明显降低羟基磷灰石（牙齿的主要成分）的腐蚀溶解率；使抗菌离子（例如 Ca^{2+}，Zn^{2+}，Cu^{2+}，Fe^{2+}）在牙斑部位富集；明显的缓冲了由于糖溶液引起的 pH 下降程度。目前，用 CPPs 制成的抗龋齿添加剂是惟一不同于氟化物的添加剂。

二、酪蛋白磷酸肽的生产技术

1. 生产酪蛋白磷酸肽的主要方法

尽管早在 20 世纪 50 年代，国外就开始了对 CPPs 的研究，但工业化制备的研究工作直到近年才真正开始，而我国在酪蛋白磷酸肽的研究方面尚未完全实现产业生产。酪蛋白磷酸肽的主要生产方法包括生物发酵法、蛋白酶水解法、重组 DNA 法等。

生物发酵法，即直接利用微生物发酵过程中产生的蛋白酶（复合酶）降解蛋白质，可达到较高的水解度，从而相对地降低酶法生产活性肽的成本。但是该法对菌种依赖性较大，如果没有优良的发酵菌种，那么降低生产成本而实现工业化生产必然存在许多困难。重组 DNA 技术也可以用来制备人类所需要的酪蛋白磷酸肽段或其前体，但是相应重组菌的构建、细胞固定化等技术工程庞大。本文主要介绍蛋白酶水解法生产酪蛋白磷酸肽的过程。

2. 蛋白酶水解法的工艺流程

（1）酶解沉淀法

酪蛋白的制备→胰蛋白酶（胰酶）水解→调节 pH 至 4.6→离心→取上清液（加乙醇－钙）→离心→沉淀→干燥→成品

（2）酶解离子交换法

酪蛋白的制备→胰蛋白酶（胰酶）水解→调节 pH 至 4.6→离心→取上清液（调 pH）→离子交换→洗脱→纯化→冷冻干燥→成品

3. 蛋白酶水解法生产操作要点和工艺说明

（1）酪蛋白的制备

酪蛋白的等电点为 4.6，因此常用等电点沉淀法制备酪蛋白。常用于制备酪蛋白的原料为牛乳,将鲜牛乳及醋酸—醋酸钠缓冲液分别水浴加热40℃左右。过滤牛乳中固体杂质。取加热后的牛乳,在不断搅拌的过程中,慢慢加入等体积热的醋酸—醋酸钠缓冲液,调pH至4.6。将上述混合液冷却至室温,离心,弃去上清液,得酪蛋白粗制品。再用水、乙醇、乙醚等洗沉淀数次,过滤或离心,干燥,得酪蛋白备用。

(2)蛋白酶的选择

可用于生产CPPs的酶类很多,如胃蛋白酶、胰蛋白酶、胰酶和碱性蛋白酶,多来源于动物、植物和微生物。胰蛋白酶和胰酶来源于动物胰脏,胰蛋白酶专一性强,但其本身很容易自水解,且价格较高,目前主要用于酪蛋白水解特性的研究。从动物的胰脏中提取出来的胰酶是由胰蛋白酶、糜蛋白酶、羧肽酶、脂肪酶和淀粉酶等构成的混合酶体系,来源丰富,价格较低。胰酶中的两种主要成分是胰蛋白酶和糜蛋白酶,它们都可以保证产品中CPPs活性基团的完整性,而且由于多酶催化,不仅可以加快水解速度,还可以得到更短的肽段。目前,欧洲、日本生产CPPs绝大多数采用的是胰酶法。

(3)水解条件

水解酪蛋白的条件为:底物浓度为10%～15%,底物与酶的比例为100∶1,在pH 7.0～8.0缓冲体系中60℃下水解2h,或37℃下水解4h。

(4)酶反应的终止

在实验室中终止酶反应的方法是调整pH,同时升高温度,从而使酶失活。但这不适用于工业化生产。工业化生产可以应用超滤膜过滤去除酶类,不仅可终止酶反应,还可使水解物的氨基酸短肽有较合理的分布。

(5)离心条件

离心条件为:4℃下,8000r/min,15min。然后去除沉淀,取上清液备用。

(6)乙醇、钙溶液处理

在上清液中加入氯化钙和无水乙醇溶液,使其终浓度达到1%和50%。沉淀多肽,再次离心,弃去上清液。

(7)离子交换和纯化

酪蛋白水解后会呈现一定的苦味,可用离子交换树脂脱除或用酶分解去除这种苦味。离子交换条件:选用H型阳离子交换树脂。调整上清液和离子交换体系pH至5.0,进样速度350mL/h,进行离子交换。进样结束后用清水洗脱,收集洗脱液至第一峰完全流出。然后对酪蛋白水解物络合分离,凝胶过滤或膜分离等方法进行纯化则可得高纯度CPPs。

(8)干燥

干燥的方法很多,常用于酪蛋白磷酸肽的干燥方法为减压干燥技术和冷冻干燥技术。

1)减压干燥

减压干燥是在密闭容器中抽真空后进行干燥的方法。此法优点是温度较低,产品易粉碎,特别适合于含热敏感成分的物料。此外,减少了空气(尤其是氧气)对产品的不良影响,对保证产品质量有一定意义。

具体方法是:将所得酪蛋白磷酸肽溶解于0.2mol/L,pH为5.5的柠檬酸—柠檬酸钠缓冲液体系中,使沉淀最终浓度为6%。最后于60～70℃,0.10MPa条件下减压干燥。

2)冷冻干燥

冷冻干燥(以下简称冻干)就是将含水物料,先冻结成固态,而后使其中的水分从固态升华成气态，以除去水分而保存物质的方法。首先将提取物置于－40℃条件下预冷2h，然后在－60℃冷冻干燥机中干燥24h，真空度为0.20MPa。

三、酪蛋白磷酸肽在功能食品中的应用

现在日本、美国、荷兰、澳大利亚等国已开发出添加酪蛋白磷酸肽的相应功能食品并已上市。从我国民众的钙营养状况看，添加CPPs产品的市场前景广阔。我国民众膳食组成以植物性食物为主，其中含有大量影响钙、铁、锌吸收的因子，如植酸、草酸、纤维素等。中国人最易缺乏的矿物质是钙，另外，铁元素和锌元素也容易缺乏。目前，我国从儿童到中老年人各年龄组的人群，普遍存在缺钙问题。这就使得国内补钙保健品市场多年以来保持长盛不衰的现象，消费者的补钙意识已由“接受”转变为“自发”。CPPs不仅可促进钙的吸收，对铁、锌的吸收利用也有良好的促进效果，这更使得CPPs在营养强化食品和保健食品中的应用备受瞩目。CPPs产品的氮/磷摩尔比（N/P）能较客观地反映CPPs产品的纯度、磷酸基密度、结合钙能力等理化性质，是其生物学活性的重要指标之一，商业上根据此比值将CPPs产品分为CPPⅠ，CPPⅡ和CPPⅢ三类，而市售的CPPs主要是后面两种。

1. 强化乳制品

CPPs具有在很宽的pH范围内完全溶解的特性，具有良好的稳定性，适于奶类制品，如果奶、学生配方奶、高钙低脂奶等保健食品开发。国外研究了酪蛋白、脱脂乳蛋白和CPPs的致敏反应，发现CPPs的致敏性很小，表明它能够适用于对牛奶过敏体质的人群。但也应注意到，影响CPPs作用的因素非常复杂，在钙代谢过程中的作用还须进行深入的研究。

2. 饮料

CPPs可使啤酒、汽酒等含气饮料泡沫细腻、持久，促进其中的矿物质吸收，因此使产品配方更完善、合理。添加CPPs的制品并没有改变其原有的风味和口感，达到既向人体补充这些矿物营养素的目的，同时还可实现原有产品的升级换代的目的。

3. 焙烤食品

日本、德国将CPPs用于补钙、补铁的饼干、糕点等功能食品中。粉末状的CPPs很稳定，但当混用于糕点面包之类焙烤食品中，由于需在180℃以上高温环境下加热20min左右，对CPPs的稳定性有些影响。为此，可考虑在食品加工的后期添加CPPs等办法，以避免CPPs受高温作用影响其生理功能的发挥。

4. 其他

国外已将CPPs应用于儿童咖喱饭、口香糖、糖果、婴儿营养米粉、豆制品（如高钙豆奶粉、钙豆腐等）、营养麦片、防龋固齿的牙膏等功能食品和保健品中，使其具有不同于市场上其他同类产品的特色，处于市场领先地位。

任务2　谷胱甘肽

谷胱甘肽（GSH）为白色晶体，易溶于水、低浓度乙醇水溶液、液氨和二甲基甲酰胺。谷胱甘肽广泛存在于动物肝脏、血液、酵母和小麦胚芽中，各种蔬菜等植物组织中也有少量分布。谷胱甘肽在动物肝脏中的含量极高，达1～10mg/g。谷胱甘肽在血液中的含量也较高：在人体血液中含量为0.26～0.34mg/g，鸡血中含量为0.58～0.73mg/g，猪血中含量为0.1～

0.15mg/g。在蔬菜水果中,西红柿、菠萝、黄瓜中谷胱甘肽含量也较高(0.12~0.33mg/g),而在甘薯、绿豆芽、洋葱、香菇中谷胱甘肽含量较低($6\times10^{-4}\sim7\times10^{-3}$ mg/g)。谷胱甘肽具有独特的生理功能,被称为长寿因子和抗衰老因子。谷胱甘肽有还原型(GSH)和氧化型(GSSG)两种形式,在生理条件下以还原型谷胱甘肽占绝大多数。2分子GSH氧化脱氢后以二硫键相连,转变成氧化型谷胱甘肽。

一、谷胱甘肽的结构与生理功能

1. 谷胱甘肽的结构

谷胱甘肽(GSH)是由谷氨酸、半胱氨酸和甘氨酸通过肽键缩合而成的三肽化合物,化学名称为:γ-L-谷氨酰-L-半胱氨酰-甘氨酸(图4—1)。GSH分子中含有特殊肽键——γ-谷氨酰胺键,其保护肝脏等许多特殊性质均与此肽键有关。GSH分子中含有一个活泼的巯基(—SH),它易被氧化脱氢。2分子GSH氧化脱氢后转变为1分子氧化型谷胱甘肽(GSSG),从而发挥抗氧化、清除自由基的功能。

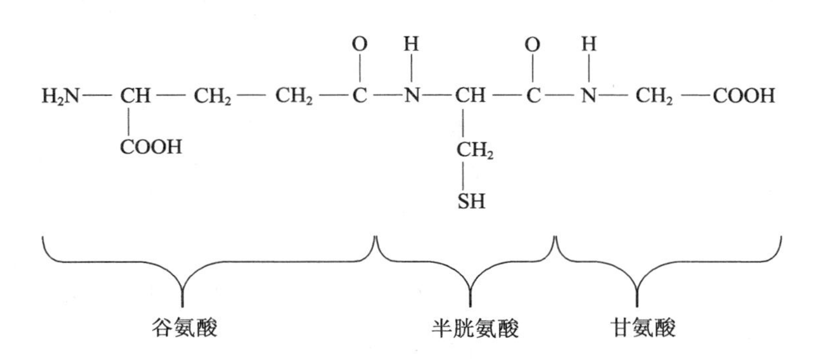

图4—1 谷胱甘肽的化学结构

2. 谷胱甘肽的生理功能

(1)能够有效地消除自由基,防止自由基对机体的侵害

谷胱甘肽的主要生理作用之一是作为体内一种重要的抗氧化剂,它能够清除掉人体内的自由基,清洁和净化人体内环境污染,从而增进了人的身心健康。由于还原型谷胱甘肽本身易受某些物质氧化,所以它在体内能够保护许多蛋白质和酶等分子中的巯基不被如自由基等有害物质氧化,从而让蛋白质和酶等分子发挥其生理功能,使生物大分子、生物膜等结构免受损害。

(2)保护肝细胞,参与解毒作用

谷胱甘肽(尤其是肝细胞内的谷胱甘肽)第二大生理作用就是整合解毒作用,它易与碘乙酸、芥子气(一种毒气)、铅、汞、砷等重金属盐络合,能与某些药物(如扑热息痛)、毒素(如自由基、重金属)、甚至是致癌物质等结合,参与生物转化作用,从而把机体内有害的毒物转化为无害的物质,并将其排出体外,起到中和解毒作用。谷胱甘肽还可抑制乙醇侵害肝脏,防止脂肪肝形成。

(3)维持红细胞的完整性,提高血红蛋白活性

人体红细胞中谷胱甘肽的含量很多,这对保护红细胞膜上蛋白质的巯基处于还原状态,

维持红细胞膜完整性，防止溶血具有重要意义。另外，它还可以保护血红蛋白不受过氧化氢、自由基等物质氧化，从而使它持续正常地发挥运输氧的功能。红细胞中部分血红蛋白在过氧化氢等氧化剂的作用下，其中二价铁氧化为三价铁，使血红蛋白转变为高铁血红蛋白，从而失去了携带氧的能力。还原型谷胱甘肽既能直接与过氧化氢等氧化剂结合，生成水和氧化型谷胱甘肽，也能够将高铁血红蛋白还原为血红蛋白。因此，对缺氧血症、恶心及肝脏疾病引起的不适具有缓解作用。

(4)参与体内代谢的调节

谷胱甘肽可作为甘油醛磷酸脱氢酶的辅基，也可作为乙二醛酶、磷酸丙糖脱氢酶的辅酶，因此可以与其相关酶参与三羧酸循环及糖代谢。谷胱甘肽还有利于维生素 E、维生素 C 的还原，维持巯基酶活性。它还参与氨基酸(谷氨酰氨、半胱氨酸及其他中性氨基酸)的转运，蛋白质、DNA 的合成，以及胰岛素的代谢等代谢环节。

(5)参与免疫调节

研究表明，GSH 对于放射线、放射性药物或由于抗肿瘤药物引起的白细胞减少等症状能起到保护作用；在免疫系统抗感染、炎症反应以及淋巴细胞增殖及正常功能的发挥中起着重要的作用。

(6)其他

谷胱甘肽还能够纠正乙酰胆碱、胆碱酯酶的不平衡，起到抗过敏作用；可以使饲料中的过氧化脂肪酸在吸收时或吸收后恢复为正常的脂肪；利于铁、硒、钙的吸收；可以防止因炎症、局部缺血、氧化物质等对肠黏膜的损伤；防止皮肤老化及色素沉着，减少黑色素的形成，改善皮肤抗氧化能力并使皮肤产生光泽等诸多方面发挥作用。另外，GSH 在保护细胞膜、治疗眼角膜病及改善性功能方面也有很好的作用。最近研究还发现谷胱甘肽具有抑制艾滋病的作用。因此，研究谷胱甘肽对人类的健康和生活具有重要的意义。

二、谷胱甘肽的生产技术

谷胱甘肽首先从酵母中分离出来。1983 年，日本进行了高含量谷胱甘肽酵母的生产，其后又研究了谷胱甘肽提取、分离技术及分析检测方法。目前，国外以实现谷胱甘肽的规模化生产。世界主要氨基酸制造商 Kyowa 等都相继投巨资用于氨基酸和肽类物质的研究与开发。仅 1998 年，Kyowa 用于氨基酸和肽类物质的研究与开发的资金就高达 1.9 亿美元，而谷胱甘肽的研究就是其重点之一。目前，Kyowa 是谷胱甘肽主要的供应商。比较而言，我国对谷胱甘肽的研究尚处于起步阶段。

谷胱甘肽的生产方法主要有化学合成法、溶剂萃取法、微生物发酵法和固定化酶或固定化细胞合成法 4 种。随着多肽合成技术的日趋成熟，现已能用化学合成法合成 GSH，虽然目前谷胱甘肽化学合成生产工艺已较成熟，其所用的基本原料是谷氨酸、半胱氨酸和甘氨酸，但存在成本高、反应步骤多、反应时间长、操作复杂、需光学拆分且污染环境等问题，而且活性产物不易分离，产品纯度不高而难以推广。下面主要介绍溶剂萃取法、微生物发酵法和固定化细胞(酶)合成法生产谷胱甘肽的过程。

1. 溶剂萃取法

(1)溶剂萃取法的特点

溶剂萃取法以富含谷胱甘肽的动植物组织为原料，通过添加适当的溶剂或结合淀粉酶、蛋白酶等处理，再分离精制而成。此法 GSH 得率低、成本高、有机溶剂污染严重、纯度不高，而且消耗大量粮食。但是早期谷胱甘肽的生产都是采用萃取法，这是生产 GSH 的经典方法，也是发酵法生产流程中的下游过程基础。

(2)萃取法一般工艺流程

原料→细胞破碎和提取→谷胱甘肽提取液→沉淀→水洗→脱盐→浓缩→干燥→成品

(3)操作要点与工艺说明

1)原料

植物种子胚芽、动物内脏、酵母都可作为原料萃取提取，但以酵母作原料居多。

2)细胞破碎

细胞破碎的目的是破坏酵母等原料的细胞壁和细胞膜，使胞内谷胱甘肽得到最大程度的释放。可采用高压匀浆法、高速珠磨法等机械破碎法，或者采用化学试剂或酶处理细胞，溶解细胞组分。高压匀浆法主要利用流体高速流动时，在均质机头缝隙产生的强大剪切力破环细胞。高速珠磨法则是利用玻璃小珠与细胞悬液一起快速搅拌，由于研磨作用，使细胞破碎。

3)提取条件

以酵母为提取原料，通常可以使用热水、乙醇、三氯乙酸等有机物混合抽提其中谷胱甘肽。例如：在鲜酵母中加入 3 倍水和 1/50 乙酸，混匀，90℃抽提 30min。迅速冷却至 4℃，调节 pH 为 3.0，离心，得谷胱甘肽提取液。

4)谷胱甘肽沉淀

传统沉淀谷胱甘肽的方法是铜盐法。提取液中加硫酸至 0.5mol/L，50℃保温，加入 Cu_2O 搅拌，静止 30min，离心或过滤。

5)水洗和脱盐

用清水洗沉淀或滤渣至无硫酸根离子，再将谷胱甘肽铜盐溶解。通入 H_2S 除去铜离子，过滤，再向滤液中通入 N_2 排去 H_2S。

6)浓缩与干燥

将所得滤液可用真空法或蒸馏法浓缩，喷雾法或冷冻法干燥。

用以上方法制取谷胱甘肽纯度和收率不高，若要用作药品或试剂，则需进一步纯化，纯化方法一般是离子交换等步骤。

2. 微生物发酵法

(1)微生物发酵法特点

自 1938 年实现了由酵母制备谷胱甘肽以来，发酵法生产谷胱甘肽的工艺方法不断得到改进，且发酵使用的细菌或酵母容易培养，原料容易获得，条件容易控制，因此发酵法已成为目前生产谷胱甘肽最普遍的方法。

微生物发酵法包括酵母菌诱变处理法、绿藻培养提取法、固定化啤酒酵母连续生产法、重组大肠杆菌法等。绿藻培养提取法较为简便，生产成本也较低，但受地区资源的影响较大。固定化啤酒酵母连续生产法生产谷胱甘肽，由于其培养基构成原料较贵，生产成本较高，尚不适宜进行工业化大量生产。大肠杆菌细胞中 GSH 含量较酵母少，但是基因重组的大肠杆菌菌种遗传背景清楚、简单，基因操作方便，菌体繁殖较快是发酵生产 GSH 的良好材料。目前，生产中最为常见的方法是以诱变处理获得高谷胱甘肽含量的酵母变异菌株或基因重组的大肠杆菌菌种来生产谷胱甘肽。

(2)发酵法工艺流程

1)酵母发酵工艺流程

酵母→诱变→高产酵母→热水提取→离心→调节 pH→树脂吸附→酸洗脱→沉淀→过滤→浓缩→干燥→成品

2)重组大肠杆菌发酵工艺流程

重组大肠杆菌→斜面培养→种子培养→发酵培养→离心→热水提取→离心→调节 pH→树脂吸附→酸洗脱→沉淀→过滤→浓缩→干燥→成品

(3)发酵法操作要点与工艺说明

1)菌种

发酵法生产谷胱甘肽的先决条件是得到合成谷胱甘肽能力强的高产菌种。采用酵母的发酵法生产发酵所用菌种一般是酿酒酵母(*Saccharomyces cerevisiae*)及假丝酵母属(*Candida*)中的某些种,选育方法则多采用诱变后筛选某些物质(乙硫氨酸、Zn^{2+}等)的抗性株。例如:出发株K11(*Candida sp*)摇瓶培养 15h,制菌悬液,紫外诱变得到比出发株 GSH 合成能力提高49.7%的 K11UE126 菌株。

随着基因工程技术的飞速发展,应用基因工程技术构建大肠杆菌 GSH 生产菌的研究有了很大进展。从已发表的文献和专利来看,大多属日本学者的成果。在重组大肠杆菌发酵产品 GSH 的研究方面,我国学者近年来也做了不少工作。例如,李寅等对韩国的重组大肠杆菌做了较系统研究。实验证明,含有谷胱甘肽合成酶基因的重组大肠杆菌谷胱甘肽合成能力明显提高。

2)培养基成分和培养条件

孢子培养基(固体斜面培养基)是供菌种繁殖孢子的培养基。孢子培养基基本要求是能使菌体迅速生长,产生较多优质孢子,且不易引起菌种发生变异。酵母孢子培养基的主要成分是 10°Be′麦芽汁和 2.5%琼脂。种子培养基是供孢子发芽、生长和菌体繁殖的培养基。营养要求比较丰富和完全,氮源和维生素的含量也要高些,但总浓度不宜过浓,这样可达较高的溶解氧,使菌体快速生长和大量繁殖。因此,培养基成分调整为蔗糖蜜、$(NH_4)_2SO_4$、KH_2PO_4 等。发酵培养基是供菌体生长、繁殖和合成大量代谢产物用的培养基。既要接种后使种子迅速生长,达到一定的菌体浓度,又要使长好的菌体能迅速合成产物。培养基要添加蔗糖蜜、玉米浆、$(NH_4)_2SO_4$、K_2SO_4、$MgSO_4 \cdot 7H_2O$、$K_2HPO_4 \cdot 3H_2O$、$MnSO_4$、$FeSO_4$、KH_2PO_4 等。28℃～30℃、pH 值 5.5 条件下培养 32h。

重组大肠杆菌孢子培养基的主要成分是酵母膏、蛋白胨、氯化钠、琼脂和氨苄青霉素。将重组大肠杆菌在 30℃,pH 值 7.2 条件下培养 24h。然后转入含有酵母膏、蛋白胨、氯化钠和葡萄糖的种子培养基培养。培养条件温度、pH 值不变,因为是无琼脂的液体培养基,需要振荡培养 24h。

为了使长好的菌体迅速合成所需产物,发酵培养基的组成除有菌体生长所必需的元素和化合物外,还要有合成产物所需的特定元素、前体和促进剂等。培养基中含有:葡萄糖、KH_2PO_4、$(NH_4)_2SO_4$、$MgSO_4 \cdot 7H_2O$、柠檬酸、EDTA、$CoCl_2 \cdot 6H_2O$、$MnCl_2 \cdot 4HO_2$、$CuCl_2 \cdot 2H_2O$、H_3BO_3、$Na_2MoO_4 \cdot 2H_2O$、$Zn(CH_3COO)_2 \cdot 2H_2O$、Fe(Ⅲ)Citrate、盐酸硫胺素、消泡剂等。注意接种量、发酵过程中补糖、添加 ATP 和氨基酸以促进谷胱甘肽的合成。

3)提取方法

发酵液保持在95～100℃水中抽提10min。然后迅速冷却，再用10mol/L硫酸调节pH为3.0，离心，弃沉淀得谷胱甘肽提取液。

4)调节pH

还原型谷胱甘肽的等电点为5.93，当溶液的pH调整到小于5.93时，还原型谷胱甘肽带正电荷，可与732型阳离子树脂进行交换作用。

5)树脂的选择和预处理

目前，谷胱甘肽的分离提取主要应用国产732型阳离子交换树脂进行交换吸附。使用前先将树脂磨碎，筛选出60～80目组分，用酸碱交替洗涤，蒸馏水漂洗至中性，然后湿法装柱，用1mol/L硫酸平衡，即可上样进行交换吸附。

6)交换吸附

一般上清液进样速度为6mL/min。

7)酸洗脱

用1mol/L硫酸洗脱，洗柱流速为2mL/min。收集洗脱液至第一峰完全流出。

8)沉淀至干燥步骤参见萃取法操作要点与工艺说明4)～6)。

3. 固定化酶或固定化细胞法

(1)固定化酶或固定化细胞法特点

固定化酶法以L-谷氨酸、L-半胱氨酸和甘氨酸为反应物，三磷酸腺苷提供能量，利用生物体内的天然谷胱甘肽合成酶(GSH-Ⅰ,GSH-Ⅱ)为催化剂，将谷胱甘肽合成酶或含酶的细胞固定在反应器中合成谷胱甘肽。之所以将酶固定于反应器中，是由于游离酶难以重复使用，并影响产物的分离提取，故用固定化的酶催化合成GSH。例如，先使啤酒酵母自溶，然后分离出GSH合成酶，再用聚丙烯酰胺凝胶将GSH合成酶包埋固定，最后加入反应液生产GSH。但是谷胱甘肽合成酶催化合成谷胱甘肽是一个耗能过程，实际生产过程中不可能直接加入ATP，而且ATP利用后生成的ADP对GSH-Ⅰ和GSH-Ⅱ两个合成酶都有抑制作用，加之酶的分离提取较为繁琐，因此固定化细胞法更加具有优势。因为用固定化细胞催化合成GSH不仅避免了繁杂的酶分离过程，又给GSH合成过程提供了ATP作能量供体。如：谢雷波等用卡拉胶与魔芋粉混合载体固定酵母细胞，在pH7.0，37℃，0.1%磷酸盐缓冲液的条件下反应6h，合成谷胱甘肽。

(2)固定化细胞(酶)法工艺流程

菌种→细胞培养和收集→细胞的处理→成型剂的制备→固定化载体的处理→固定细胞→发酵反应→分离→提取→浓缩→干燥→成品

(3)操作要点与工艺说明

1)菌种

固定化细胞(酶)法可以使用含有重组了谷胱甘肽合成酶-Ⅰ基因、谷胱甘肽合成酶-Ⅱ基因和氨苄青霉素抗性基因质粒的大肠杆菌和酵母(*Saccharomyces cerevisiae* 2107)生产GSH。

2)细胞培养和收集

培养基成分和培养条件参照发酵法操作要点与工艺说明2)。离心收集细胞，用蒸馏水洗涤，离心备用。

3)细胞的处理

离心得到的大肠杆菌沉淀中加入 pH 为 7.0 的含有 10%甲苯、5.0 mol/L 磷酸钾和 0.5mol/L Cys 的缓冲液，使大肠杆菌溶解。37℃振荡 30min，离心，弃上清液，用上述缓冲液洗涤 2 次。

离心得到的酵母菌沉淀中加入 pH 为 7.0 的含有 90%丙酮、5.0 mol/L 磷酸钾和 0.5mol/L Cys 的缓冲液，使酵母细胞溶解。室温振荡 10min，离心，弃上清液，用上述缓冲液洗涤 2 次。

4)成型剂的配制

硼酸成型剂的配制方法是：将适量硼酸溶于一定的蒸馏水中，加入 0.2mol/L KCl，混匀。用 K_2CO_3 调节 pH 为 6.4，成为 KCl 饱和硼酸溶液。

5)固定化载体的选择和处理

固定化细胞载体主要可分为两大类。一类是无机载体，如：硅藻土、活性炭等；另一类是有机载体，如：琼脂、海藻酸钙、卡拉胶(角叉菜胶)、聚丙烯酰铵(ACRM) 凝胶和聚乙烯醇(PVA)凝胶等。卡拉胶属于天然高分子，它的优点是无生物毒性，传质性好，但是其强度低，在厌氧条件下易被生物分解。聚乙烯醇(PVA)是有机合成高分子，其强度较好，但传质性能较差，包埋后对细胞活性有影响。因此，常用混合载体固定细胞。下面以聚乙烯醇和卡拉胶为例介绍一下混合载体的制备过程。取一定量的聚乙烯醇，浸泡在蒸馏水中 24h，加入一定量卡拉胶，搅拌混匀，使二者浓度分别为 10%和 0.5%。将载体溶液置于高压锅中，110℃保温 20min，使其充分溶化。然后将其置于 45℃水浴保温待用。

6)细胞的固定化

45℃条件下预热 0.85%的氯化钠溶液。将处理好的细胞按一定比例悬浮在其中，溶液置于 45℃条件下进行保温。将等量载体溶液与细胞悬浮液混合，慢慢滴入到硼酸成型剂中，4℃条件下静止。

7)发酵反应体系和条件

L-Glu 60mmol/L，L-Cys 20mmol/L，L-Gly 20mmol/L，$MgCl_2$ 20mmol/L，葡萄糖 400mmol/L，磷酸缓冲液 50mmol/L，固定细胞浓度 1g/mL，pH 值为 7.5。将发酵反应物置于 150r/min，37℃的摇床中反应 2h。分离、浓缩和干燥等工艺说明见发酵法操作要点和工艺说明 4)～8)。

三、谷胱甘肽在功能食品中的应用

我国的改革开放政策已使得广大人民群众的生活水平有了很大提高，碳水化合物和蛋白质的日常摄入量已足够或过量，因而人们已逐渐将食品消费的注意力转向保健和延年益寿等方面。谷胱甘肽被称为长寿因子和抗衰老因子，除可在临床上用作治疗眼角膜疾病，解除丙烯酯、氟化物、重金属、一氧化碳、有机溶剂等中毒症状的解毒药物外，还可用于运动营养食品和功能食品添加剂等。

1. 在面制品加工中的应用

在我国，随着经济发展和生活水平的提高，消费者的食物结构有了很大的改变，必需氨基酸，如赖氨酸、蛋氨酸等一般并不缺乏，而食品中的某些功能性因子，例如谷胱甘肽等的摄入却常常被我们忽视。在面制品加工中加入谷胱甘肽不仅大大强化其营养价值，还起到还原作用。谷胱甘肽加入到面制品中，使制造面包的时间缩短至原来的 1/2 或 1/3，劳动条件大幅度改善。谷胱甘肽与蛋白水解酶合用可减少和面时的水用量、切断面筋蛋白分子间的二硫键，改善面团的流变特性、大范围控制面团黏度、降低面团强度。所以使得混合及挤压成型工序变得容易，并可缩短产品的干燥时间。在面条加工中，加入谷胱甘肽作为酪氨酸酶的抑制剂，可以防止不愉快的色泽变化。在谷类和豆类混合制粉时，加入谷胱甘肽作还原剂，能保持原有色泽。在富含蛋白质的大麦粉、豆粉中加入谷胱甘肽可有效地防止酶促和非酶促的褐变。另外，谷胱甘肽还能抑制氨基酸与葡萄糖加热下产生有色及有害物质。因而谷胱甘肽具有强化面制品的品质和风味的特性。

2. 在奶制品及婴儿食品加工中的应用

在奶酪生产中加入谷胱甘肽和其他添加剂，可大大加快奶酪的成熟，提高奶酪质量，增强其风味。酸奶生产中，谷胱甘肽主要充当抗氧剂，加入谷胱甘肽能起到稳定质量的作用。在酪蛋白、脱脂奶粉、婴儿奶粉中加入 GSH 可有效地防止酶促和非酶促的褐变作用发生。酸奶和婴幼儿食品中，GSH 的作用与维生素 C 类似，可起到稳定剂的作用。

3. 在肉制品及海鲜类食品加工中的应用

谷胱甘肽具有抗氧化作用，在鱼类、肉类食品加工中加入谷胱甘肽可抑制核酸分解、强化食品的风味并大大延长保鲜期。谷胱甘肽可以较有效地防止冷冻鱼片的鱼皮褪色。将谷胱甘肽加入到鱼肉或鱼糕中，可防止其色泽加深。谷胱甘肽在保持和增强新鲜海鲜的特有风味上也有重要作用。在与谷氨酸、呈味核苷酸等物质共存时，谷胱甘肽会呈现强烈的肉类风味。因此，可将谷胱甘肽加到肉制品和干酪等食品中，起到强化风味的效果。

4. 在果蔬制品和饮料加工中的应用

蔬菜类食品加工中加入谷胱甘肽可以有效地保持原有的诱人色泽、风味和营养。例如，苹果和土豆的加工产品、苹果汁、葡萄汁、菠萝汁、橘汁和柚汁的加工中，常使用谷胱甘肽防止相应的酶促和非酶促褐变的发生。

5. 在酿酒中的应用

在日本的传统饮料清酒的生产中，已应用发酵力强、并渗漏 GSH 的酵母酿出谷胱甘肽含量高的产品，以提高其营养和保健功能。在我国，酿造高含量 GSH 的抗癌系列啤酒也已有专利。另外，GSH 还可用作起泡葡萄酒的还原剂。

任务 3　降血压肽

据国家高血压研究中心统计，近年我国高血压患者已经达到 1.6 亿人，且每年有 300 万左右新增患者，有近 200 万人因高血压而死亡。因此，对高血压病的预防和治疗已成为当今的热点问题。吸烟酗酒，暴饮暴食，体重超标均是罹患高血压的重要因素。但现实生活中却有很多高血压高危人群终身与高血压无缘。这一现象引起了医学家的高度重视，德国科学家在对 660 例肥胖高血压与 660 例肥胖无高血压的人进行比较分析后惊喜地发现：肥胖无高血压者体内调节血压的肽类物质（统称为降压肽或降血压肽）分泌量远远大于正常人。

一、降血压肽的结构及生理功能

1. 降血压肽的来源和结构

(1)降血压肽的来源

降血压肽广泛存在于各种食物蛋白中,从来源上可大致分为以下4类。

1)来自乳酪蛋白的肽类

例如:乳酪蛋白水解产生的C_{12}肽、C_6肽、C_7肽。

2)来自植物蛋白的肽类

例如:大豆多肽、玉米多肽、无花果多肽等。

3)来自鱼贝类的肽类

例如:沙丁鱼多肽、南极磷虾多肽、金枪鱼多肽等。

4)其他来源

例如:天然蛇毒中分离的降血压肽类、细菌胶原酶降解胶原蛋白得到的肽类、酒糟或海藻中分离出来的小肽等。

(2)降血压肽的结构

这些不同来源的肽的链长多在2～12个氨基酸之间,结构各不相同(见表4—1),抑制效率也有很大的差异。

表4—1 降血压肽的来源与结构

来源	氨基酸序列
清酒或酒糟	Tyr—Gly—Gly—Tyr
无花果	Leu—Val—Arg
无花果	Leu—Tyr—Pro—Val—Lys
牛皮胶	Gly—Pro—Val
牛皮胶、鳕鱼	Gly—Pro—Leu
鳕鱼	Gly—Pro—Met
玉米醇溶蛋白	Pro—Pro—Val—His—Leu
玉米醇溶蛋白	Leu—Gln—Pro
玉米醇溶蛋白	Leu—Ser—Pro
玉米醇溶蛋白和鲣鱼内脏	Leu—Arg—Pro
鲣鱼内脏	Ile—Arg—Pro
鲣鱼内脏	Val—Arg—Pro
鲣鱼内脏	Ile—Lys—Pro
乳酪	Phe—Phe—Val—Ala—Pro—Phe—Pro—Glu—Val—Phe—Gly—Lys
乳酪	Thr—Thr—Met—Pro—Leu—Trp
沙丁鱼	Lys—Tyr
沙丁鱼	Leu—Lys—Val—Gly—Val—Lys—Gln—Tyr

但是它们在活性高低与氨基酸结构组成上都有一些共同特点：

1)这些肽的相对分子质量比较低，包含 2～12 个氨基酸残基，但如果继续延长，它的活性就会降低；

2)C 端含有苯丙氨酸、脯氨酸、色氨酸、酪氨酸的二肽或三肽活性比较高；

3)N 端含有支链的疏水性氨基酸，如缬氨酸、亮氨酸和异亮氨酸的降血压肽，抑制高血压效果比较好；相反，N 端为脯氨酸则活性降低；

4)C 端残基上含有赖氨酸或精氨酸，可以提高肽的活性，C 端的精氨酸残基被取代会导致其类似物活性基本丧失。

研究认为，降压肽的抑制活性不仅取决于 C 端氨基酸。N 端的缬氨酸、亮氨酸、异亮氨酸或碱性氨基酸的肽，与导致血压升高的血管紧张素转化酶的亲和力较强，对其抑制效果好。目前，对这类降血压肽结构的分析还局限于对已知序列的肽进行定性的分析，因此对其作用机制等方面还需要进一步的研究。

2. 降血压肽的作用机理

体内调节血压的因素有很多，但目前机理比较明确而且被人们普遍认同的是 RAS 和 KKS 对血压的调节。RAS 是肾素—血管紧张素系统(Renin angiotensin system)的简称，KKS 是激肽释放酶—激肽系统(Kallikrein - kinin system)的简称。血管紧张素转化酶(Angiotensin I converting enzyme，ACE)在人体 RAS 和 KKS 中发挥关键作用。肾素能将血管紧张素原水解，释放出血管紧张素Ⅰ，血管紧张素Ⅰ是 ACE 的底物，通过 ACE 作用能使其从 C 端去掉 2 个氨基酸，生成血管紧张素Ⅱ。血管紧张素Ⅱ是肾素—血管紧张素系统中最强的血管收缩剂。它作用于血管壁上的受体，使周围小动脉血管平滑肌收缩，同时刺激醛固酮分泌，促进人体肾脏对 Na^+、K^+ 的吸收，引起钠储量和血容量的增加，使血压升高。激肽释放酶—激肽系统中的激肽，如舒缓激肽，其主要作用是扩张毛细血管和增加其通透性，达到舒张血管，血压下降的目的(图 4—2)。而 ACE 在该系统中能作用于舒缓激肽，使其失去 C 端的一个氨基酸，从而使激肽失活，引起血压升高。RAS 和 KKS 在血压调节方面是一对相互拮抗的体系，其平衡协调对维持正常血压有重要作用。其平衡失调被认为是高血压发病的重要因素之一。由此可见，血管紧张素转化酶(ACE)在血压调节中起着关键性的作用，通过抑制体内 ACE 活性来治疗高血压是一条非常重要的途径。

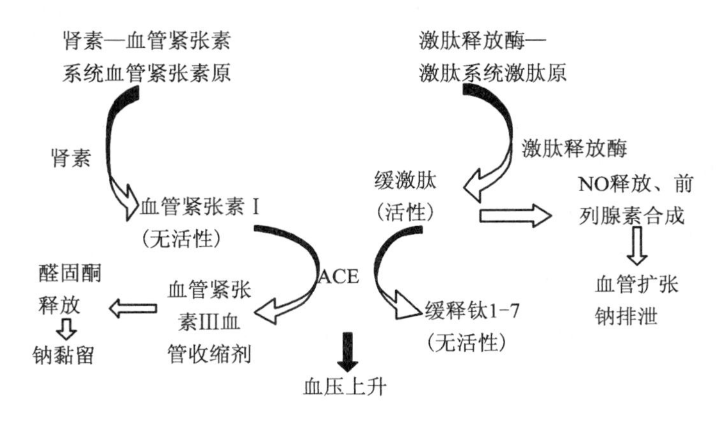

图 4—2　RAS 和 KKS 血压调节系统作用机制

血管紧张素转换酶抑制肽(ACE抑制肽)也就是我们这里指的降血压肽,是血管紧张素转换酶抑制剂,具有显著的降血压功效。血管紧张素转换酶抑制肽的氨基酸序列和肽链长度各有不同,但都具有类似的功能。ACE拥有两个具有活性的作用位置,分别为N-区和C-区,它们具有几乎相同的功能,只是对不同底物的亲和力不同。ACE抑制肽是对ACE活性区域亲和力较强的竞争性抑制剂,它们与ACE的亲和力比血管紧张素Ⅰ或舒缓激肽更强,而且从ACE结合区释放相对困难,因而阻碍ACE催化水解血管紧张素Ⅰ成为血管紧张素Ⅱ,防止其催化水解舒缓激肽成为失活片段的两种生化反应过程。降血压肽通常是在温和条件下,通过蛋白酶水解蛋白质而获得,食用安全性高。降血压肽只对高血压患者起到降压作用,对血压正常者无降压作用,因而不会有降压过度的现象发生。

3. 降血压肽的其他生理功能

据报道,降血压肽除了具有降压作用外,还有其他有益作用:

(1)肽链较短小,容易消化吸收;

(2)促进脂肪代谢;

(3)加速肌红细胞恢复,增强肌力;

(4)降低血清胆固醇,具有减肥效果;

(5)抗过敏,抗肿瘤,提高机体免疫力;

(6)促进细胞增殖;

(7)抗凝血,提高毛细血管通透性等。

二、降血压肽的生产技术

用于生产降血压肽的方法主要有:酶解法、提取法、自溶法。目前,应用以上方法已分别从动、植物原料及下脚料中提取出多种具有降血压功能的活性肽。下面分别介绍这3种方法的工艺流程和操作要点。

1. 酶解法

(1)酶解法的原理

酶解法是目前应用最多的一种方法。首先,动、植物原料需要处理,除去纤维素、脂类、糖类,得到含量较高的蛋白质。然后,加入特异性蛋白酶进行水解。最后分离所得产物。酶法水解蛋白质是目前获得ACE抑制肽的主要途径,该方法的优点是生产成本低,而且产品的安全性高,无副作用。

(2)酶解法工艺流程

1)植物降血压肽酶解法工艺流程

植物原料→碱处理→离心→上清液→调节pH→加入蛋白酶→灭酶→层析或超滤→成品

2)动物降血压肽酶解法工艺流程

动物原料→预处理→加入蛋白酶→灭酶→层析或超滤→成品

3)鱼降血压肽酶解法工艺流程

原料→预处理→捣碎匀浆→配成溶液→加蛋白酶水解→灭酶→离心→上清液→调节pH值→浓缩→冷冻干燥→精制→成品

(3)酶解法操作要点与工艺说明

1)原料

可作为降血压肽的原料很多,包括蛇毒类、乳类、动物内脏类。动物内脏类原料如:肺、睾丸、肾、胃肠等;鱼贝类原料如:沙丁鱼、金枪龟、鲣鱼、磷虾等;植物类原料如:玉米渣、大豆、米糠、中草药、米酒糟、无花果等;微生物类原料如酵母等。目前用于研究降血压肽的主要以大豆、玉米、乳和水产品为主。

2)酶的选择

酶的选择是ACE抑制肽生产的关键。由于一般不知道原料蛋白质的一级结构,并且ACE抑制肽也没有一个固定的结构,故酶法生产ACE抑制肽存在一定的盲目性。应根据酶的专一性从众多的蛋白酶中进行筛选。随着酶工程技术和生物技术的发展,已有大量的蛋白酶问世。很多植物蛋白酶(如木瓜蛋白酶、菠萝蛋白酶)、微生物蛋白酶(如枯草杆菌蛋白酶)、动物蛋白酶(如胃蛋白酶、胰蛋白酶、胰酶)均已能工业化生产。目前已经应用在降血压肽生产的蛋白酶主要有碱性蛋白酶、中性蛋白酶、胃蛋白酶、胰凝乳蛋白酶、胰蛋白酶、嗜热菌蛋白酶、胶原蛋白酶等。Seki等用地衣型芽孢杆菌碱性蛋白酶酶解包括沙丁鱼、带鱼、牡蛎、虾、蟹在内的12种食物蛋白,获得了较高活性的ACE抑制肽;河村幸雄用胃蛋白酶酶解大豆蛋白也获得了较高ACE抑制活性的短肽。封梅等人认为降血压肽的酶法生产宜选用来源于动物消化道的酶系,动物消化道酶系生产的降血压肽在人体消化系统中可能会有良好的耐受性,这对开发口服型的保健食品和药剂是极为有利的。另外,还要根据不同原料及工艺要求选择不同的酶。如以玉米醇溶蛋白作为原料时,选择嗜热菌蛋白酶效果较好。

3)植物降血压肽制备中的碱处理

在4℃条件下,将植物材料用0.01ml/L NaOH搅拌处理4h。植物材料与碱液二者比例为1∶100。

4)鱼降血压肽制备的预处理

鱼降血压肽的制备预处理主要包括:鱼的清洗、去鳞、去头、去内脏、去骨绞碎等环节,然后捣碎或用组织捣碎匀浆机中打成匀浆。

5)其他动物原料降血压肽制备的预处理

对于成分复杂的动物原料,除了清洗去内脏、去骨等常规处理外,还要经过脱脂、去糖等环节,获得相应蛋白粗品,才能进行酶解。

6)离心

10 000r/min,离心20min,去沉渣。

7)调pH

用2mol/L HCl调节上清液的pH至7.5,沉降蛋白。

8)酶解条件

酶解条件一般在该酶适宜水解的条件下进行,并以得到尽量多的小分子肽为水解结束的控制条件,一般需要综合考虑以下几个方面。

①水解度

国内外许多研究者用酶法水解蛋白质,如向日葵蛋白、牛皮明胶蛋白、面筋蛋白酶解时,均发现产物的ACE抑制活性随着水解度的变化而变化,因此需要控制时间、掌握水解程度。

②pH

分析结果表明：虽然在碱性条件下，蛋白质溶解性较好，但是碱性不宜过高。当 pH 在 10 以上时，提取液黏度会变大，颜色会变深，而且有异味，这说明强碱破坏了蛋白质。

③温度

提取温度应在一个较温和的范围内。过低不利于蛋白质的溶出，过高会使蛋白质变性失去一些活性功能。

④酶与底物比例

虽然酶的比例越大越有利于蛋白质的提取，但是酶量加大势必造成生产成本的增加，且不易控制后续加工中原料的损失。因此，反应时需要适当的酶与底物的比例。如用玉米蛋白制备降血压肽，在加入嗜热菌蛋白酶，反应条件为 37℃保温 24h 情况下，酶与底物比例为 1/500 较为合适。

综合以上分析，酶解的每个条件都要认真筛选，才能得到优化方案。例如，采用碱性蛋白酶水解草鱼蛋白来制备降血压肽较佳工艺条件为 pH9.0、温度 50℃、酶与底物比 4 8AU/kg、反应终点时水解度为 34.52%。

9)灭酶

灭酶条件为：105℃，加热 5min 使酶失活。

10)柱层析

肽类分离提取常用的方法包括：超滤、离子交换层析、凝胶过滤层析、凝胶电泳、高效液相色谱、毛细管电泳等。具体采用什么方法，应根据对产品纯度的要求而定。例如，超滤技术可以除去不溶性底物、分子量较大的蛋白质和肽类，获得合理氨基酸和短肽的分布。又如，凝胶过滤层析可根据分子大小，将混合物通过多孔的凝胶床而达到分离。此方法最大特点是肽的回收率很高，活力不受破坏，使用过程中因其设备简单，重复性好，结果处理方便，因此应用非常广泛。例如，将蛋白水解物经 Sephadex G－25(1.6ID 100cm，50mmol)醋酸过滤，然后再经 Sephadex G－10(1.6ID 100cm，50mmol)醋酸过滤，得到成品。

2. 提取法

(1)提取法的原理

奶酪、酸奶、豆奶、大豆等原料经过发酵含有较强活性的降血压肽。因此，可直接从发酵食品中提取。提取法原理是：在高浓度盐存在时，多肽会发生凝聚现象并析出沉淀。例如，选择硫酸铵盐析沉淀多肽，然后进行超滤获得所需要的多肽。

(2)提取法工艺流程

收集发酵液→离心→取上清液→沉淀→离心→脱色→超滤→干燥→成品

(3)提取法操作要点与工艺说明

1)离心

通常在 15℃条件下 4000r/min 离心 15min，分离沉淀，取上清备用。

2)沉淀

多肽在高浓度盐存在时，由于盐与水分子的亲和力大于多肽，致使蛋白质分子周围的水化层减弱乃至消失。同时，中性盐加入蛋白质溶液后由于离子强度发生改变，蛋白质表面的电荷大量被中和，导致蛋白质溶解度降低，促使蛋白质分子之间聚集而沉淀。硫酸铵是一种常用的盐析用中性盐，它盐析作用强、pH 范围广、溶解度高、溶液散热少，适于沉淀降血压肽。

在上清液中加入硫酸铵后，静置 5h，300r/min 离心 15min，得到沉淀。

3)脱色

取 DEAE－Sephadex，用蒸馏水浸泡，待充分膨胀后进行酸碱处理。用系列浓度 Na^{+} 的洗脱液进行洗脱，收集样品。

(4)超滤

利用膜的选择性，实现料液的不同组分的分离、纯化、浓缩的过程称作膜分离。膜分离技术可分为微滤技术、超滤技术、纳滤技术和反渗透技术等。微滤技术、超滤技术、纳滤技术和反渗透技术原理基本相似，主要区别在于使用的滤膜孔径大小不同，从而实现截留不同分子的目的。对于超滤而言，通常截留分子量范围在 1 000～300 000 的大分子有机物，适用于降血压肽的分离。可将上述样品溶于 pH 4.5 的缓冲溶液中，用截留相对分子质量 3000 的中空纤维进行超滤，所得的浓缩液冷冻干燥即为降血压肽产品。

3. 自溶法

(1)自溶法的原理

动物原料在合适温度、pH 等条件下反应一段时间，使细胞内自溶酶系统激活，水解自身蛋白质产生具有降血压活性的多肽。

(2)自溶法的工艺流程

动物原料→压碎→自溶→加热→冷却→超滤→成品

(3)操作要点与工艺说明

1)原料

一般选用动物内脏、鱼肉等作为原料。

2)自溶

加一定量的水，调节 pH 至 7.6，60℃保温 3h，轻微搅拌。

3)加热

加热至 90℃，终止反应。

4)超滤

用截留相对分子质量 3000 的中空纤维超滤，所得的浓缩液冷冻干燥。

三、降血压肽在功能食品中的应用

高血压病容易引发冠心病，心肌梗塞，脑卒中和肾功能衰竭等，因此成为一个十分严重的社会公共卫生问题。化学合成的降压药物(如卡托普利等)，虽然治疗高血压的效果非常明显，但其对肾脏的毒副作用，以及服药后出现低血压、干咳等症状，使人们对其安全性产生忧虑。对于高血压、心血管疾病等现代“文明病”的预防和控制，除了改善膳食结构、生活习惯、增加体育锻炼外，利用保健食品来调节生理状态已日益被消费者接受。通过长期服用含有降血压肽的功能食品，预防、控制、缓解和辅助治疗高血压是一种安全有效的好方法。应用来自天然食物蛋白的 ACE 抑制肽，生产具有调节血压作用的保健食品，将具有很大的开发价值和应用前景。

日本早在 20 世纪 80 年代就对降血压肽进行了广泛的研究，采用各种廉价的原料蛋白开发了多种 ACE 抑制肽功能因子添加到食品中，取得了很好的经济社会效益。如日本仙味公司生产的沙丁鱼肽，可以直接添加于食物中或者做成制剂；他们还有一种叫做“缩氨酸”的玉米多肽混合物，用于保健饮料的生产等。我国的ACE抑制肽的研究尚处于起步阶段，暂无相关的产品问世。但是一些研究者已经通过酶法水解或发酵获得降血压肽。广州市轻工研究所已经成功地研制开发出可规模化工业生产的、具有高ACE抑制活性的降血压肽。动物实验显示降血压肽具有起效时间快、持续时间长、对正常血压无影响的特点，人体临床应用研究正在开展中。但在分离技术上还不够完善，尚需克服细节上的关键问题。深入的研究工作，将进一步推动源于食物蛋白分解产生的降血压肽发展。

任务4　大豆多肽

大豆多肽是指大豆蛋白质经蛋白酶作用后，再经特殊处理而得到的蛋白分解产物。大豆多肽与大豆蛋白相比，具有消化吸收率高、提供能量迅速、无豆腥味、加热不易凝固、易溶于水、流动性好等良好的加工性能。大豆多肽具有降低胆固醇、降血压和促进脂肪代谢等诸多调节人体的作用，是优良的保健食品素材。

一、大豆多肽的结构及生理功能

1. 大豆多肽的结构

大豆多肽分子质量为1000左右，由3个～6个氨基酸组成。大豆多肽产品是一种混合物，除含有肽类（含量为85%左右）外，还含有少量游离氨基酸、糖类和无机盐等成分。大豆多肽的氨基酸组成与大豆蛋白质相同，必需氨基酸的平衡良好，含量丰富。

2. 大豆多肽的理化特性和营养特性

（1）大豆多肽的理化特性

大豆多肽是大豆蛋白的水解产物，因为肽键的降解，静电荷数量增加，疏水基团的暴露，导致大豆多肽与未加工的大豆蛋白相比，理化性质发生了很大的变化。

1）稳定性和乳化性

这里的稳定性是指产品的热稳定性和与其他组分共处时的稳定性。研究表明，大豆多肽比大豆蛋白稳定性要好。

由于水解使疏水基团暴露，因此提高了产物的乳化性。但是水解程度过高，也会导致产物的乳化性急剧下降。因此，产物中至少应具有大于20个氨基酸残基的多肽组分才有良好的乳化性。

蛋白酶的选择对于产物的稳定性和乳化性影响很大。

2）黏度与溶解度

30%的大豆多肽溶液与10%大豆蛋白溶液黏度相当。在高浓度的情况下，大豆多肽溶液黏度仍然较低，保持良好的流动性。在较宽的pH范围内，或温度、离子强度等变化较大时，大豆多肽仍能保持溶解状态。因此，根据大豆多肽黏度低、溶解度好的特点可以将其添加到饮料中去。

3）渗透压

大豆多肽溶液的渗透压介于大豆蛋白与同一组成的氨基酸混合物之间。当氨基酸溶液的渗透压比人体体液高时，会引起腹胀、腹泻、呕吐等不适症状。而大豆多肽溶液的渗透压比其彻底水解而成的氨基酸溶液渗透压低，因而用它作为病人肠道营养液效果更好。

4)吸湿性和保湿性

大豆多肽具有较强的吸湿性和保湿性,这对于延长面包和蛋糕等焙烤食品的货架期很有益。

(2)大豆多肽的营养特点

大豆多肽具有优越的营养特点,不仅用它合成人体蛋白质的效率比氨基酸高 26%,而且它被吸收速度也较氨基酸快 80%。它能够优先并以完整的形式被小肠全部吸收,从而进入人体组织、细胞、器官,发挥生物活性作用。大豆多肽分子量较小,水溶性很高。它可以作为载体将氨基酸、维生素和对人体有益的微量元素输送到人体组织、器官中,发挥营养作用。大豆多肽有较强的吸湿性和保湿性,能调整蛋白质食品的硬度,更易消化吸收。

3. 大豆多肽的生理作用

(1)大豆多肽具有预防肥胖、降低血脂的功能

大豆蛋白能够降低血清胆固醇,而大豆多肽降低血清胆固醇的效果更加明显。大豆多肽能阻碍肠道内胆固醇的再吸收,并能促使其排出体外。摄入大豆多肽后,大豆多肽可促进交感神经的活化,诱导褐色脂肪组织功能的激活,促进基础代谢的活性,促进能量的代谢。此外,摄入的大豆多肽能够阻碍脂肪的吸收,能使人体脂肪有效的减少,同时又能保持骨骼肌量不变。

(2)大豆多肽能够增强肌肉运动力、加速肌红蛋白恢复、抗疲劳效果

耐力性运动使蛋白质分解加强,合成速度减慢,机体排氮量增加;力量性运动也使蛋白质分解加强,但同时活动肌群蛋白质的合成也增加,并大于分解的速度,因而肌肉壮大。增强肌肉运动力、加速肌红蛋白的恢复要使运动员的肌肉有所增加,必须要有适当的运动刺激和充分的蛋白质补充。由于肽类易于吸收,能迅速利用,因此抑制或缩短了体内“负氮平衡”的过程。尤其在运动前和运动中,肽的补充还可减慢肌蛋白的降解,维持体内正常蛋白质的合成,减轻或延缓由运动引发的其他生理功能的改变,达到抗疲劳效果。另外,补充大豆多肽和大豆蛋白可以保护骨骼肌和心肌细胞,有益于减轻运动后骨骼肌微损伤及心肌微损伤。

(3)促进脂肪代谢和能量代谢

摄食蛋白质比摄食脂肪、糖类更易促进能量代谢,而大豆多肽促进能量代谢的效果比蛋白质更强。研究表明:儿童肥胖症患者进行减肥期间,采取低能量膳食的同时以大豆多肽作为补充食品的儿童,比单纯用低能量膳食的儿童皮下脂肪减少更多。

(4)大豆多肽的低过敏抗原性能

过敏反应是一种异常的病理性免疫应答。牛乳蛋白和大豆蛋白会导致典型的过敏反应。食物摄入前,对过敏原分子大小和分子构型的破坏是产物过敏性降低与去除的先决条件。通过酶的降解作用,大豆蛋白中的抗原成分大大减少。用酶免疫测定法(ELISA)进行研究,结果表明:大豆多肽的抗原性比大豆蛋白质降低至 0.001～0.010,具有极高的临床价值。

(5)大豆多肽的免疫调节功能

大豆蛋白经酶解或微生物水解法可以得到 Leu－Leu－Tyr 和 Tyr－Tyr－Met－Pro－Leu－Tyr 等低分子量的大豆多肽。而这些类型的大豆多肽,只要极低剂量(0.1μm)就可以活化细胞的免疫功能,增强人体免疫力。

(6)大豆多肽的抗氧化功能

有学者用微生物蛋白酶水解大豆球蛋白,得到分子量为 700～1400 的肽,试验证明其具有抑制亚油酸自动氧化的作用,体外模型实验证明,这些肽具有清除自由基的作用,可用于食

品抗氧化剂和抗衰老食品。

(7)大豆多肽促进微生物发酵的特性

大豆多肽有促进微生物生长发育和活跃代谢的作用,相同组成的氨基酸混合物或大豆蛋白都不表现出此作用。大豆多肽能促进乳酸菌、双歧杆菌、酵母及其他菌类的增殖,并促进有益代谢物的分泌。

(8)大豆多肽提高矿物质的生物利用率

大豆蛋白中含有植酸、草酸、纤维、单宁及其他一些多酚类物质,能抑制人体或动物对锌、铜、钙、镁等元素的生物利用率。而大豆蛋白酶降解的过程中,可以容易的分离除去植酸、草酸、纤维、单宁等物质,所以制成的为低植酸等物质含量的大豆多肽。同时,大豆多肽还可以与铜、钙、镁等离子形成可溶性络合物,有利于这些矿物质的机体吸收。

(9)大豆多肽的降血压作用

大豆蛋白水解后的一些大豆多肽类型,还能抑制血管紧张素转换酶(ACE)的活性,防止血管平滑肌收缩,起到降低血压的作用。

(10)其他

一些研究结果表明,大豆多肽还具有增加骨密度、预防骨质疏松等作用。

二、大豆多肽生产技术

1. 大豆多肽的生产方法

肽类是蛋白质经酸、碱或蛋白酶作用后的水解产物,因此酸碱水解和酶法水解都能获得相应的大豆多肽。蛋白质的酸碱水解虽然工艺简单、成本低廉。但是在生产过程中酸水解会生成有毒物质,水解程度不易控制,生产条件苛刻,氨基酸易受到损害,所以在食品工业中应用很少。相比之下酶水解条件温和,对蛋白质的营养价值破坏小,不损害氨基酸,水解过程容易控制,而且能对蛋白质进行定位水解而产生特定的肽类。

2. 酶解法生产大豆多肽

(1)酶解法生产大豆多肽的工艺流程

大豆→脱脂→浸提→浆渣分离→浆液酸沉淀→打浆→调 pH→酶水解→灭酶→调 pH→离心→脱苦、脱色→脱盐→高温杀菌→浓缩→干燥

(2)操作要点和工艺说明

1)原料处理

大豆、大豆分离蛋白、大豆粉及脱脂豆粕均可作为制备大豆多肽的原料。如果使用大豆分离蛋白粉为原料,应先将大豆分离蛋白溶解于水中(水粉混合比例为:分离蛋白/水=1/10,浓度 9%~12%较为合适),然后高速搅拌,使其充分混合。如称取大豆分离蛋白 50g 于烧杯中,加入 500mL 水。然后将大豆蛋白溶液置于 90℃下加热 10min,这种预处理既可防止大豆蛋白溶液黏度升高又可大大提高其水解度。然后降温至 50~60℃酶解备用。如果使用大豆或者豆粕为原料,应注意大豆脱脂方法和大豆蛋白变性程度的关系。冷榨法和一些溶剂萃取法大豆蛋白变性小,而热榨法能使大豆蛋白发生较大变性而影响功效。如果使用脱脂大豆粕为原料,注意加工前豆粕应粉碎,过筛后制备大豆蛋白。

2)浸提

于萃取罐内加入 10 倍量的软水,边搅拌边用 NaOH 调节 pH 至 9。在 45~55℃,搅拌速

度为30～35r/min条件下，萃取90min。萃取液经过初步过滤放出，豆渣按照同样方法进行第二次浸提。合并二次提取液，离心分离除去豆渣。

3)浆液酸沉淀

酸沉淀的目的是将浆液中的蛋白质适度变性，沉淀下来，以利于除去浆液中存在的可溶性纤维、糖类、脂肪等。该步骤对于大豆多肽产品的纯度至关重要。将浸提液转入酸沉淀罐中，边搅拌边加入1mol/L盐酸溶液，调节pH至4.4～4.6(大豆蛋白等电点)，沉淀析出大豆蛋白。收集沉淀，多次用无离子水漂洗沉淀，离心除去水分。

4)打浆、调pH

酸沉淀后蛋白主要呈凝乳状，有较多的团块。为了更好地进行酶解反应，需要加水打浆、调pH，以增加凝乳状蛋白的分散度。通常加入适量水后，边搅拌边将溶液pH调整为6.5～7.0，调节时搅拌速度为70～90r/min。

5)酶的选择

酶的选择至关重要。通常选用胰蛋白酶、胃蛋白酶等动物蛋白酶，也可选用木瓜蛋白酶和菠萝蛋白酶等植物蛋白酶。但应用较广的主要是放线菌166、枯草芽孢杆菌1389、栖土曲霉3942、黑曲霉3350和地衣型芽孢杆菌2709等微生物蛋白酶。

6)酶解

将蛋白浆液置于酶解罐内，先加热至90℃，保温10min，破坏大豆蛋白网络结构以利于酶解反应进行。不同的蛋白酶酶解反应条件并不一致。例如，选用碱性蛋白酶2709时，应将蛋白液冷却至该酶最适反应温度55℃，调节溶液pH至10.5±0.1，然后在底物浓度5～10mg/mL、酶浓度为800～1000U/mL的条件下水解6h。如果添加复合蛋白酶的恒产大豆多肽则水解反应温度为45℃，作用时间为12h，底物浓度为反应体系的4%。注意：酶解过程需要不断搅拌，酶解反应中应注意pH变化，应随时加酸或碱，保持适宜的pH稳定不变。

7)灭酶处理

酶解反应完成后，通常加热使酶钝化失活，这个过程也叫灭酶。灭酶条件为：80～85℃，5～15min。

8)调pH

该工序是通过调节大豆蛋白酶解液的pH，使未水解的蛋白质沉淀而离心去除。灭酶后调节大豆蛋白酶解液pH为4.4±0.2，离心除去蛋白沉淀，得大豆多肽粗品。

9)脱苦、脱色、脱盐

经分离后的大豆蛋白酶解物是低分子肽类和游离氨基酸混合物。该混合物颜色深、口感咸而苦，因此必须进行脱苦、脱色、脱盐处理。先将pH为10.3的大豆多肽粗品加入到处理好的732型阳离子在交换树脂中(氢型)，树脂的加入量以pH降为7为限。收集流出样品，即为脱钠一大豆多肽。然后用柠檬酸调节上述溶液pH至4.5，加入多肽质量0.1%～0.2%的活性炭作为吸附剂，在55℃条件下搅拌2h，进行脱苦、脱色。滤去活性炭，将脱苦大豆多肽稀释至浓度为3%，调节溶液pH为4.5，采用分子截留量(MWCO)为6000的中空纤维膜进行超滤。截留分子量(MWCO：molecular weight cutoff)又称作切割分子量，是对有孔材料孔径大小的一种描述。当膜对被截留物质的截留率大于90%时，就用被截留物质的分子量表示膜的截留性能，称为膜的截留分子量。该体系操作压力为0.05MPa。最后超滤透过液在pH为4.5条件下，经过717型阴离子交换树脂(羟型)，除去Cl^-，注意：树脂加入量仍以pH变为7为限。

大豆蛋白酶解物中,带有芳香侧链或长链烷基侧链的疏水性氨基酸组成的肽类是苦味肽。不同的蛋白酶水解肽键的专一性不同,导致蛋白水解物中多肽的长度和组成结构不同。因此,选择合适的蛋白酶有助于减少苦味肽的形成。

另外,研究表明:蛋白质的水解程度与多肽的苦味强度有一定的相关性。当蛋白质水解程度不高,疏水氨基酸仍被保护在分子内部,此时苦味并不明显。随着水解反应的进行,暴露于分子外的疏水氨基酸越来越多,苦味程度也越来越高。当这些苦味肽被继续水解成更小的肽或氨基酸时,苦味才逐渐减弱至消失。

10)杀菌条件

经分离精制后的大豆多肽溶液在135℃温度下进行5s的超高温瞬间杀菌。该溶液包装后即大豆多肽口服液。

11)浓缩和干燥

将杀菌后的产品进行真空度为650mmHg(1mmHg=13.5951Pa)的真空浓缩,浓缩至固形物含量为25%,最后进行喷雾干燥即可得到成品粉末,包装后就是大豆多肽粉。

三、大豆多肽在功能食品中的应用

大豆是全世界应用最广泛的植物蛋白质资源,其显著的优点是具有较高的蛋白质含量。近年来,大豆的保健功能作用越来越受到世人关注,大豆多肽亦是其中的佼佼者。我国大豆资源丰富且廉价,大豆氨基酸组成比例合适,必需氨基酸的平衡良好,含量丰富。大豆多肽作为一种新型大豆深加工产品比大豆蛋白往往具有更良好的理化性质和生理活性。因此,大豆多肽产品的研制与应用在国内外都备受关注。

1. 国内外大豆多肽功能食品的开发

(1)国外大豆多肽功能食品的开发

20世纪70年代初,美国首先研制出大豆多肽,D.S公司建成了年产5000t食用大豆多肽的装置。日本于20世纪80年代开始研制大豆多肽,不二制油公司首先采用酶法制备大豆多肽,并规模化生产出3种大豆多肽产品。另外,雪印和森永等乳业公司也应用大豆多肽生产相应功能食品。

(2)国内大豆多肽功能食品的开发

据著名专家邹远东介绍,我国于20世纪80年代后期开始研究大豆多功能肽,“九五”期间,“大豆多肽的开发与应用”被列入国家重点科技攻关项目。一些高等院校及科研单位相继开展了对大豆蛋白的酶法水解、大豆多肽的功能性质和生理活性的研究。江西省科学院高科技中心采用ASI389中性蛋白酶和木瓜蛋白酶双酶水解,得到分子质量2000左右的大豆多肽。这种方法使大豆多肽生成率为62.9%,肽含量大于85%,游离氨基酸含量小于8%。可见双酶水解工艺既缩短了酶解时间、提高了蛋白质水解度,又减轻了产品苦味。武汉九生堂生物工程公司对大豆肽的制备、提取纯化及功能性进行了广泛的研究,取得了可喜成果。其生产的大豆多肽分子量段、氨基酸组成及绿色食品属性,目前已处于国内外同行业领先水平。另外,华南理工大学用木瓜蛋白酶对大豆分离蛋白进行水解试验,测得木瓜蛋白酶的动力学常数;无锡轻工大学对大豆多肽的生理功能及作用效果进行了研究;这些理化研究势必为大豆多肽的产品开发提供有利保障。

2. 大豆多肽功能食品的应用

(1)开发外科手术患者及消化不良的患者的营养食品

由于大豆多肽的吸收率高,对一些做过外科手术的患者,或因疾病的原因对蛋白质吸收或消化不良的患者,以及因缺乏酶系统而不能分解和吸收蛋白质的患者,都是很重要的蛋白质营养供应源。根据大豆多肽的理化特性,可用大豆多肽为基本素材,开发针对肠胃功能不良者和消化道手术病人康复的肠道营养流态食品。

(2)满足过敏人群对优质植物蛋白质的需要

有些人群尤其是婴儿,对牛乳蛋白或大豆蛋白有过敏反应,而分子质量在300～400或以下的肽,不会引起过敏反应。因此,大豆多肽可以满足这些人群(婴儿)对氨基酸的需要,保证其健康成长。

(3)生产运动员保健食品

在体育活动中,一般被消耗体内能量的4%～10%是由破坏蛋白质提供的。由于人体内没有储存蛋白质,也不能合成必需氨基酸,所以必须及时地从外部补充氨基酸,以免造成肌肉蛋白质的"负氮平衡"。2001年,英国Quest国际公司研制出称之为"Hyprol"的含肽运动饮料。Hyprol可使高强度运动后恢复体力的时间缩短50%,甚至可以预防过量训练。该运动饮料一般可以把恢复体力的时间从24h减少到10～15h。荷兰Maostricht大学用运动员做临床试验研究,结果表明:在运动后,运动员喝了这种多肽饮料,其血浆氨基酸含量大幅上升,肌肉细胞修复得更为迅速,使运动员的体力恢复得更快。

(4)生产老年人保健食品

由于健康或衰老的原因,老年人往往会感觉食欲不振,这时摄取的蛋白质一般都低于需要量,这样更容易引起疾病和衰老,形成一个恶性循环。由于肽类容易被吸收,老年人用肽补充蛋白质是最理想的办法。另外,大豆多肽还具有降胆固醇、降血压、预防心血管疾病等保健功能,因此它是一种健康、多效的功能食品。

(5)用于生产减肥食品

研究证明,大豆多肽有很强的促进脂肪代谢的效果,大豆多肽是一种有效的减肥食品。日本学者小松卡夫等人在治疗儿童肥胖过程中发现,大豆多肽比牛乳更能提高基础代谢水平,使食后发热量增加,促进能量代谢进行,并且可促进皮下脂肪减少。大豆多肽还能有效减少体脂肪,同时保持骨骼肌质量不变。所以大豆多肽非常适合需要减肥的儿童和运动员。

(6)用于发酵食品生产

大豆多肽能促进微生物生长发育和代谢,可被广泛地应用于发酵工业,生产酸奶、干酪、醋、酱油和发酵火腿等发酵食品。同时大豆多肽诸多的优良理化特性,还可提高生产效率,稳定发酵食品品质,增强其风味。

任务5　胸腺肽

一、胸腺肽的结构及生理功能

1. 胸腺肽的来源和结构

(1)胸腺肽的来源

1966年,Goldstein等首次从小牛胸腺提取了具有生物活性的物质,命名为胸腺肽或胸腺素。因此,胸腺是胸腺肽的产生器官。胸腺是哺乳动物的中枢免疫器官,它是T细胞分化、发育的场所。胸腺外面有结缔组织被膜,被膜伸入实质将腺体分成为许多不完全的小叶。每个小叶由皮质和髓质两部分组成。皮质位于小叶的周围,密集着处于不同发育阶段的淋巴细胞。髓质位于小叶的中央,其中小淋巴细胞较少,网状细胞较多。胸腺中的上皮网状细胞可合成、分泌一种或多种调节免疫系统的物质。这种由胸腺上皮细胞分泌的分子量不同的多种肽类物质的混合物就是胸腺肽家族。临床上规定,分子质量大于10 000的称为胸腺素,小于10 000的称为胸腺肽。目前发现的胸腺肽类至少有9种,其中Thymosinα_1,Thymosinβ_4,Thymosin V,Thymopoietin,MB35等组分的研究较多(表4—2)。

表4—2 胸腺肽的种类及生理功能

种类	氨基酸残基数	分子质量(ku)	生理功能
Thymosin α_1	28	3.1	
Thymosin β_4	43	5	促进内侧基底部下丘脑释放GnRH,向脑室内注入thymosinβ_4后,LH分泌增加
Thymulin	9	0.85	
Thymopoietin Ⅱ	49	5.6	Thymopoietin可直接结合于神经肌肉接头处的N受体,并可与α银环蛇毒竞争N受体。提示胸腺功能亢进时通过此途径能改变神经肌肉接头的传递,与重症肌无力发生有关
MB35	35	3.8	MB35在离体条件下可有效地刺激GH及PRL分泌
Thymosin V	>40		促进ACTH,β-END及GC的分泌,Thymosin V的效应可能不是直接作用于肾上腺皮质,而是以Ca^{2+}依赖方式刺激ACTH及β-END的释放,可增强CRH促进ACTH分泌的活性,增加GH及PRL的分泌
Tymolymphotropin(部分纯化)	>20		刺激大鼠PRL及皮质酮的分泌
Thymic fator X		≥4.2	
Thymosin α_5		2.2	

(2)胸腺肽的结构

在胸腺肽家族的各成分中,对thymosinα_1,prothymosinα及thymosinβ_4在种属之间高度保守,如牛和人体内的thymosinα_1和thymosinβ_4在氨基酸序列上是完全一致的。Thymosin α_1的结构如图4—3所示。

2. 胸腺肽的生理功能

(1)用于部分疾病的辅助治疗

胸腺肽主要应用于人医临床治疗细胞免疫缺陷病、自身免疫性疾病、病毒感染、肿瘤等,尤其是对于肿瘤和病毒病的辅助治疗中,取得较理想的效果。

(2)增强人和动物机体的免疫功能

胸腺肽是一种高效的免疫调节剂,其各个组分的具有调节机体免疫功能的特性(见表4—2)。胸腺肽对植物凝集素诱导的淋巴细胞转化具有促进作用;胸腺肽增强单核细胞增殖;促

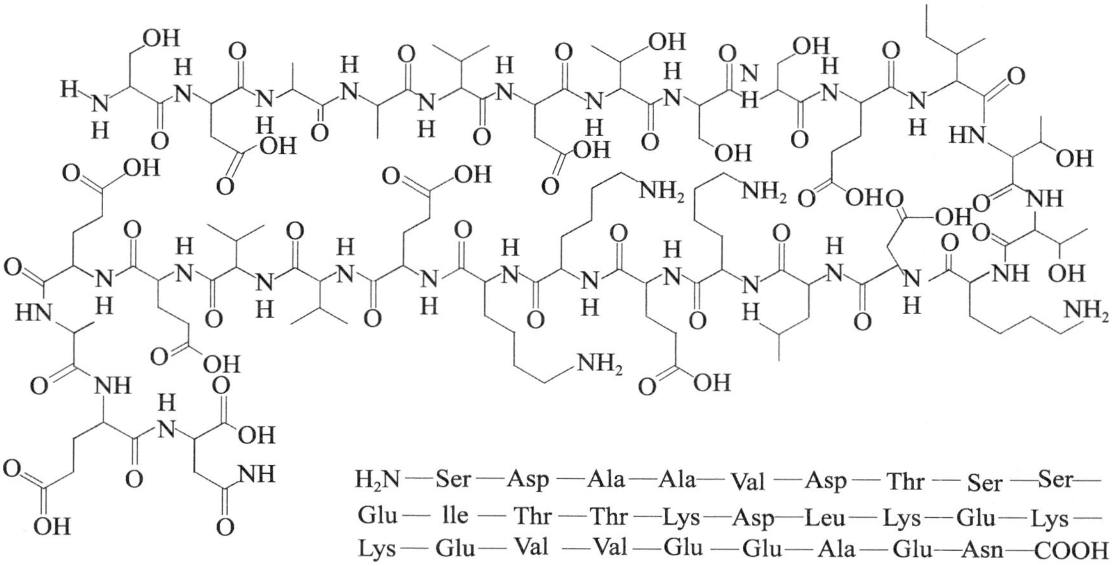

H_2N—Ser—Asp—Ala—Ala—Val—Asp—Thr—Ser—Ser—
Glu—Ile—Thr—Thr—Lys—Asp—Leu—Lys—Glu—Lys—
Lys—Glu—Val—Val—Glu—Glu—Ala—Glu—Asn—COOH

图 4—3　胸腺肽 Thymosin α_1 的结构

进 T 淋巴细胞的成熟和分化；参与神经内分泌系统和免疫系统的交互作用。另外，胸腺肽能增强动物机体的免疫功能。例如，胸腺肽能显著提高 38 日龄肉鸡血清中的 T 淋巴细胞；单独使用胸腺肽对鸡新城疫和传染性支气管炎的治愈率达到 70%以上；从胸腺组织中提取胸腺肽，添加于艾维因鸡饲料中或肌注，可显著提高鸡外周淋巴细胞的百分比和血浆中 T4 水平，GH 及 T3 水平也有升高的趋势；胸腺肽对兔瘟有预防、治疗作用等。

二、胸腺肽的生产技术

1. 胸腺肽的生产方法

胸腺肽 α_1(Thymosin α_1，Tα_1)是 20 世纪 70 年代后期 Goldstein 等人发现的胸腺提取物第 5 组分(TF5)中的一种成分，其活性较早先开发上市的 TF5 提高 10～1000 倍。Tα_1 不仅免疫调节作用显著，而且具有 TF5 不能超越的靶向作用。

胸腺肽存在于动物组织的细胞中，目前研究的提取方法主要有机械法、物理法、化学法、基因工程法等。从动物胸腺组织中提取胸腺肽，其原料来源有限，纯化步骤复杂，而且 Tα_1 在提取的胸腺肽中含量极低，仅为 0.56%～1.0%。因生产工艺或质量问题使产品中含有牛或猪等蛋白，注射时可产生过敏反应。目前临床上所用的 Tα_1 制剂均为化学合成制备，但是采用化学合成的方法成本较高，且合成的杂质较多，不易纯化，还会造成环境污染。因此，有人采用人胚胎胸腺作为原料，制备出 Tα_1，疗效很好。但由于人胚胎来源困难，价格昂贵，而且 Tα_1 含量很少，难以形成规模生产。采用基因工程菌发酵生产 Tα_1，有着杂质少、污染小等优点，虽然胸腺肽的表达量低的事实仍是制约该技术发展的一个瓶颈，但是这种生产方法有着不可小视的发展潜力。下文就以重组人胸腺肽 α_1(rh Tα_1)为例介绍胸腺肽的生产过程。

2. 重组人胸腺肽(rh $T\alpha_1$)的生产工艺流程

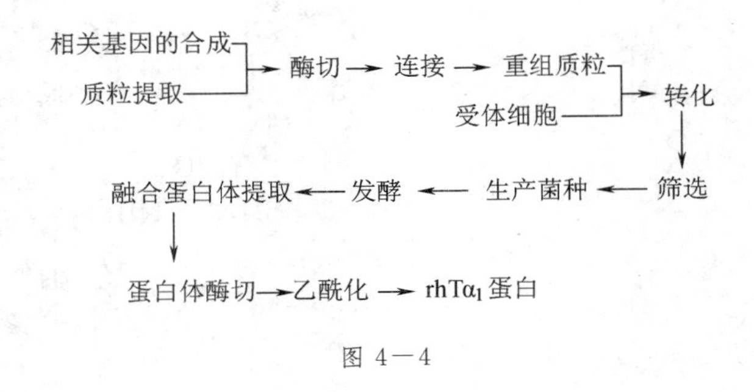

图 4－4

3. 操作要点与工艺说明

(1)质粒提取

质粒是存在于细胞质中的一类独立于染色体的自主复制的遗传成分,绝大多数的质粒都是由环形双链的 DNA 组成的复制子。质粒可以通过转化的方式进入受体细胞(寄主),在基因工程中充当载体。质粒能赋予寄主一些新的功能特性,如抗性特征、代谢特征等。质粒提取要点如下。

1)配制溶液Ⅰ、溶液Ⅱ、溶液Ⅲ。溶液Ⅰ的 pH 为 8.0,含有 50mmol/L 葡萄糖、10mmol/L EDTA 和 25mmol/L Tris－HCl。溶液Ⅱ由 0.2mol/L NaOH 和 1% SDS 组成,先用现配。溶液Ⅲ的主要成分是 3mol/L KAc,溶液 pH 为 5.6。

2)取含质粒的大肠杆菌工程菌培养液 1.5mL,倒入 Eppendorf 管中,12 000r/min,离心 0.5min;吸去培养液,使细胞沉淀尽可能干燥。

3)将细菌沉淀悬浮于 100μL 预冷的溶液Ⅰ中,剧烈振荡。

4)加 200μL 溶液Ⅱ(新鲜配制),盖紧 Eppendorf 管,快速颠倒 5 次,混匀内容物,将 Eppendorf 管放在冰上。

5)加入 150μL 溶液Ⅲ(冰上预冷),盖紧管口,颠倒数次使混匀,冰上放置 5min。

6)12 000r/min 离心 5min,将上清液转至另一 Eppendorf 管中。

7)向上清液中加入 2 倍体积乙醇,混匀后,室温放置 5～10min。12000r/min 离心 5min。倒去上清液,把 Eppendorf 管倒扣在吸水纸上,吸干液体。

8)用 1mL 70%乙醇洗涤质粒 DNA 沉淀,振荡并离心,倒去上清液,真空抽干或空气中干燥。9.5μL TE 缓冲液,使 DNA 完全溶解用于酶切和连接。

(2)基因合成

在已知基因序列的条件下,可以利用 DNA 合成仪完成基因的合成工作。生产中为提高 rh $T\alpha_1$ 的表达、纯化效率,将 trpE 基因与 rh $T\alpha_1$ 基因串联,再与质粒连接。基因表达后将形成二者的融合蛋白。

(3)酶切和连接

酶切和连接主要是在适宜的酶反应条件下,先利用相应的酶“剪切”质粒产生缺口,再将其和 rh $T\alpha_1$ 基因序列“拼接”在一起形成重组质粒。

(4)转化

受体细胞就是接受重组质粒的细胞,接受重组质粒的过程就是转化。例如,可以利用大肠杆菌 BL21 进行转化。

(5)筛选

无论使用哪种转化方法,转化细胞与非转化细胞相比都只占少数,二者在生长发育上都存在竞争,而转化的细胞的竞争力通常比非转化细胞弱,因此必须对转化细胞进行筛选和检测。例如,质粒含卡那霉素抗性基因,而受体细胞无卡那霉素抗性,因此可以在培养基中添加卡那霉素筛选转化的细胞。

(6)发酵

筛选出的高产菌种活化后接种于 2×YT 发酵培养基(使用前加入卡那霉素 100 mg/L)中,于 37℃ 培养 8h,检测菌体进入对数生长期中期时,加入诱导剂 IPTG 至终浓度为 1 mmol/L 诱导表达融合蛋白,继续培养 6h,离心收集菌体。

(7)融合蛋白体提取

将离心所得菌体冻融两次,用 100mmol/L Tris－HCl,10mmol/L 乙二胺四乙酸(EDTA),100 mmol/L NaCl 的细胞洗涤液洗涤两次,于冰浴超声波破碎,镜检破碎完全后,4℃ 离心 30min,将沉淀用含 2mol/L 尿素、100mmol/L Tris－HCl 的洗涤液洗涤两次,4℃ 离心 30min,然后将复性溶液上样至预先用 20 mmol/L Tris－HCl 缓冲液平衡的 DEAE－Sepharose Fast Flow 阴离子交换柱(DEAE 柱),280nm 紫外检测仪在线检测,用含有 0～500mmol/L NaCl 的 20mmol/L Tris－HCl 的缓冲液进行梯度洗脱,收集 200 mmol/L NaCl 的洗脱峰。注意上述反应均在 pH7.4 的条件下进行。

(8)融合蛋白体的酶切和乙酰化

因为所构建的融合蛋白基因序列其 N 端带有$(His)_6$ 序列,$T_{\alpha 1}$ 位于该融合蛋白的 C 端,用特定酶(如重组肠激酶)酶切后,$(His)_6$ 序列存在于融合蛋白的残留肽上,酶切样品经 Ni 层析柱纯化,残留肽被 Ni 层析柱吸附,而 $T_{\alpha 1}$ 流出,收集到的样品冷冻干燥,再经过乙酰化,可制得 $T_{\alpha 1}$。

三、胸腺肽的应用

1. 用于肿瘤的辅助治疗

肿瘤的发生、扩散和转移过程中,免疫功能特别是细胞免疫功能降低是其重要因素。T 淋巴细胞在抗肿瘤过程中起到关键性作用,在机体肿瘤状态下,T 细胞功能不全和抑制,表现为其数量减少和功能改变以及 T 细胞亚群比例失调。胸腺肽对胸腺依赖性 T 淋巴细胞成熟和分化起着关键性的作用,故可增强肿瘤化疗患者细胞免疫能力,具有辅助治疗作用。胸腺肽配合化疗治疗淋巴瘤。结果显示胸腺肽可提高恶性淋巴瘤化疗患者的免疫功能,肿瘤缓解率高,毒副作用轻。

2. 抗病毒治疗

(1)治疗重型肝炎

用胸腺肽治疗肝炎是目前国内外研究的热点。近年来在重型肝炎的研究中发现,导致肝细胞坏死的细胞免疫主要有 T 细胞以及多种细胞因子的参与,认为胸腺肽作为一种强有力的免疫调节剂能改变重型肝炎患者的 T 细胞亚群比例,减轻 CD＋8T 细胞导致的肝细胞坏死程度和肝细胞的免疫病理损伤有一定帮助,可为重型肝炎的治疗提供有效方法。

(2)乙型肝炎治疗

乙型肝炎病毒(HBV)感染是人类最常见的病毒感染之一,我国病毒性肝炎发病率相当高。病毒性肝炎目前尚无特效治疗措施，免疫学研究表明T细胞的反应活性受损是引起HBV慢性感染的主要原因，由于胸腺肽促进T细胞免疫功能的恢复，而且胸腺肽还有直接抗病毒作用，所以免疫治疗受到重视。有学者报道：拉米夫定使HBV得到更快速而有力的抑制，使体内HBV复制迅速处于低水平。但是如何终结HBV低水平复制呢？胸腺肽刺激机体细胞免疫，利于低水平复制的HBV完全清除，可弥补拉米夫定不能直接清除HBV的缺点。

(3) 丙型病毒性肝炎(HCV)的治疗

目前，公认的有效的治疗HCV的药物为α干扰素(IFN2α)，它可在一定程度上抑制病毒复制，但单用疗效不理想，而且持续应答率较低。因此，需探索IFN2α与其他物质联合治疗HCV的方法。胸腺肽对HCV的治疗报道也较多，是重要的候选药物之一。临床证明大剂量胸腺肽有减轻肿瘤坏死因子的细胞毒作用，减少内毒素产生的作用，修复肝细胞，抑制丙肝病毒RNA复制，比IFN2α更胜一筹。

3. 治疗其他疾病

免疫系统功能受到抑制者，包括接受慢性血液透析和老年病患者，胸腺肽可作为免疫应答增强剂，增强患者对流感疫苗或乙肝疫苗的免疫应答。胸腺肽对复发性口腔溃疡、麻风、肾病综合征、小儿支气管哮喘、慢性肾炎、肺结核、上呼吸道感染、过敏性紫癜等也具有一定疗效。对病毒及细菌感染、变态反应及细胞免疫低下引起的皮肤病有显著疗效，如白癜风、复发性生殖器疱疹、尖锐湿疣等。临床可用于系统性红斑狼疮、类风湿性关节炎、重症肌无力等的治疗。

目前，胸腺肽的研究主要集中在临床医学上，对于其保健食品和功能食品的开发资料仍较少，希望不久的将来会有更多的像胸腺肽这样的增强免疫功能食品面世。

【小结】

活性多肽是一类具有重要生理功能的功能因子，食用安全性极高，是当前国际食品界最热门的研究课题和极具发展前景的功能因子。常见的活性多肽有酪蛋白磷酸肽、谷胱甘肽、降血压肽、大豆多肽和免疫活性肽等。酪蛋白磷酸肽具有一个-Ser(P)-Ser(P)-Ser(P)-Glu-Glu-结构，该结构在发挥其促进钙吸收和利用、抗龋齿等作用中是必不可少的。谷胱甘肽(GSH)是由谷氨酸、半胱氨酸和甘氨酸通过肽键缩合而成的三肽化合物，它具有有效消除自由基、保肝解毒、维持红细胞的完整性等生理功能。

降血压肽广泛存在于各种食物蛋白中，链长多在2～12个氨基酸之间，是血管紧张素转换酶抑制剂，具有降血压的显著功效。大豆多肽是指大豆蛋白质经蛋白酶作用后，再经特殊处理而得到的蛋白分解产物。其分子量较小，水溶性很高，具有减肥、降脂、抗疲劳、抗氧化、调节免疫等功能。胸腺肽是从胸腺中提取出的一种高效的免疫调节剂。它能够提高人体和动物机体的免疫能力，用于肿瘤、HBV、HCV、支气管哮喘、慢性肾炎、肺结核、上呼吸道感染等疾病的辅助治疗。

活性多肽的生产方法主要有提取法、酶解法、发酵法、基因工程重组法等。通过蛋白制备与提取、发酵培养、细胞破碎、预处理、酶解、灭酶、离心、脱苦、脱色、离子交换、超滤、杀菌、浓缩、干燥等主要技术系列组合完成各种活性多肽的生产。酪蛋白磷酸肽、谷胱甘肽和大豆多肽产品涉及婴儿食品、减肥食品、运动员食品、外科手术患者保健品和中老年人食品等各年龄组的人群，在面制品加工、奶制品及加工制品、海鲜食品加工、果蔬制品加工、饮料加工、发酵食品加工等方面发挥作用。关于降血压肽在国外已有相应的产品，但是我国的ACE抑制肽和胸腺肽的研究尚处于起步阶段，暂无相关的功能产品问世。

【复习思考题】

1. 简述酪蛋白磷酸肽的主要生理功能。
2. 简述生产谷胱甘肽的方法，并对其进行评价和比较。
3. 简述降血压肽降血压的作用机理。
4. 大豆多肽适用于哪些人群，并阐述其功能食品的开发与应用。
5. 简述重组人胸腺肽(rh T_{α_1})的生产工艺流程。

项目五　功能性油脂及其加工技术

【知识目标】

了解多不饱和脂肪酸常见的表示方法与主要品种及其来源。理解多不饱和脂肪酸和磷脂不同纯化技术的原理。熟悉多不饱和脂肪酸和磷脂的保健功能及其在功能食品中的应用。掌握多不饱和脂肪酸和磷脂的典型生产工艺。

【能力目标】

能解释多不饱和脂肪酸与磷脂的概念。能将多不饱和脂肪酸和磷脂的保健功能应用于功能食品中。能控制多不饱和脂肪酸和磷脂生产过程中的工艺参数。能写出多不饱和脂肪酸和磷脂的典型生产工艺流程及工艺条件。

任务1　多不饱和脂肪酸

一、多不饱和脂肪酸的结构与分类

多不饱和脂肪酸(Polyunsaturated fatty acid,PUFA)是指含有两个或两个以上双键且碳链长为16～22个碳原子的直链脂肪酸。其常用的表示方法为:$C_{x:y}\omega-z$,C表示碳原子,x表示碳数,y表示双键数,$\omega-z$表示从距羧基最远端碳原子数起的第z个碳原子开始有双键出现。以$C_{20:5}\omega-3$(EPA)为例,C表示碳原子,20表示碳数,5表示双键数,$\omega-3$表示从距羧基最远端的碳原子数起的第3个碳原子开始有双键出现。多不饱和脂肪酸主要品种表示如下:$C_{22:6}\omega-3$(DHA),$C_{18:3}\omega-3$(α-亚麻酸),$C_{18:2}\omega-6$(亚油酸),$C_{18:3}\omega-6$(γ-亚麻酸),$C_{20:4}\omega-6$(AA)。有时也有用n来代替ω的,可记为$C_{22:6}n-3$,$C_{18:3}n-3$,$C_{18:3}n-6$等。根据双键出现的位置不同,可将多不饱和脂肪酸分为ω-3和ω-6两个系列。

1. ω-3系列多不饱和脂肪酸

在多不饱和脂肪酸的分子中,距羧基最远的双键在倒数第3个碳原子的称为ω-3多不饱和脂肪酸。主要包括二十碳五烯酸(Eicosapentaenoic Acid,EPA),二十二碳五烯酸(Docosapentaenoic Acid,DPA),二十二碳六烯酸(Docosahexaenoic Acid,DHA),α-亚麻酸(α-Linolenic Acid,ALA)等。

2. ω-6系列多不饱和脂肪酸

在多不饱和脂肪酸的分子中,距羧基最远的双键在倒数第6个碳原子的称为ω-6多不饱和脂肪酸。主要包括亚油酸(Linoleic Acid,LA)、γ-亚麻酸(γ-Linolenic Acid,GLA)、花生四烯酸(Arachidonic Acid,AA)等。

二、多不饱和脂肪酸的生理功能

1. 多不饱和脂肪酸与心脑血管疾病

DHA和EPA能抑制血小板凝集，减少血栓素形成，从而预防心肌梗死、脑梗死的发生。血小板合成的血栓素（TXA_2）具有促进血小板凝集和收缩血管的作用，血管内皮产生的前列腺素（PGI_2）具有抑制血小板凝集和舒张血管的作用，TXA_2 和 PGI_2 之间的平衡是调节血小板和血管功能，促进血栓形成的关键。TXA_2 和 PGI_2 是以花生四烯酸（AA）为前体，通过磷酸化酶的作用从细胞膜磷酸甘油酯中释放出来。EPA是AA的竞争性抑制剂，可竞争性抑制AA向 TXA_2 和 PGI_2 转化而生成 TXA_3 和 PGI_3，TXA_3 几乎没有生物活性，而 PGI_3 与 PGI_2 的生理功能和活性相似，因而减少了血小板凝集并增加了血管舒张作用，使血栓形成减少。

DHA和EPA可以降低血清中甘油三酯的生成，降低低密度脂蛋白、极低密度脂蛋白、增加高密度脂蛋白，改变脂蛋白中脂肪酸的组成，从而增加其流动性，并能增加胆固醇的排泄，抑制内源性胆固醇的合成，因此，DHA和EPA可以预防和治疗动脉硬化。另有研究结果表明，AA能降低血糖、血脂和血胆固醇。有文献指出，AA降低胆固醇的效果比亚油酸和亚麻酸大4倍，其降血脂和降血压的作用也比亚油酸和亚麻酸强。AA对氯化钡、乌头碱等引起的心率不齐具有不同程度的对抗作用，其作用效果也强于亚油酸和亚麻酸。

2. 多不饱和脂肪酸的增智、健脑作用

多不饱和脂肪酸对人体组织特别是脑组织的生长发育至关重要。因为脑重量的20%是由多不饱和脂肪酸构成的，且主要是以磷脂的形式存在于脑中，因而在脑细胞形成过程中起着重要作用。被称为“脑黄金”的DHA是人脑的主要组成物质之一，在脑细胞形成过程中，DHA有利于脑细胞突起的延伸和重新产生。在胎儿时期，从受精卵在母亲子宫内分裂开始就需要DHA，因此，孕妇应摄入足量的DHA来促进胎儿大脑的发育和脑细胞的增殖。对老年人来讲，DHA有防止老年痴呆的作用。AA主要帮助神经系统信息传递，对LTP的表达起着重要的作用，而LTP与记忆的形成密切相关，AA不足，将导致青少年智力低下，中老年人神经过早退化。AA还促进神经内分泌活动，并因此而调节脑和神经的生理功能，通过膳食补充AA，能矫正因紧张脑力活动和精神压力造成的代谢和内分泌异常，使易疲劳、烦躁、注意力不集中和记忆力下降、失眠等症状减轻。有研究表明，AA、DHA摄入合理的儿童与摄入量较低的儿童相比平均智商高出5～7分，单独补充AA或DHA则不具有以上明显效果，因此在孕妇和乳母的营养补充剂、婴幼儿配方食品中，专家建议以一定的比例（2～4：1）同时使用。

3. 多不饱和脂肪酸抑制肿瘤、预防癌变的作用

在一些肿瘤动物试验中，已证实AA在体外能显著地杀灭肿瘤细胞，目前AA已试验性地用于一些抗癌新药中。膳食中补充AA不仅可以改变癌症患者及潜在者AA水平普遍偏低、对免疫调节促进不足的现象，而且有利于细胞的代谢和恢复，保护正常细胞和对抗常规抗癌疗法的毒副作用。同时癌细胞的合成对胆固醇的需求量很大，AA能降低胆固醇水平，从而抑制癌细胞的生长。此外，富含EPA、DHA的鱼油可抑制癌细胞的发生、转移及降低肿瘤生长速度。据报道，鱼油中的EPA、DHA均具有抑制直肠癌的作用，而且DHA的抑制效果更强。DHA还可降低治疗胃癌、膀胱癌、子宫癌等抗肿瘤药物的耐药性。

4. 抗炎、抑制溃疡及胃出血作用

EPA的抗炎作用机理主要是抑制中性细胞和单核细胞的5′-脂氧合酶代谢途径，增加白三烯 B_5 的合成，同时抑制 LTB_4 介导的中性白细胞机能，并通过降低白介素-1的浓度而影响白介素的代谢。γ-亚麻酸可明显抑制大鼠幽门结扎性溃疡的形成，抑制胃液分泌，降低胃酸酸度。

5. 多不饱和脂肪酸的其他功能

γ-亚麻酸具有增强胰岛素、抗脂质过氧化，治疗月经期综合征、精神分裂症，抗哮喘等作用。DHA和EPA还具有保护视力、抗过敏等作用。另经试验证实，AA能明显减少因内分泌失衡而引起的黄褐斑、蝴蝶斑等，并具有减肥功效。

三、多不饱和脂肪酸的来源

1. 多不饱和脂肪酸的动植物资源

DHA和EPA主要存在于深海冷水鱼体内。海鱼随季节、产地不同，鱼油DHA和EPA含量在4%～40%之间。在海藻中也有大量的DHA和EPA积累。从鱼的种类来看，EPA在沙丁鱼等小型青背鱼油中含量居多，DHA在金枪鱼和松鱼等大型青背鱼油中含量较多。特别是金枪鱼和松鱼头部的DHA含量较高，而其眼窝脂肪中DHA含量最高。部分海产鱼眼窝脂肪中的EPA与DHA含量见表5－1。

表5－1　海产鱼眼窝脂肪中的EPA与DHA含量　　单位：%（质量分数）

鱼种	EPA	DHA	鱼种	EPA	DHA
肥状金枪鱼	7.8	30.6	黄条狮	3.3	10.8
金枪鱼	6.1	28.5	紫狮	6.5	20.5
黄金枪鱼	4.5	28.9	竹夹鱼	15.3	15.3
松鱼	9.5	42.5	远东拟沙丁鱼	22.6	12.1
红肉旗鱼	3.9	28.4	宽纹虎鲨	3.0	29.0
箭鱼	3.4	9.6	虎纹猫鲨	13.4	12.5

陆地植物油中几乎不含DHA和EPA，在一些高等动物的某些器官与组织中，如眼、脑、睾丸及精液中含有较多的DHA。在海藻类及海水鱼中都含有较高含量的DHA和EPA，见表5－2。在海产鱼油中，或多或少地含有AA、EPA、DPA和DHA4种多不饱和脂肪酸，以DHA和EPA含量较高。海藻脂类中含有较多的EPA，尤其在较冷海域中的海藻。

表5－2　我国几种水产动、植物油中的EPA与DHA含量　　单位：%（质量分数）

来源	EPA	DHA	来源	EPA	DHA
沙丁鱼	8.5	16.3	海条虾	11.8	15.6
鲐鱼	7.4	22.8	梭子蟹	15.6	12.2
鲹	13.0	25.0	鳙鱼	10.8	19.5
马鲛	8.4	31.1	草鱼	2.1	10.4
鲥	7.5	15.7	鲤鱼	1.8	4.7

续表

来源	EPA	DHA	来源	EPA	DHA
鲳	4.3	13.6	鲫鱼	3.9	7.1
海鳗	4.1	16.5	鲐内脏	6.6	21.3
鲨	5.1	22.5	鲫鱼卵	3.9	12.2
小黄鱼	5.3	16.3	褐指藻	14.8	2.2
白姑鱼	4.6	13.4	盐藻	—	4.2
银鱼	11.3	13.0	螺旋藻	32.8	5.4
鲳鳎	10.5	19.5	小球藻	35.2	8.7
鱿	11.7	33.7	角毛藻	6.4	0.5
乌贼	14.0	32.7	对虾	14.6	11.2

油科类植物种子是亚油酸、亚麻酸和花生四烯酸等 ω－6 系列多不饱和脂肪酸的最主要来源。在鱼油中花生四烯酸的含量为 0.2%，在某些原生动物、藻类及其他微生物中也含有花生四烯酸。月见草是 γ－亚麻酸的主要来源，在某些含油的植物种子中也含有一定量的 γ－亚麻酸，如玻璃苣、黑加仑等。此外，在藻类及其他微生物中也可提取到 γ－亚麻酸。

2. 多不饱和脂肪酸的微生物资源

产多不饱和脂肪酸的微生物多种多样，主要包括细菌、酵母、霉菌和藻类。

（1）细菌

主要包括嗜酸乳杆菌、混浊红球菌、弧菌等的个别菌株。混浊红球菌 PD630 在葡萄糖或橄榄油中生长时，甘油酯中的脂肪酸含量占细胞干重的 76%～87%。弧菌 CCUG35308 脂肪酸主要为偶碳链脂肪酸，可用于 EPA 的生产研究中。

（2）酵母

酵母主要包括弯假丝酵母、浅白色隐球酵母、胶黏红酵母、斯达氏油脂酵母、产油油脂酵母等。一般油酸是酵母中最丰富的脂肪酸，其次是亚油酸。

（3）霉菌

霉菌主要有深黄被孢霉、高山被孢霉、卷枝毛霉、米曲霉、土曲霉、雅致枝霉、三孢布拉氏霉等。特别是被孢霉属，主要用于生产 γ－亚麻酸和花生四烯酸；破壁壶菌油 DHA 含量较高；腐霉菌油 AA、EPA 含量较高。

（4）微藻

迄今为止，已测定脂肪酸含量的微藻达上百种。它们隶属于硅藻、红藻、金藻、褐藻、绿藻、甲藻、隐藻、蓝藻和黄藻。其中以红藻类 EPA 含量最高，达 50%左右；不同种类的微藻多不饱和脂肪酸含量差别很大，甚至同一种类的不同品系也存在着很大的差别。微藻包括盐生杜氏藻、粉核小球藻、等鞭金藻、三角褐指藻、新月菱形藻等。微藻主要用于生产 EPA、DHA。对于多不饱和脂肪酸的微生物生产，由于细菌产量低，目前主要集中在真菌和藻类的研究上。

四、多不饱和脂肪酸的生产技术

随着人们对 PUFA 生物活性认识的不断提高，市场对 PUFA 的需求也日益增强，目前除了从植物油中可提取亚油酸、亚麻酸等以外，还可以采用微生物发酵法来提取 γ－亚麻酸和花生四烯酸等多不饱和脂肪酸。而对于DHA、EPA则多是从海水鱼油中提取并进行纯化，得到高含量DHA、EPA的精制鱼油，作为功能性食品的基料使用。

1. 利用鱼油纯化DHA、EPA的生产技术

(1)鱼油的提取

1)原理

充分利用鱼油在甲醇、乙醇、己烷等有机溶剂中的可溶特性，将海产鱼切碎后，利用有机溶剂萃取可制得粗鱼油，再经脱胶、脱酸、脱色、脱臭等进一步精加工后，即可制得精制鱼油。

2)设备

水化罐、分离机、比配机、真空干燥器、碱炼罐、脱色罐、过滤机、脱臭罐等。

3)工艺流程

海产鱼→切碎→萃取→油层分离→脱胶→脱酸→脱色→脱臭→鱼油

4)工艺说明

①原料：沙丁鱼、金枪鱼、黄金枪鱼和肥壮金枪鱼等海水鱼中DHA含量高达25%以上，是提取DHA的理想原料。由于在海水鱼眼窝脂肪中的DHA含量最高(25%～40%)，故一般从鱼的头部取出眼窝脂肪，以此为原料制备DHA。此外，鱼类加工的下脚料也是主要原料之一，但要求无腐烂、无杂质。

②切碎：用切碎机将原料切成2～3cm的小块，然后用绞肉机进行细化。

③萃取、分离：细化后的鱼糜送入萃取罐，加入3～4倍质量的有机溶剂，浸提1～2h，而后取出并尽量沥干溶有鱼油的萃取液，被萃取的物料应通过分子蒸馏除尽残余的有机溶剂，收集浸出液，分离出粗鱼油。

④鱼油脱胶：粗制鱼油中加入适量软化水，并充分搅拌，使鱼油中既带有亲水基团又带有亲油非极性基团的磷脂吸水膨胀并相互聚合形成胶团，从油中沉降析出，经过滤后除去水化油脚即达到脱胶的目的。

⑤鱼油脱酸：脱胶后的鱼油升温至40～50℃，喷入浓度为12g/L(50%)的烧碱溶液并充分搅拌，而后加热至65℃，继续搅拌15min，静置分层后吸取上清液，于105℃下脱水，即完成脱除油中游离脂肪酸的目的。

⑥鱼油脱色：脱色分为常压脱色和减压脱色两种，常压操作易发生油脂的热氧化，而减压操作(压力6.7～8kPa，真空度93.3～94.7kPa)可防止油脂氧化。将鱼油加热至75～80℃，加入适量的干燥的酸性白土，并不断搅拌使吸附剂在油中分布均匀，利用色素与酸性白土充分接触并被吸附。脱色后在没有过滤完以前，搅拌不能停止，以防吸附剂沉淀，然后用压滤机分离油脂。

⑦鱼油脱臭：脱色后的鱼油泵入真空脱臭罐，在93kPa(700mmHg)的真空度下进行脱臭处理，除去鱼油中存在的自然或加工过程中生成的醛类、酮类、过氧化物等臭味成分。精炼处理后得到淡黄色的鱼油。

(2)DHA，EPA的纯化

一般鱼油中DHA，EPA等高度不饱和脂肪酸含量不一定很高，大量的还是饱和及不饱和的脂肪酸。如用在功能性食品上，还需鱼油中所含的EPA和DHA进行分离纯化，以提高含量。生产上常用的分离方法主要有以下几种。

1)低温结晶法纯化 DHA,EPA

①原理

利用饱和脂肪酸的凝固点高于不饱和脂肪酸的特性,将混合脂肪酸中的不饱和脂肪酸分离开。利用脂肪酸在不同溶剂中的溶解度不同,再结合低温处理,往往会得到更好的分离效果。但这些方法只能粗略分离,一般作为 EPA 和 DHA 的预浓缩处理,产物中的 EPA 浓度可达总脂肪酸的 25%~35%。

②工艺流程

鱼油→有机溶剂萃取→低温结晶→过滤→多不饱和脂肪酸 DHA,EPA

③工艺说明

a. 有机溶剂萃取。在鱼油中加 7 倍体积的 95%丙酮溶剂溶解。

b. 低温结晶。经过滤后的鱼油,先于−20℃低温静置过夜,滤去未结晶的饱和脂肪酸及低度不饱和脂肪酸,再于−40℃低温静置过夜并再次过滤后,即可得到多不饱和脂肪酸 DHA 和 EPA。

2)尿素复合、银盐络合法纯化 DHA,EPA

①原理

当某些长链有机化合物存在时,会与脂肪酸相结合并结晶析出,这种结合能力与有机化合物分子大小与形状有关。一般饱和脂肪酸较不饱和脂肪酸更容易形成稳定的复合物,单不饱和脂肪酸比多不饱和脂肪酸更容易形成复合物。利用这一性质可除去混合物中饱和和低度不饱和脂肪酸。此外,DHA 等高度不饱和脂肪酸在浓硝酸银溶液中形成可溶于水的物质,不溶解的脂肪酸进入己烷溶剂被除去。DHA 和银形成的可溶于水的物质,经加水搅拌稀释后,解离生成不溶于水的 DHA 脂,再加入己烷溶剂萃取,经去除己烷后就可得到含量在 95%以上 DHA 产品,或进行二次操作可得到含量在 99%以上的产品。

②工艺流程

鱼油→皂化→分离脂肪酸→尿素复合浓缩→银盐络合纯化→鱼油 DHA

③工艺说明

a. 皂化:鱼油中加入 95%乙醇溶液混合均匀,于 50~60℃加热皂化 1h。

b. 分离脂肪酸:皂化液加水稀释后,用 6mol/L 盐酸酸化处理,静置片刻后就可使脂肪酸分离出来,收集上层脂肪酸。

c. 尿素复合浓缩:在上述脂肪酸中加入 25%尿素—甲醇溶液,搅拌加热至 60℃,保持 20min 后于室温下冷却 12h,过夜收集滤液;滤液于 40℃减压蒸馏回收甲醇,再用等量蒸馏水稀释,并用 6mol/L 盐酸调节 pH 为 5~6,离心收集上层浓缩物。

d. 银盐络合:于富含 DHA 的浓缩物中加入浓的硝酸银溶液,并加入己烷溶剂充分搅拌。

3)超临界 CO_2 萃取法纯化 DHA,EPA

①原理

超临界 CO_2 流体萃取(SFE)分离过程的原理是利用流体的溶解能力与其密度的关系,即利用压力和温度对超临界流体溶解能力的影响而进行的。在超临界状态下,将超临界流体与待分离的物质接触,使其有选择性地把极性大小、沸点高低和分子质量大小的成分依次萃取出来。当然,对应各压力范围所得到的萃取物不可能是单一的,但可以控制条件得到最佳比例的混合成分,然后借助减压、升温的方法使超临界流体变成普通气体,被萃取物质则完全或基本析出,从而达到分离提纯的目的,所以超临界 CO_2 流体萃取过程是由萃取和分离组合成的。

②设备

萃取器(1～1000L, 25～35MPa,固液态两用)、分离器(1～500L,5～15MPa)、精馏塔(内径 ϕ50～500m,25～35MPa)、CO_2 钢瓶、CO_2 高压泵(20～3000L/40MPa)、冷凝器等。

③工艺流程

CO_2→过滤、冷凝、计量、换热

↓

鱼油→酯化→萃取→精馏→分离→纯化 DBA,EPA

④工艺说明

a. 鱼油酯化:用超临界 CO_2 萃取提纯 DHA 和 EPA,一般需将多不饱和脂肪酸的甘油三酯形式转变为游离脂肪酸或脂肪酸甲酯或乙酯,以增加其在超临界 CO_2 中的溶解度。鱼油中脂肪酸随其链长和饱和度不同,在超临界 CO_2 和油相中的分配系数不同,从而得到分离。将鱼油醇解甲酯或乙酯化后,用尿素复合结晶法,将鱼油中的饱和度较小的脂肪酸除去,以提高 EPA 与 DHA 的浓度。

b. CO_2 处理:打开钢瓶,CO_2 经过滤、冷凝后,由高压计量泵加压至设定压力,再预热至工作温度。

c. 萃取、精馏与分离:设定萃取温度为 35～40℃,这可最大限度地将鱼油乙酯萃取出来。精馏塔精馏压力设定为 11～15MPa(精馏温度为 40～85℃),顶端温度定在 85℃为宜,柱底温度定为 40℃,与萃取温度相近,保持较高的柱顶温度可以使鱼油乙酯析出回落,提高回流比,增加了选择性并可降低能耗。

d. 将鱼油乙酯引入萃取罐,打开 CO_2 钢瓶,SC-CO_2 携带着鱼油乙酯进入精馏柱。溶有鱼油脂肪酸乙酯的 SC-CO_2 在沿精馏柱上升过程中,温度逐渐升高,SC-CO_2 的密度逐步降低。由于鱼油乙酯在 SC-CO_2 相中分配系数的差异,碳链较长的重质成分的溶解度比碳链较短的轻质成分的溶解度下降得更快。重质成分不断从 SC-CO_2 析出,形成回流,回流液与上升组分进行热量与质量交换,结果使重质组分不断落下而富集。轻质组分不断上升而导出精馏柱。鱼油乙酯按相对分子质量差异,即按碳链长度分离,在较低压力下,馏分较轻的 C_{14} 和 C_{16} 酸首先得到富集,随着压力的升高,低碳成分逐渐减少,中碳成分 C_{18} 和 C_{20} 酸相继被萃取出来,最后的馏分主要是最重的 C_{22} 酸。

利用超临界 CO_2 萃取法可将 EPA 与 DHA 提纯至 90%,如采取两步分离法,则可使 EPA 提纯至 67% ,DHA 提纯至 90%以上。

4)分子蒸馏法纯化 DHA,EPA

①原理

运用分子蒸馏技术纯化 DHA 和 EPA,主要是根据脂肪酸碳数不同来实现的。碳数不同的脂肪酸分子其沸点亦不同,碳数越少,脂肪酸的沸点越低,碳数越多,脂肪酸的沸点越高。通过控制蒸馏温度可将一些碳链比 EPA 和 DHA 短或长的分子除去。利用不同液体分子受热从液面逸出后,其分子运动的平均自由程不同,轻分子的平均自由程大,重分子的平均自由程小,当液体混合物经过加热处理后,使得能量足够的分子逸出液面,若在离液面小于轻分子平均自由程而大于重分子平均自由程处设置一冷凝面,则可使轻分子达到冷凝面后被冷凝,从而使其不断逸出，重分子由于达不到冷凝面，则很快趋于动态平衡，不再从混合液中逸出，这样就达到了将液体混合物分离的目的。分子蒸馏特别适用于 DHA 和 EPA 等高沸点、热敏性及易氧化的物系分离。

②主要设备

分子蒸馆装置(降膜式，刮膜式，离心式)。

③工艺流程

鱼油→酯化→分子蒸馏→分离→纯化 DHA，EPA

④工艺说明

a. 鱼油酯化：由于脂肪酸的沸点较高，常压下蒸馆时可能出现分解现象，因此需在减压条件下进行蒸馏。通常是将脂肪酸酯化(例如甲酯化或乙酯化)后再行蒸馏，因为脂肪酸酯的沸点间隔可以拉开。详见超临界 CO_2 萃取提纯 DHA 和 EPA。

b. 分子蒸馏：操作温度低、蒸馏压强低、物料受热时间短、冷凝迅速是分子蒸馏技术的主要特点。在很低的绝对压强条件下(一般为 0.1Pa 数量级)，大大降低了物料的沸点，避免了热敏性物料的氧化损失。例如，在真空蒸馏下操作温度为 200～400℃的混合物，在分子蒸馏中操作只需 80～200℃。另外，由于分子蒸馏器装置加热液面与冷凝面间的距离小于轻分子的平均自由程，液面逸出的轻分子几乎未经碰撞就达到了冷凝面，从而可缩短物料蒸馏时间。

分子蒸馏技术的核心是分子蒸馏装置。目前，分子蒸馏装置主要有 3 种类型：降膜式、刮膜式和离心式。降膜式装置为早期形式，结构简单，但由于液膜厚，效率差，现在世界各国很少采用；刮膜式分子蒸馏装置形成的液膜薄，分离效率高，但较降膜式结构复杂。离心式分子蒸馏装置借助离心力形成薄膜，蒸发效率高，但结构复杂，制造及操作难度大。为了提高分离效率，工业上往往需要采用多级串联使用，即离心薄膜式和转子刷膜式联合使用，实行多级分子蒸馏(三级、五级)后，可大大提高提纯效果。

2. 亚麻酸的微生物发酵生产技术

1)菌种的制备

一种实验室用的深黄被孢霉(Mortierella isabellinα)发酵条件是：将选育好的菌种接种至斜面培养基上，在 28℃保温培养 4d 以活化菌种，活化后菌种转接至装有 100mL 种子培养基的三角瓶中，于 30℃摇瓶(150r/min)培养 2～3d，此为种子液。种子液再扩大培养成母发酵液，即在装有 150mL 母发酵培养液的 500mL 三角瓶中接种 2%～3%的种子液，于 30℃摇瓶(150r/min)培养 4d 成为母发酵液。在装液量为 20L 的 30L 发酵罐中接种 5%的母发酵液，保持罐温 30℃和罐压 0.05MPa，通气量为 2vvm，搅拌速度 400r/min，在此条件下发酵培养 4d。生产发酵培养液以葡萄糖、麦芽汁或糖蜜为基础，添加有机氮如酵母膏，蛋白胨、鱼粉等，无机氮如 $(NH_4)_2SO_4$ 尿素、$(NH_4)_2HPO_4$ 等和无机盐如 NaAc，$NaNO_3$、$MgSO_4$ 等。一例配方组成是：葡萄糖 10，$(NH_4)_2SO_4$ 0.5，NaAc 0.3，KH_2PO_4 0.1，$MgSO_4$ $7H_20$ 0.05，酵母膏 0.02 和蛋白胨 0.01。

菌种在发酵培养前期主要消耗培养液中除碳源以外的以氮源为主的营养物质，吸收利用蛋白质增大菌体细胞体积，保证菌体代谢旺盛。从第 3 天开始以消耗碳源为主，培养液中糖度急剧下降，菌体细胞分裂程度剧烈上升，菌体增殖数量以几何级数增加，进入对数生长期，菌体细胞内油脂蓄积增加。从显微镜观察，培养前期菌体呈菌丝状，较细，分支多，脂肪粒少；培养后期，菌丝状细胞逐渐膨大，合成并积累大量油脂，细胞内脂肪粒逐渐增大增多，分支丝状菌体逐渐断裂变成肥大型，内含脂肪粒大且密集。

由于油滴存在于菌体细胞内，需采用球磨机或高压匀浆机将菌体细胞进行机械破碎。充分研磨后的菌体可先用乙醇后用正己烷分步抽提油脂，也可用氯仿:甲醇(2∶1，体积比)混合溶剂抽提油脂。分析表明，菌体得率为25%～30%，油脂含量40%～45%，其中γ-亚麻酸含量5%～12%(典型值8%)。

2)工业化生产

用于工业化生产γ-亚麻酸油脂的菌种要求是:单位培养液菌体得率高(大于20%)，油脂含量接近或超过一般的油料植物(25%～50%)，油脂中γ-亚麻酸含量高(大于10%)，而且能适应在高浓度培养基中的发酵培养以达到菌体产量大发酵罐利用率高的要求。卷枝毛霉、冻土毛霉和山茶小克银汉霉(Cunninghαmella japonica)也是很好的高产γ-亚麻酸霉菌，可利用220m^{3}的生产柠檬酸的发酵罐进行工业化生产。经萃取、精炼后得到的微生物油脂清澈透明，其γ-亚麻酸含量约是月见草油的2倍，但比玻璃苣油稍低。且其中亚油酸含量明显较低，更利于γ-亚麻酸的分离提纯。以湿谷物为发酵底物，固态发酵山茶小克银汉霉生产γ-亚麻酸已获得成功。其在大米和小米上生长后，γ-亚麻酸量达到细胞总量7%～8%和提取总脂肪酸的20%。

发酵后得到的只是粗油脂，必须精炼后才能得到高γ-亚麻酸含量的油脂。采用尿素络合、沸石分离、分级结晶或超临界流体色谱等方法精炼提纯后，γ-亚麻酸的纯度最高可达到90%以上。其中，简单的尿素络合能形成含80%～85%γ-亚麻酸的油脂。沸石纯化的效果最好而成本最高，可获得以乙基酯形式存在的纯度高达98%的精制γ-亚麻酸。

五、多不饱和脂肪酸在功能食品中的应用

1. 作为食品的营养强化剂使用

多不饱和脂肪酸主要作为食品营养强化因子可应用于多种形式的食品中。如GLA添加到牛奶与奶粉中，可提高营养价值，使牛奶与奶粉更接近母乳。γ-亚麻酸作为营养添加剂或功能性食品成分使用，可将其按一定比例加入牛乳、乳粉、食用油、饮料、果汁、果冻、冰淇淋、饼干、巧克力和口香糖等食品中，尤其适合用作制造婴儿食品添加剂，制造含γ-亚麻酸的婴儿营养乳粉、孕妇与哺乳期妇女营养乳粉。牛奶中还可加入EPA和DHA来强化多不饱和脂肪酸，DHA可添加到蛋黄粉、蛋黄油、玉米醇溶蛋白粉等产品中。此外，EPA和DHA还可用于鱼类罐头、糖果、乳酸饮料的生产，以提高日常多不饱和脂肪酸的摄入量。

2. 用于鱼油微胶囊的生产

利用微胶囊包埋技术，将鱼油微胶囊化后可以防止鱼油氧化，掩盖不良风味和色泽，使用方便，能扩大其应用范围，具有很广阔的市场前景。有人利用微胶囊技术，研究以β-环糊精为主，明胶酪蛋白、卵磷脂等多种材料为辅作为复合壁材，以富含EPA和DHA等多不饱和脂肪酸的鱼油为芯材，采用喷雾干燥法制成ω-3PUFAs微胶囊，加入到牛奶或奶粉中后，使产品的流动性和溶解性良好，在冰淇淋、酸奶和威化饼干中应用，也取得了较好的效果。

3. 作为功能食品的重要基料

由于多不饱和脂肪酸具有多种功能保健作用，目前已大量应用于如“脑黄金”等功能性食品中。

任务2　磷脂

一、磷脂的定义及分类

磷脂(Phospholipid)是含有磷酸的类脂化合物，是甘油三酯的一个或两个脂肪酸被含磷酸的其他基团取代而得。磷脂普遍存在于动植物细胞的原生质和生物膜中，对生物膜的生物活性和机体正常代谢有重要的调节功能。

磷脂按其分子组成可分为甘油醇磷脂和神经醇磷脂两大类。甘油醇磷脂是磷脂酸的衍生物，常见的有卵磷脂(磷脂酰胆碱，Phosphatidyl choline，简称 PC)、脑磷脂(磷脂酰乙醇胺，Phosphatidyl ethanolamine，简称 PE)、丝氨酸磷脂(磷脂酰丝氨酸，Phosphatidyl serine，简称 PS)和肌醇磷脂(磷脂酰肌醇，Phosphatidyl inositol，简称 PI)，另外还有磷脂酰甘油、二磷脂酰甘油和缩醛磷脂等。神经醇磷脂的种类较少，主要是分布于细胞膜中的鞘磷脂。

商品磷脂一般指实用油加工过程中得到的副产物，即植物油精练经水化脱胶、分离、干燥后所得复杂的磷脂混合物(PE，PI，PS 等)，商品磷脂一般分为 4 类：①浓缩磷脂，包括塑性磷脂与流质磷脂两种(脱色或非脱色型)；②混合磷脂(非反应物改性磷脂)；③改性磷脂(化学改性或酶法改性)；④精制磷脂，包括脱油磷脂与分提磷脂两类(混合与非混合型)。

二、磷脂的结构及理化性质

1. 磷脂的结构

(1)卵磷脂：卵磷脂广泛存在于动植物体内，在动物脑、精液中含量较多，在禽类卵黄中含量最为丰富，达干物质总量的 8%～10%。

(2)脑磷脂：通常与脑磷脂共同存在于动植物脑组织和神经组织中，脑磷脂以动物脑组织中含量最多，占脑干物重的 4%～6%。

(3)丝氨酸磷脂：是动物脑组织和红细胞中的主要类脂。

(4)肌醇磷脂：存在于多种动植物组织中，常与脑磷脂共存。

(5)鞘磷脂：主要存在于神经组织中，肺、脑中含量较多。

2. 磷脂的理化性质

(1)物理性质

纯净的磷脂无色无味，常温下为白色固体，但由于制取方法、产品种类、储存条件等不同，磷脂产品常常带淡黄色甚至棕色。

磷脂可溶于脂肪烃、芳香烃、卤化烃类有机溶剂，如乙醚、苯、三氯甲烷、石油醚等。磷脂只部分溶于脂肪族醇类(如乙醇)，不溶于极性溶剂，如乙酸甲酯及丙酮中，但有油脂存在时，磷脂于丙酮和乙酸甲酯中的溶解度会增加。磷脂能溶于动植物油、矿物油及脂肪酸中，不溶于冷的动植物油脂。磷脂中加入脂肪酸可使塑性磷脂软化或液化，成为流动性磷脂。

不同磷脂其性质如下：

①磷脂酰胆碱　白色蜡状固体，低温下可结晶，易吸水变成棕黑色胶状物，不溶于丙酮，溶于乙醚及乙醇，在水中成胶状液，熔点 160℃；

②磷脂酰乙醇胺和磷脂酰丝氨酸　不溶于丙酮及乙醇，溶于乙醚；

③缩醛磷脂　溶于热乙醇，KOH 溶液，不溶于水，微溶于丙酮和石油醚；

④ 鞘氨醇磷脂　白色晶体，对光和空气稳定，不溶于丙酮、乙醚，溶于热乙醇，与 $CaCl_2$ 成加合物，在水中形成乳状液，有两性解离性质。

利用不同磷脂在上述溶剂中溶解度的差异，可作为分离、提纯及定量磷脂的依据。

(2)化学性质

磷脂分子中含有不饱和脂肪酸，受阳光照射或在空气中极不稳定，易氧化酸败而色泽变深。磷脂在无水分的油脂中存在比较稳定，在高温下不稳定，超过 100℃，磷脂逐渐分解。

磷脂在酸性或碱性条件下，加热或煮沸时，可发生完全水解反应，生成游离的脂肪酸、甘油、肌醇和磷酸等小分子产物。磷脂还可以被酶分解，至少有 4 种以上的磷脂酶可用于分解羧酸及磷酸所形成的酯键。在特殊的磷脂酶作用下，磷脂可发生部分水解(如蛇卵磷脂酶)，能专一作用于磷脂的不饱和脂肪酸酯键，使其分解。

由于磷脂分子中含有不饱和脂肪酸，故其中的不饱和键可以发生各种加成反应。磷脂与羟基化试剂反应，在磷脂不饱和脂肪酸碳链上加上羟基而得到羟化磷脂，羟化后的磷脂能明显改善其亲水性，增加磷脂在冷水中的分散性。在镍催化剂作用下发生氢化反应，生成白色氢化磷脂固体，氢化磷脂具有较高氧化稳定性，其产品可用于化妆品/医药和润滑剂等工业。磷脂不饱和键还可卤化而形成各种卤化磷脂，也可以磺化，磺化后磷脂产品用于纺织业及皮革业。另外，磷脂与乙酰化试剂在一定条件下反应，可将磷脂中磷脂酰胆胺的氨基乙酰化，从而封闭脑磷脂两性基团，改善磷脂的 O/W 乳化性。

三、磷脂的生理功能

1. 构成生物膜的重要成分

细胞内所有的膜统称为生物膜，厚度一般只有 8nm，主要由类脂和蛋白质组成。由磷脂排列成的双分子层，构成生物膜的基质。脂蛋白则是包埋于磷脂基质中，可以从两侧表面嵌入或穿透整个双分子层。生物膜的这种镶嵌结构，并不是固定不变的，而是出于动态的平衡之中。

生物膜具有重要的生理功能，起着保护层的作用，是细胞表面的屏障，也是细胞内外环境进行物质交换的通道。许多酶系统与生物膜相结合，一系列生物化学反应在膜上进行。当膜的完整性受到破坏时，细胞将出现功能上的紊乱。

2. 促进神经传导，提高大脑活力

人脑约有 200 亿个神经细胞，各种神经细胞之间依靠乙酰胆碱来传递信息，乙酰胆碱是由胆碱和醋酸反应生成的。食物中的磷脂被机体消化吸收后释放出胆碱，随血液循环系统送至大脑，与醋酸结合生成乙酰胆碱。当大脑中乙酰胆碱含量增加时，大脑神经细胞之间的信息传递速度加快，记忆功能得以增强，大脑的活力也明显提高。因此，磷脂可促进大脑组织和神经系统的健康完善，提高记忆力，增强智力。此外，它们还能改善或配合治疗各种神经官能症和神经性疾病，有助于癫痫和痴呆等病症患者的康复。

3. 促进脂肪代谢，防止脂肪肝形成

磷脂酰胆碱对脂肪代谢有重要作用，若体内胆碱不足，则会影响脂肪代谢，脂肪在肝内蓄积，形成脂肪肝，出现肝细胞坏死，可发展成肝硬化，进而诱发肝癌。磷脂酰胆碱以合成脂蛋白的形式运输到肝外，被其他组织利用储存。所以，适量补充磷脂既可防止脂肪肝，又能促进再生。因此，磷脂是防治肝硬化，恢复肝功能的保健佳品。

4. 降低血清胆固醇，改善血液循环，预防心血管疾病

胆固醇在心脑血管内的沉积是造成心脑血管疾病的主要原因。卵磷脂在血液中能调节胆固醇与脂肪的运输与沉积，将营养成分输送到人体各个部位，从而改变人体对脂肪的吸收与利用，缩短了脂肪在人体内的滞留时间，起到了“血管的清道夫”的作用。这是因为卵磷脂中含有多种不饱和脂肪酸，能与胆固醇酯化，生成胆固醇酯，使胆固醇不能沉积于血管壁上，减少了胆固醇的含量，起到了降血脂、预防心血管疾病的作用。

此外，由于磷脂具有良好的乳化性能，因而能够降低血液黏度，促进血液循环，改善血液供氧循环，延长红细胞生存时间并增强造血功能。当人体补充磷脂后，可使血色素含量增加，贫血症状有所减轻。

四、磷脂的来源

磷脂广泛存在于动植物细胞的原生质和生物膜中。在人类和其他动物体内，磷脂存在于脑、肝、肾等器官内。在植物中则主要分布在种子、坚果和谷物内。卵磷脂在动物脑、精液中含量较多，在禽类卵黄中含量最为丰富，脑磷脂以动物脑组织中含量最多。丝氨酸磷脂是动物脑组织和红细胞中的主要类脂。肌醇磷脂存在于多种动植物组织中，常与脑磷脂共存，鞘磷脂主要存在于神经组织中，肺、脑中含量较多。

磷脂的动物来源主要是蛋黄、奶及脑。植物来源虽然十分丰富，但应用最多的仍然只有大豆等极少数几种。鸡蛋由于其高磷脂含量而一度成为商业磷脂的主要来源之一。它与大豆磷脂相比，卵磷脂含量很高，但不饱和脂肪酸、胆碱含量均不如大豆磷脂，见表5—3、表5—4。

表5—3　大豆、鸡蛋磷脂的组成　%

极性磷脂	PC	PE	PI	磷脂酸(PA)	神经鞘磷脂	其他磷脂	甘油酯质
大豆磷脂	20～22	21～23	18～20	4～8		15	9～12
鸡蛋磷脂	68～72	12～16	0～2		2～4	10	

表5—4　大豆、鸡蛋磷脂的脂肪酸组成　%

脂肪酸组成	棕榈酸	硬脂酸	油酸	亚油酸	亚麻酸	花生四烯酸
大豆磷脂	15～18(26)	3～6(11.7)	9～11(25)	56～60.8	4～9.2	0～2.3
鸡蛋磷脂	27～29	14～17	35～38	15～18	0～1	3～5

五、磷脂生产技术

1. 大豆磷脂生产技术

(1)浓缩磷脂的制取

1)典型生产工艺

从油脂精炼、水化脱胶工艺所得到的油角，即成为生产浓缩磷脂的原料。

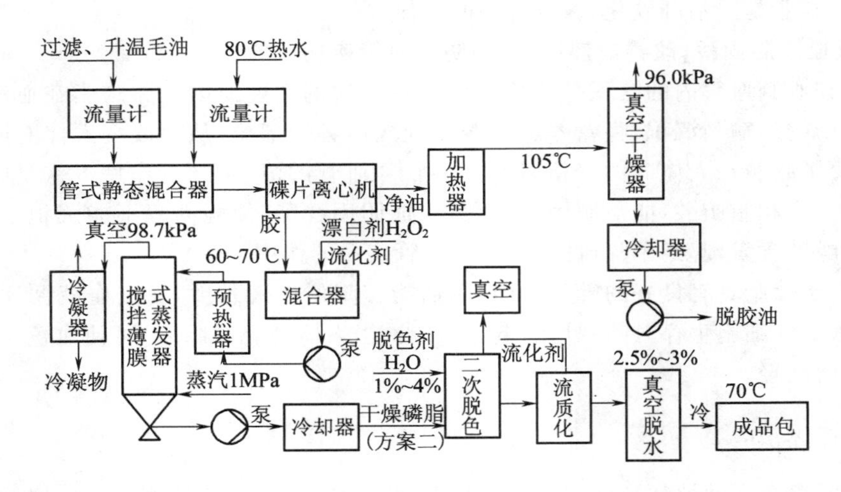

图 5－1　浓缩磷脂典型生产工艺流程

2)工艺过程与条件

①预热过滤:经预热器将大豆毛油加热至 80℃,经过滤器过滤,使杂质含量小于 0.2%。

②水化脱胶:水化脱胶是指大豆毛油经过滤后,经计量器引入与毛油等温的 80℃热水于管线中,通过在管路内的搅拌器进行充分搅拌混合,使大豆磷脂胶粒从油中析出沉淀,经分离底部沉淀物后即得粗大豆磷脂。加水量控制在毛油量的 2%。为提高脱胶效果,常再添加油量的 0.05%～0.2%的浓度为 85%的磷酸。

③离心分离:用管式离心机分离水化后产生的胶油和油脚。胶油经加热、真空干燥脱水后可得脱胶油。油脚则应脱水至 10%以下。

④漂白及流质处理:油脚脱水后的磷脂为棕红色,色泽较深,在使用上受到一些限制,可添加氧化剂进行漂白处理。生产上一般按磷脂总量的 0.5%～1.5%添加浓度为 30%的 H_2O_2,在搅拌条件下,于 50～60℃下反应 15～30min,如需二次漂白,则通常是加过氧化苯甲酰或与 H_2O_2 混合使用,添加量一般为磷脂总量的 0.3%～0.5%。

为了使用磷脂时方便和增加浓缩磷脂的流动性,防止浓缩磷脂与油脂分层,保证磷脂质量稳定,在真空浓缩时加入一定量的混合脂肪酸或混合脂肪酸乙酯作为流化剂,使产品能在常温下保持流动状态。混合脂肪酸的添加量多少会影响磷脂的流质化效果和味道,应注意控制,一般添加量为浓缩磷脂的 2.5%～3%,混合脂肪酸乙酯的添加量为 3%～5%,成本较高,但对磷脂的酸价及味道无影响。

⑤真空薄膜干燥及冷却:由于磷脂具有热敏性,故采用真空浓缩的方法。把经漂白及流质处理的油脚,经油泵引入搅拌薄膜干燥器中,磷脂通过转子旋转被搅成薄膜,在重力、离心力和新进物料压力的作用下,呈膜状沿干燥器器壁向末端流动,在 96kPa (720mmHg)真空度和 100～110℃条件下保持干燥 2min,即可得到水含量小于 1%的浓缩大豆磷脂。因急剧蒸发产生的水蒸气和易挥发性物质则用真空泵泵入冷凝器中分离冷凝水和冷凝物。

3)产品质量指标

产品的磷脂含量以丙酮不溶物表示,纯度以正己烷不溶物表征,磷脂酸价是指磷脂与其载体(油脂、脂肪酸)的酸度之和。浓缩磷脂的质量指标见表 5－5。

表 5－5　各种大豆浓缩磷脂的规定指标

分析项目	流质浓缩磷脂			塑性浓缩磷脂		
	未脱色	一次脱色	二次脱色	未脱色	一次脱色	二次脱色
最低丙酮不溶物含量/%	62	62	62	65	65	65
最高水分/%	1	1	1	1	1	1
最高己烷不溶物含量/%	0.3	0.3	0.3	0.3	0.3	0.3
最高酸价	32	32	32	30	30	30
最高色泽(Gardner)	18	14	12	18	14	12
最高黏度(25℃)/(MPa·s)	15000	15000	15000			
最高针入度(锥形针入仪)/mm				22	22	22

(2)大豆粉末磷脂的生产(丙酮萃取法)

粉末磷脂即脱油磷脂。由于浓缩磷脂尚含有大量的中性油、脂肪酸及其他杂质，不利于进一步深加工和开发利用。大豆粉末磷脂与浓缩磷脂相比，纯度更高，并具有更强的亲水性和乳化性，色泽浅淡而风味柔和，更适合应用于食品等多种工业用途。

1)原理

利用大豆磷脂在低温下几乎不溶于丙酮的特性，可用纯净的冷丙酮反复处理浓缩磷脂，脱除所含大量的油脂、脂肪酸以及微量杂质，从而达到精制的目的。

2)生产工艺流程

3)工艺过程与条件

将浓缩磷脂放在萃取罐内，加入无水丙酮，物料和磷脂的比例为 1∶5 以上。丙酮加入后在搅拌下进行萃取，直至磷脂在溶剂中完全分散，丙酮呈棕黄色液体时，将含油丙酮液与磷脂分离，含油丙酮去蒸发回收丙酮设备，而含溶剂的磷脂去真空干燥设备，然后产品包装。典型工艺流程见图 5－2。

改进半连续工艺要点：①浓缩磷脂原料的预处理，采用精密过滤的方式处理原料磷脂使达到一致的透明度并降低正己烷(乙醚)不溶物含量；②采用两台带高剪切搅拌萃取器并联使用，实现多级错流萃取连续化，在密闭的条件下进行离心分离，重相含丙酮 25%～50%；③采用变直径双塔高效蒸发器，在线测定、自动控制，回收高纯度丙酮；④采用低温真空干燥[60℃、残压 3.33kPa(25mmHg)]新技术或移动床强制通风烘干机(较流化床不易太粉碎)，确保产品粉末磷脂的丙酮残留物(25×10^{-6}～50×10^{-6})与水分(低于 2%)符合要求。

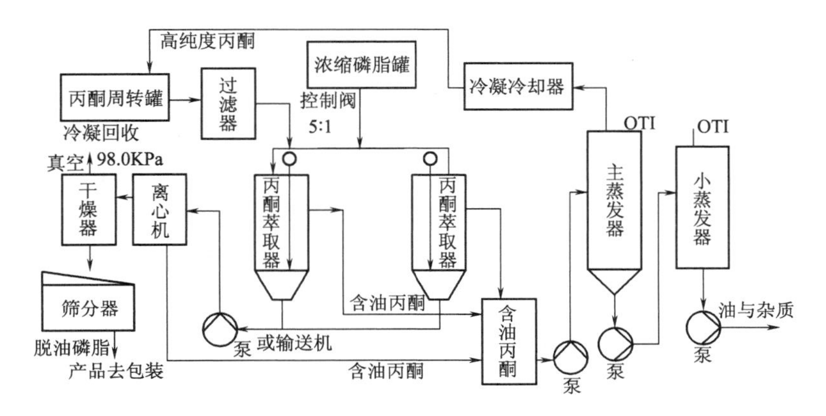

图 5－2　丙酮萃取法生产粉末磷脂典型工艺流程

4)产品质量标准

大豆粉末磷脂作为一种优质的磷脂产品,许多国家或行业都已制定了相关的标准,见表5—6。

表5—6 大豆粉末磷脂的质量标准参考

标准项目	外观色泽	丙酮不溶物/%	水分/%	乙醚不溶物/%	酸价(消耗KOH)/(mg/g)	重金属/($\times10^{-6}$)	砷/($\times10^{-6}$)	过氧化值/(mmol/kg)
国内企业	微黄粉末	>97	<2	<0.3	<30	<20	<2	<10
国内优质	微黄白色	>99	<0.5	<0.1	<30	<20	<2	<10
日本昭和	黄微黄色	>95	<2	<0.3	<30	<20	<2	<10
美国C.S.	浅黄黄色	>95	<2	<0.3	<30	<20	<2	<10
德国L.M.	黄色粉末	>97	<2	<0.3	<30	<20	<2	<10

2. 卵磷脂生产技术

20世纪80年代以来,卵磷脂的分提技术有了迅速地发展,新技术新方法不断涌现。目前主要有以下几类方法:溶剂提取法、超临界二氧化碳萃取法、柱层析法、有机溶剂无机盐复合沉淀法、膜分离法、乙酰化法、冰冻蛋黄溶剂法、酶催化精制提取法。

(1)溶剂提取法

溶剂提取法是一种传统的分离提纯卵磷脂的方法。其原理是利用各磷脂分在某些溶剂中溶解度的不同,将卵磷脂与其他组分进行分离。分离时,所用溶剂一般为$C_1\sim C_4$的低级醇、正己烷、石油醚、乙醚、氯仿及丙酮等。卵磷脂在低级醇中溶解度较大,脑磷脂和鞘磷脂在低级醇中溶解度较小,但卵磷脂不溶解于丙酮。调整溶剂的pH、温度、浓度,蛋白质则发生变性、沉淀。利用此性质将蛋黄粉和一定量的有机溶剂一起搅拌,调整pH,静置,离心,沉淀部分为蛋白质,上清液则为中性脂肪和卵磷脂的混合物。将此溶液进行减压浓缩,去除溶剂。由于卵磷脂不溶于丙酮而中性脂肪易溶,再用丙酮对混合溶液进行萃取,即可分离出卵磷脂。此种方法是先去除蛋白质后,然后分离卵磷脂和中性脂肪,也可以先去除蛋黄油,再分离卵磷脂和蛋白质。

有机溶剂萃取法提取卵磷脂具有分离效率高、生产能力大、生产周期短、易实现自动化等一系列优点。

(2)超临界二氧化碳萃取法

超临界萃取法是近几年来迅速发展的一项新技术,是指在一定压力和温度下,将气体转变为液体,以此液体为溶剂将卵磷脂进行提取的方法。通常选用CO_2作为超临界流体。由于CO_2为无毒气体,可反复使用,无残留,无异味,价格便宜,易得到高纯的产品,同时不会造成环境污染。在一定温度和压力范围内的超临界二氧化碳流体对蛋黄粉中的蛋黄油具有极高的溶解力,而几乎不溶解卵磷脂和蛋白质,因此可得到高纯化的制备产品。操作过程为:将粗磷脂加入萃取罐中,在超临界流体中连续萃取,粗磷脂中的油脂溶于超临界流体成为混合流体,而不溶于流体的磷脂留在萃取罐中;混合流体流入分离罐,降温降压,超临界流体气化,实现油气分离,气体循环使用。超临界二氧化碳是最常用的萃取剂,能选择性地提取无极性的或弱极性的物质,对酯类、生物碱类、胡萝卜素类、萜类等化合物具有良好的溶解能力。超临界技术萃取大豆磷脂、蛋黄磷脂，虽然需要在较高的压力下操作、设备费用比较昂贵，但是步骤简单、无溶剂残留、产品安全可靠、纯度高，完全符合当前绿色环保技术的发展趋势，具有重要的工业意义和应用前景。

(3)柱层析法

柱层析法是一种高灵敏度、高效的分离技术，它在分离纯化卵磷脂方面得到了广泛应用。在层析柱内装有层析剂，它是分离中的固定相或分离介质，它由基质和表面活性官能团组成。基质是化学惰性物质，它不会与目的产物和杂质结合，吸附柱层析和离子交换柱层析常被采用。对活性官能团而言，它则会有选择地与目的产物或杂质产生或强或弱的结合性。当移动相中的溶质通过固定相时，各溶质成分与活性基团的吸附力和解吸力不同，由此它们在柱内的移动速度产生差异，因此将目的产物分离出来。柱层析虽然可以得到含量90%左右的PC，但是处理量十分有限，而且要用到许多有一定毒性的有机溶剂。溶剂的蒸发消耗大量能源，以及产品中的溶剂残留都是这种方法的缺点。

(4)有机溶剂无机盐复合沉淀法

该法是利用卵磷脂和无机盐中金属离子发生配合反应，形成配合物生成沉淀的性质，把卵磷脂从有机溶剂中分离出来，由此除去蛋白质、脂肪等杂质，再用适当溶剂分离出无机盐和磷脂杂质，这样可大大提高卵磷脂纯度，为工业生产提供了一种方法。

(5)膜分离法

此种分离方法主要是利用膜对组分的选择透性而将特定组分分离出来，半透膜上分布着一定孔径的大量微孔。孔径的大小决定了分离物质的分子质量或粒度大小。通过膜的组分以膜两侧的浓度梯度为推动力进入到膜的另一侧。利用膜的这种被动传递形式将组分分离开。粗卵磷脂中含有一定量的蛋白质、中性脂肪、脑磷脂及鞘磷脂等杂质，它们的粒度大小、分子量与卵磷脂的有较大区别，所以它们通过半透膜的难易程度不同，由此卵磷脂得到分离。

(6)乙酰化法

在蛋黄中存在的磷脂主要是卵磷脂和脑磷脂(比例较少)。为得到更纯的卵磷脂产品，必须将粗卵磷脂中的脑磷脂除去。磷脂乙酰化法利用脑磷脂能与醋酸或乙酸乙酯等酰基化试剂反应生成酰化脑磷脂，酰化脑磷脂可溶于丙酮，而卵磷脂则无此反应的原理达到分提PC的目的。

六、磷脂在功能食品中的应用

1. 在人造奶油和糖果中的应用

天然卵磷脂产品最广泛的用途是用于人造奶油和糖果。用于人造奶油时，卵磷脂是典型的乳化剂，用于油包水的乳状液，常用浓度是0.15%～0.5%。卵磷脂也作为抗溅剂、抗氧剂。冰淇淋中添加0.015%～0.1%磷脂，可以缩短冰淇淋混合料的凝冻时间，同时也可使气泡和冰晶变小，使得冰淇淋组织细腻滑润。制造奶味硬糖、牛乳软糖时加入脂肪总量0.2%～1%的磷脂，有助于糖、脂肪和水的混合，并能防止出现腻滑、砂粒化和成条等情况。在巧克力制造中加入0.3%～0.5%的磷脂，能明显降低巧克力的黏度，并可取代部分价格昂贵的可可脂，降低产品成本，并能改善巧克力的耐水性能，扩大巧克力加工的温度范围，还可以防止发生脂霜现象。

2. 在焙烤制品中的应用

在焙烤面包、饼干、馅饼和蛋糕过程中，卵磷脂可作为乳化剂、润湿剂、分离剂及抗氧剂等加入。

3. 在乳制品和饮料中的应用

几乎所有的婴儿食品，都用亲水或去油卵磷脂作乳化剂，有时是帮助形成泡沫。在速溶乳粉、速溶咖啡生产中，喷雾干燥后的粉末团粒表面喷涂一层磷脂薄膜，能明显提高产品的溶解速度，使产品速溶化，其用量多控制在总固形物的0.2%～0.4%。

4. 在肉制品中的应用

去油卵磷脂可以作为罐装或冷冻食品中的一种主要成分，帮助乳化和固定动物脂肪，如罐装辣椒、肉汁及含高数量动物脂肪的其他食品。在香肠等肉制品中添加磷脂可以提高制品中淀粉的持水性、增加弹性、减少淀粉充填物的糊状感。

【小结】

本章主要介绍了多不饱和脂肪酸与磷脂的结构、分类、保健功能、生产工艺及条件。根据双键出现的位置不同，多不饱和脂肪酸可分为ω-3和ω-6两个系列。多不饱和脂肪酸具有多种保健功能，可以预防心脑血管疾病的发生，抑制肿瘤、预防癌变，抗炎、抑制溃疡及胃出血，并有增智、改善记忆等功能。多不饱和脂肪酸已被广泛应用于功能性食品中，市场需求也逐年增加，目前除了从植物油中可提取亚油酸、亚麻酸等以外，还可以采用微生物发酵法来提取γ-亚麻酸和花生四烯酸等多不饱和脂肪酸。而对于DHA和EPA则多是从海水鱼油中提取并进行纯化。磷脂是含有磷酸的类脂化合物，广泛存在于动植物体内，但商业来源主要是大豆和鸡蛋。本章介绍了大豆浓缩磷脂、粉末磷脂的生产技术及卵磷脂的提纯方法，并介绍了磷脂在功能性食品中的应用。

【复习思考题】

1. 简述多不饱和脂肪酸的分类及其主要的生理功能有哪些？并举例说明常见的多不饱和脂肪酸有哪几种？
2. DHA和EPA纯化的方法有哪些？试述其纯化原理及工艺要点。
3. 试述大豆磷脂的生产工艺流程及操作要点。

实验一　动植物油脂中不饱和脂肪酸的比较实验

1. 实验目的和要求

(1)了解动物脂肪和植物油中不饱和脂肪酸含量的差异。

(2)学习一种检查脂肪不饱和程度的简便方法。

2. 实验原理

脂肪酸包括饱和脂肪酸和不饱和脂肪酸两类。不饱和脂肪酸可以与卤素发生加成反应。

不饱和脂肪酸的含量越高，消耗卤素越多。通常以碘值(或碘价)来表示。碘值是指100g脂肪所能吸收的碘的克数。碘值越高，不饱和脂肪酸的含量越高。

本实验通过比较猪油和豆油吸收碘溶液数值量的不同，来了解动物脂肪和植物油中不饱和脂肪酸含量的差异。这是检查脂肪不饱和性的一种简便方法。

3. 实验器材

水浴锅、试管等。

4. 实验材料与试剂

(1)材料:豆油、猪油。

(2)试剂:

①氯仿。

②碘溶液。称取碘2.6g溶解在的50mL95%乙醇中,另称取氯化汞3g溶于50mL95%的乙醇中。将两溶液混合,若有沉淀可过滤除去。使用前用95%乙醇稀释10倍(注意:该试剂剧毒)。

③95%乙醇。

5. 操作步骤

(1)取2支试管,编号,各加入2mL氯仿,再向甲管中加入1滴豆油,向乙管中加1滴熔化的猪油(注意:应与豆油的量基本相同),摇匀,使其完全溶解。

(2)分别向两支试管中各加入30滴碘液,边加边摇匀,放入约50℃的恒温水浴中保温,不断摇动,观察两管内溶液的变化。

(3)待两试管内溶液的颜色呈现明显的差别后,再向甲管中继续加入碘液,边滴加边摇动边保温,直至2支试管内溶液的颜色相同为止,记下向甲管中补加碘液的滴数。为了便于比较两管内溶液颜色变化的深浅,应该同时向乙管中加入同样95%乙醇,使它们的体积相等。

(4)比较甲、乙两管达到相同颜色时加入碘液的数量,并解释实验差异。

6. 问题与思考

根据实验结果,说明在低温条件下猪油比豆油容易凝固的原因。

实验二　油脂酸价的测定

1. 实验目的要求

(1)了解测定油脂酸价的意义。

(2)初步掌握测定油脂酸价的原理和方法。

2. 实验原理

酸价是指中和1g油脂中的游离脂肪酸所需的氢氧化钾的毫克数。同一种油脂的酸价高,说明油脂因水解产生的游离脂肪酸就多。

油脂中游离脂肪酸与氢氧化钾发生中和反应,反应式如下:

$$RCOOH + KOH \longrightarrow RCOOK + H_2O$$

从氢氧化钾标准溶液的消耗量可计算出游离脂肪酸的含量。

3. 实验器材

锥形瓶(150mL)、量筒(50mL)、碱式滴定管(25mL)。

4. 实验材料与试剂

(1)材料:油脂(豆油、猪油均可)。

(2)试剂:

①中性乙醇—乙醚混合液。取95%乙醇(C.P.)和乙醚(C.P.)按2∶1体积混合,加入酚酞指示剂数滴,用0.3%氢氧化钾溶液中和至微红色。

②0.05mol/LKOH标准溶液。

③1%酚酞指示剂。称取1g酚酞溶于100 mL95%乙醇中。

5. 操作步骤

称取3.00~5.00g油脂于150mL锥形瓶中,加入中性乙醇—乙醚混合液50mL,充分振摇,使油样完全溶解(如有未溶者可置热水中,温热促其溶解,冷却至室温)。加入1%酚酞指示剂2滴,用0.05mol/LKOH标准溶液滴定至微红色30s内不褪色为终点,记录消耗的氢氧化钾体积。

6. 计算

$$酸价=\frac{CV\times 56.1}{m}$$

式中 C——氢氧化钾标准溶液的浓度,mol/L;

V——氢氧化钾标准溶液的耗用量,mL;

m——油质样品质量,g;

56.1——与1.0 mL1.000mol/L氢氧化钾标准溶液相当的氢氧化钾毫克数。

7. 问题与思考

(1)测定油脂酸价时,装油脂的锥形瓶和油样中均不得混有无机酸,这是为什么?

(2)为什么酸价的高低可作为衡量油脂好坏的一个重要指标?

项目六　自由基清除剂加工技术

【知识目标】

了解茶多酚、黄酮类化合物的生理作用，理解超氧化物歧化酶、黄酮类化合物的制备原理，熟悉超氧化物歧化酶、黄酮类化合物的生理功能，掌握自由基和自由基清除剂的基本概念。

【能力目标】

能解释自由基清除剂的作用原理，能应用自由基清除剂的原理解释其在食品中的应用，能写出至少2种常见酶类自由基清除剂的名称。

任务1　自由基清除剂种类和功能

自由基(Free Radical, FR)是指带有不配对价电子(即奇数电子)的原子、分子、离子或化学基团，因含有一个未成对电子而具有很高的反应活性。生物体内常见的自由基是氧自由基，是指含有氧且不配对价电子位于氧原子上的自由基。研究发现，人体内自由基95%属于氧自由基，它往往是其他自由基产生的起因。生物体内氧自由基主要包括超氧阴离子自由基、氢自由基、分子氧、单线态氧、过氧化氢以及脂质过氧化物等，其中，超氧阴离子自由基形成最早，氢自由基作用最强，毒性最大。

在化学反应中，反应物的分子往往要发生共价键的断裂。共价链的断裂，可以分为两种方式：均裂和异裂。在发生均裂时，原来的共用电子对变为分属于两个原子或原子团，即形成自由基。如水分子在放射线作用下发生辐射分解时，即通过均裂而产生氢自由基和氢氧自由基)。发生异裂时，原来的共用电子对由共价键一侧的原子或原子团独占，形成带正负电荷的离子。如水分子在通常条件下的电离，即通过异裂，形成氢离子和氢氧根离子。

自由基最基本的特征是具有未配对的电子，所以，具有未配对电子的离子、分子也是自由基。氧分子具有两个未配对的电子为双自由基。氧分子得到一个电子后，既带一个负电荷，又带一个未配对的电子，既是阴离子，又是自由基，称超氧化物阴离子自由基。

许多化学反应都发生共价键的均裂，产生自由基，因此，自由基并非罕见。在日常生活中，经常遇到自由基。例如，汽油燃烧、油漆变干、油脂变哈喇的过程中，都有自由基生成。

自由基的性质活泼，很易进一步反应变为稳定的分子，大多数寿命都非常短，因此，多数只能作为反应中间物存在，检测和分离都较困难。

一、自由基的产生机理及来源

自由基的产生，通常可发生以下几类反应中。

1. 共价键的热分解

原则上只要有足够高的温度，任何共价键都可以裂解而产生自由基。较易裂解而产生自由基的化合物有过氧化物、偶氮化合物及金属有机化合物等。

例如，在实验室和工业上常作为聚合反应引发剂的过氧化二苯甲酰，就是一种易受热分解而产生自由基的化合物。

2. 辐射分解

电离辐射可以使许多物质发生分解，产生自由基。例如，在α-射线、γ-射线的作用下，水分子可以分解成水化电子、氢自由基、氢氧自由基，然后才变为氢分子（H_2）、过氧化氢（H_2O_2）、水化氢离子（H_3O^+）及氢氧根离子（OH^-）等最终产物。

电离辐射可以使人和动物产生放射病，其原发机制就涉及自由基的作用。

在紫外线作用下，许多物质也可以分解而产生自由基；紫外线引起的损伤，也涉及自由基的作用。

可见光也可以引发一些自由基反应。

3. 单电子氧化还原反应

在氧化还原反应中，如进行单电子转移，则可产生自由基。

过渡金属离子都是氧化还原剂，易发生单电子氧化还原反应，用它们很容易产生自由基。例如，将二价铁离子加入到过氧化氢中，可以产生氢氧自由基。

在人体内，许多酶反应是进行单电子转移，也可以产生自由基。

二、自由基对机体生命活动的影响

生物体内具有共价键的有机分子发生均裂后使带有成对电子的原子、原子团、分子转变为带有奇数电子的自由基，或带有成对电子的化合物，多获得一个电子后，也转变为带有奇数电子的自由基。生物体内自由基生成反应的一大特点是它们往往以链式反应进行。

紫外线、电离辐射和环境污染等因素都可诱发产生自由基，但生物体内的自由基主要来源于细胞的生化反应。很多细胞酶、电子转移过程和细胞成分的自氧化都可以产生氧自由基；活化的巨噬细胞可以释放氧自由基，许多蒽环类抗癌药物和一些酮基抗生素也产生氧自由基。

细胞正常代谢过程中，主要通过以下 3 种途径产生氧自由基。

（1）分子氧单电子还原途径

这一过程产生超氧阴离子自由基、羟自由基、分子氧、单线态氧、过氧化氢。在正常情况下，生物体内 1%～2%的总耗氧量是经单电子还原过程生成氧自由基。

（2）酶促催化产生氧自由基

机体细胞中的一些可溶性酶，如黄嘌呤氧化酶、醛氧化酶、脂氧化酶等都是常见的可产生自由基的酶类。

（3）某些生物物质的自动氧化生成氧自由基

一些蛋白质、脂类、低分子化合物的自动氧化，可以生成超氧阴离子自由基和过氧化氢。

1. 自由基积极的生物学功能

自由基作为人体正常的代谢产物，对维持机体的正常代谢有特定的促进作用。这种促进作用主要表现在对机体危害物的防御作用。

(1)增强白细胞的吞噬功能,提高杀菌效果

自由基可以增强白细胞的吞噬功能,提高杀菌效果,主要表现为以下几个方面。

①进行吞噬的多形核白细胞可释放出超氧化物阴离子自由基等氧代谢产物,这些氧代谢产物可使细胞和组织受到损害。

②需氧细胞均含有超氧化物歧化酶,而细胞外液中仅含很微量的超氧化物歧化酶。由此推想,吞噬细胞释放出来的超氧化物阴离子自由基将得不到有力的清除,从而易使附近的细胞和组织受到损害。

③超氧化物歧化酶具有抗炎的药理作用

动物实验表明,将角叉菜胶注入大鼠足底,可引起局部炎症而出现水肿。这种水肿反应可分为两个时期:第一个时期,与组织胺和5-羟色胺的释放有关;第二个时期,与前列腺素的释放有关。如果在注入角叉菜胶时,给以SOD,则可使前列腺的肿胀受到抑制。

④类风湿性关节炎的主要特征是多形核白细胞大量近入关节滑液,使关节滑液黏度降低。体外实验表明,这种关节滑液黏度降低也可能涉及自由基的作用。以次黄嘌呤和黄嘌呤氧化酶作为超氧化物阴离子自由基的产生体系,使之作用于牛的关节滑液和透明质酸,则可引起其黏度降低;如果同时加入超氧化物歧化酶或过氧化氢酶,则可使其黏度保持基本不变。有关研究者认为,在类风湿性关节炎中,可能是由于氢氧自由基攻击了透明质酸分子中结合成多糖的化学键,使之发生了解聚或降解,从而引起关节滑液黏度降低。

⑤许多刺激物亦可引起吞噬细胞大量释放超氧化物歧化酶阴离子自由基等氧化代谢产物,并引起细胞和组织的损伤。

(2)促进前列腺素的合成

前列腺素是人体内的一种重要的激素,它以花生四烯酸为前驱物质,经膜上多酶系统催化氧化生成,其生物合成途径中必须有氧自由基(OH·或O_2^-·)的参与。

(3)参与脂肪加氧酶的生成

血小板脂肪加氧酶作用于花生四烯酸生成1,2-氢过氧化-5,8,11,14-碳四烯酸(12-HPETE)及其他相关的化合物,该类化合物是一系列具有强生物学活性化合物(如白三烯)的前体。在HPETE形成过程中有活性氧自由基参与。

(4)参与胶原蛋白的合成

胶原蛋白的前体称原胶原蛋白。原胶原蛋白中的脯氨酸和赖氨酸经羟化酶的羟化作用是原胶原蛋白合成的关键步骤。在此酶促羟化过程中,需要O_2^-·,H_2O_2·,OH·或O_2^-·等活性氧自由基的参与。

(5)参与肝脏的解毒作用

机体对外来毒物的解毒作用主要在肝脏进行,解毒作用实质是在肝微粒体细胞色素P450催化下对各类毒物的羟化作用。一定剂量范围内的外来毒物可被羟化并排出体外而完成解毒作用,当剂量大时,机体受不住就会出现中毒。在肝解毒过程中,连接于细胞色素上的O_2^-·自由基是真正起羟化作用的物质。

(6)参加凝血酶原的合成

凝血酶原是凝血酶的前体。在凝血酶原合成过程中,其前体蛋白质氨基端的10个谷氨酸残基经过酶促羧化作用转变为10个γ-羧基谷氨酸残基,形成凝血酶原。该羧化过程与氧自由基密切相关,没有氧自由基的参加,就不能形成凝血酶原。

(7)参与血管壁松弛而降血压

NO·是精氨酸在酶作用下形成的一种信号化合物,还作为细胞松弛因子而松弛血管壁,降低血压。血管扩张剂(如乙酰胆碱等)启动一个钙调节受体,在 NO·合成酶催化和 NADPH 参与下,氧化 L-精氨酸的胍基生成 NO·并释放到细胞外。接着活化可溶性鸟苷酸环化酶,使血管平滑肌与血小板中的 cGMP 水平增加,从而促进血管平滑肌松弛,抑制血小板凝聚和黏附到内皮细胞上。

(8)杀伤外来微生物和肿瘤细胞

NO·和 O_2^-·结合以后生成 $ONOO^-$ 阴离子,在略高于生理 pH 的碱性条件下相当稳定,从而允许其由生成位置扩散转移到较远的位置。一旦在低于生理 pH 的酸性条件下(病理条件下往往如此),$ONOO^-$ 立即分解生成 NO·和 O_2^-·,这两种自由基的氧化性非常强,具有很大的细胞毒性,对于杀伤外来微生物和肿瘤细胞非常有意义。

然而,在生命活动中,由于经常受到各种外界不良因素的刺激,导致机体组织中的自由基数量往往过多,甚至对机体组织产生危害。

2. 自由基对生命大分子的损害

由于自由基高度的活泼性与极强的氧化反应能力,能通过氧化作用来攻击其所遇到的任何分子,使机体内大分子物质产生过氧化变性、交联或断裂,从而引起细胞结构和功能的破坏,导致机体组织损害和器官退行性变化。正常生理情况下,自由基在体内不断生成,又不断地被清除,维持着动态平衡,少量自由基的生成是机体维持正常新陈代谢所必需的。但是,过量的自由基会引起广泛的损伤效应。自由基可引起蛋白质、核酸、脂类、糖类等生物大分子结构与功能的改变,从而导致许多临床疾病的发生,衰老的过程也与其有关。自由基对生物大分子的损伤主要表现在以下几个方面。

(1)自由基对核酸的损害

自由基可引起细胞内 DNA 的氢键断裂、碱基降解和主链解旋,所有核酸成分均可受到自由基的攻击。因此,当细胞 DNA 受损时,轻者可引起细胞的生物学活性改变,重者造成基因突变、致癌和细胞死亡。结构研究表明,DNA 上结合的金属离子(如 Fe^{2+} 和 Cu^{2+})与 H_2O_2 反应产生的氢氧自由基是造成链断裂的主要原因;自由基氢氧自由基能从核糖的戊糖部分夺取氢,因而 DNA 的脱氧核糖部分形成自由基。如果该反应发生在 4 位碳原子处,会产生 DNA 主链断裂,并产生醛类如丙二醛等发生碱基缺失,造成遗传信息的突变,DNA 修复系统虽然可修复这类损伤,但修复过的 DNA 突变率却远远大于正常的突变。

(2)自由基对蛋白质的损害

自由基对蛋白质的主要作用是修饰氨基酸残基,引起结构和构象的改变,造成肽链断裂、聚合、交联等损伤。氢氧自由基是化学性质最活泼的活性氧,几乎能与所有氨基酸反应。尤其是含不饱和键的氨基酸(如色氨酸、组氨酸、蛋氨酸、半胱氨酸等)更容易受自由基攻击,使蛋白质的氨基酸链断裂;氢氧自由基也可直接攻击肽链中的 α-碳原子,生成 α-C 过氧化自由基,进而转化为亚氨基肽,导致肽链易于断裂。许多酶和受体分子上的活性基团——硫基易受氧自由基氧化成二硫键,使蛋白质分子内或分子间发生交联,蛋白质结构的改变进而引起酶和受体等的生物学活性改变、功能破坏;脂质过氧化作用生成的 RO 和 ROO 能夺取蛋白质分子的氢,使之成为蛋白质自由基,蛋白质自由基与其他蛋白质加成反应则可形成多聚蛋白质自由基。此外,脂质过氧化的终产物烯醛、丙二醛对蛋白质也起交联作用。交联产物将改变蛋白质原有的结构和功能。

(3)自由基对糖类的损害

自由基能与糖类、透明质酸(一种黏多糖)等物质发生反应,自由基是这类物质发生自氧化的主要原因,单糖的自氧化可促进蛋白质交联,引起蛋白聚合,使基底膜增厚,这可能导致糖尿病、白内障及一些毛细管病变;透明质酸与自由基反应时,发生解聚,改变滑液黏度,近来认为,氧自由基损伤透明质酸是类风湿关节炎的发病机理之一。

(4)自由基对脂质的损害

自由基对不饱和共价键具有一种特殊的亲和力,因此,在机体内,自由基最容易攻击生物膜磷脂中的多不饱和脂肪酸,从而引起膜脂质过氧化反应。丙二醛是脂质过氧化的终产物,它可与蛋白质、磷脂酰乙醇胺及核酸等形成 Schiff 碱,而使生物大分子之间发生反应,进而导致其结构和功能受到损伤,使正常不能透过膜的物质(如过氧化氢酶)的通透量增加,酶活性发生改变,膜上受体失活,导致细胞代谢、功能和结构发生改变。由于这些异常键(醛亚胺键)不易被溶酶体内水解酶消化,所以随着年龄增加而积蓄在细胞内形成所谓的脂褐质。亚细胞器的磷脂比质膜所含的多不饱和脂肪酸多,因此,亚细胞器的膜对过氧化更为敏感,如线粒体膜受损,可使能量生成系统受损;内质网膜受损,可导致微粒体上多聚蛋白体解聚、脱落、抑制蛋白质合成。溶酶体膜受损,可释放其中的水解酶类,轻则使细胞内多种物质水解,重则造成细胞自溶、组织坏死。

脂质中的多不饱和脂肪酸由于含有多个双键而化学性质活泼,最易受自由基的破坏发生氧化反应。磷脂是构成生物膜的重要部分,因富含多不饱和的脂肪酸故极易受自由基所破坏。这将严重影响膜的各种生理功能,自由基对生物膜组织的破坏很严重,会引起细胞功能的极大紊乱。

3. 衰老自由基学说

从古至今,依据对衰老机理的不同理解,人们提出各种各样的衰老学说多达 300 余种。自由基学说就是其中之一。反映出衰老本质的部分机理。

英国 Harman 于 1956 年率先提出自由基与机体衰老和疾病有关,接着在 1957 年发表了第一篇研究报告,阐述用含 0.5%~1%自由基清除剂的饲料喂养小鼠可延长寿命。由于自由基学说能比较清楚地解释机体衰老过程中出现的种种症状,如老年斑、皱纹及免疫力下降等,因此备受关注,已为人们所普遍接受。自由基衰老理论的中心内容认为,衰老来自机体正常代谢过程中产生自由基随机而破坏性的作用结果,由自由基引起机体衰老的主要机制可以概括为以下 3 个方面。

(1)生命大分子的交联聚合和脂褐素的累积

自由基作用于脂质过氧化反应,氧化终产物丙二醛等会引起蛋白质、核酸等生命大分子的交联聚合,该现象是衰老的一个基本因素。脂褐素(Lipofuscin)不溶于水故不易被排除,这样就在细胞内大量堆积,在皮肤细胞的堆积,即形成老年斑,这是老年衰老的一种外表象征:而皮肤细胞的堆积,则会出现记忆减退或智力障碍甚至出现老年痴呆症。胶原蛋白的交联聚合,会使胶原蛋白溶解性下降、弹性降低及水合能力减退,导致老年皮肤失去张力而皱纹增多以及老年骨质再生能力减弱等。脂质的过氧化导致眼球晶状体出现视网膜模糊等病变,诱发出现老年性视力障碍(如眼花、白内障等)。

由于自由基的破坏而引起皮肤衰老，出现皱纹，脂褐素的堆积使皮肤细胞免疫力的下降导致皮肤肿瘤易感性增强，这些都是自由基的破坏。

(2)器官组织细胞的破坏与减少

器官组织细胞的破坏与减少，是机体衰老的症状之一。例如，神经元细胞数量的明显减少，是引起老年人感觉与记忆力下降、动作迟钝及智力障碍的又一重要原因。器官组织细胞破坏或减少主要是由于基因突变改变了遗传信息的传递，导致蛋白质与酶的合成错误以及酶活性的降低。这些的积累，造成了器官组织细胞的老化与死亡。生物膜上的不饱和脂肪酸极易受自由基的侵袭发生过氧化反应，氧化作用对衰老有重要的影响，自由基通过对脂质的侵袭加速了细胞的衰老进程。

(3)免疫功能的降低

自由基作用于免疫系统，或作用于淋巴细胞使其受损，引起老年人细胞免疫与体液免疫功能减弱，并使免疫识别力下降出现自身免疫性疾病。

所谓自身免疫性疾病，就是免疫系统不仅攻击病原体和异常细胞，同时也侵犯了自身正常的健康组织，将自身组织当作外来异物来攻击。如弥散性硬皮病、系统性硬结、溃疡性结肠炎、成胶质病变和 Crohnn 氏病(局部性回肠炎)之类的自身免疫性疾病，往往伴有较多的染色体断裂。研究表明，自身免疫病的病变过程与自由基有很大的关系。

4. 自由基与疾病的关系

在生物体系中，电子转移是一个最基本的变化。而氧是最重要的电子受体。由于得到的电子个数不同，氧可以形成多种产物。O^{2-} 既是阴离子又是自由基，称为氧化物阴离子自由基。由于 O^{2-} 是氧进行单电子还原时首先生成的产物，还可以生成 H_2O_2，$\cdot OH$ 等。O^{2-} 残伍、$\cdot OH$ 等都是含氧且性质活泼的物质，成为活性氧。在生物体内 O^{2-} 过量或不足对机体都不利，所以 O^{2-} 的产生和消除应处于一个动态平衡。一些正常的生理过程会产生一些 O^{2-}，但当机体受到放射线、紫外线、超声波的作用，以及某些疾病过程中会产生大量的 O^{2-}，若不及时清除，就会对细胞产生伤害。

(1)自由基与心血管疾病

自由基攻击动脉血管壁和血清中的不饱和脂肪酸使之发生氧化反应而生成过氧化脂质：后者能刺激动脉壁增加粥样硬化的趋势。动脉硬化的程度与硬化斑中脂质过氧化程度呈正相关，血管内壁的蜡样物质就是脂质发生过氧化反应的直接证明。粥样硬化症随年龄增大而增多，这与老年人动脉壁不饱和脂肪酸含量高、血清中 Fe^{2+} 和 Cu^{2+} 含量高有直接的关系。过氧化物丙二醛促使弹性蛋白发生交联，破坏了其正常的结构与功能，其应有的弹性与水结合能力丧失，最终产生了动脉硬化症，并进一步诱发冠心病等其他心血管疾病。

(2)自由基与癌症

长期以来，人们一直致力于对癌变原因不同角度的探索。癌症是威胁人类生命的主要杀手之一，不少致癌物必须在体内经过代谢活化形成自由基并攻击 DNA 引起 DNA 突变才能致癌，而许多抗癌剂也是通过自由基形成去杀死癌细胞。自由基作用于脂质产生过氧化物既能致癌又能致突变，癌症化疗阶段，由于药物的毒性导致细胞产生大量的自由基，这些自由基往往会引起骨髓的损伤，白血球减少，致使化疗减慢，或被迫停止化疗而影响对癌症的治疗。如果使用自由基清除剂，则可以防止对骨髓进一步的损伤，加速骨髓和白细胞的恢复，有利于化疗。

(3)自由基与肺气肿

肺气肿的特点是细支气管和肺泡管被破坏、肺泡间隔面积缩小以及血液与肺之间气体交换量减少等,这些病变起因于肺巨噬细胞受到自由基侵袭,释放了蛋白水解酶类(如弹性蛋白酶)而导致对肺组织的损伤破坏。

吸烟很容易引起肺气肿,原因在于香烟烟雾诱导肺部巨噬细胞的集聚与激活,吸烟者肺支气管肺泡洗出液中的嗜中性白细胞内水解蛋白酶活性高于不吸烟者,洗出液中白血球产生的 O_2 含量也远高于不吸烟者,由此可见,香烟及其他污染物可诱发肺气肿。

(4)自由基与缺血后重灌注损伤

缺血所引的组织损伤是致死性疾病的主要原因,诸如冠动脉硬化与中风。但有许多证据说明,仅仅缺血还不足以导致组织损伤,而是在缺血一段时间后又突然恢复供血(即重灌流)时才出现损伤。缺血组织重灌流时造成的微血管和实质器官的损伤主要是由活性氧自由基引起的,这已在多种器官中得到的证明。在创伤性休克、外科手术、器官移植、烧伤、冻伤和血栓等血液循环障碍时,都会出现缺血后重灌流损伤。

在缺血组织中具有清除自由基的抗氧化酶类合成能力发生障碍,从而加剧了自由基对缺血后重灌流组织的损伤。使用葡萄籽提取物自由基清除剂对缺血再灌流组织损伤有保护作用。

(5)自由基与眼病

眼睛是人和动物惟一的光感受器,老年性眼睛衰老(特别是白内障)与自由基反应有关。研究表明,老年人由于全身机体的衰老使得眼球晶状中自由基清除剂的含量与活性降低,导致对自由基侵害的抵御能力下降。事实表明,白内障的起因和发展与自由基对视网膜的损伤导致晶状体组织的破坏有关。

角膜受自由基侵袭引起内皮细胞破裂,细胞通透性功能出现障碍,引起角膜水肿。自由基会对眼晶状体产生直接的损伤破坏。

(6)自由基与炎症

关于机体发炎的机理,有人认为局部氧量过少或某些外来物质(包括病原菌和能量)引起溶酶体酶的释放而造成细胞死亡,这些白细胞由于特殊代谢刺激物的作用而激活。自由基一方面破坏病原菌和病变细胞,另一方面又进攻白细胞本身造成其大量死亡,结果引起溶酶体酶的大量释放而进一步杀伤或杀死组织细胞,造成骨、软骨的破坏而导致炎症和关节炎。

由此可见,发炎过程与此关系密切。有科学家认为,自由基诱发关节炎的原因在于导致了透明质酸的降解,因为透明质酸是高黏度关节润滑液的主要成分。

(7)自由基与癫痫

自由基的性质一般很活泼,绝大多数的自由基不稳定,存在时间很短,很容易与其他物质反应生成新的自由基,或两个自由基结合成分子而淬灭,因此,它们的浓度极低($10^{-4}\sim10^{-9}$ mol/L)难以测定。因自由基含有一个未成对电子,具有顺磁性和很高的反应活性,故基于自由基这两个特性而建立和发展了自由基的检测方法。目前,氧自由基的检测方法主要有电子自旋共振光谱法、高效液相色谱法、化学发光法和比色法。

三、自由基清除剂

自由基对生物膜和其他组织造成损伤,累积性的自由基作用会导致机体衰老,并引起一系列的病处理过程。在长期进化过程中,生命有机体内必然会产生一些物质能清除这些自由基,称为自由基清除剂或抗氧化剂,某种程度上两者水平是相当的,但有时抗氧化剂并不是通过与自由基反应达到清除目的,而是通过抑制自由基引发剂(如某些金属元素的产生起作用,因此不能完全等同,但在食品领域基本认为是一致的)。

随着人们年龄的增大,机体内产生自由基清除剂的能力逐渐下降,从而削弱了对自由基损害的防御能力,因此,必须向生命机体中引入一些外源性的自由基清除剂,从而达到抵抗疾病的目的,这就是功能性食品研究的内容。

外源性抗氧化剂防护的一般原则为:

①减少局部氧气浓度;

②清除启动脂质过氧化的引发剂;

③结合金属离子,使其不能产生启动脂质过氧化的轻基自由基或使其不能分解脂质过氧化产生的脂过氧化氢;

④将脂质过氧化物分解为非自由基产物。

自由基清除剂分酶类自由基清除剂和非酶类自由基清除剂两大类。目前,在食品中许可使用的抗氧化剂基本上都是作为食品添加剂使用的,且大多为化学合成。近多年来,天然抗氧化剂的研究,许多来自天然植物中的提取物被证明具有良好的抗氧化性,如茶多酚、银杏提取物等。

1. 酶类自由基清除剂

(1)超氧化物歧化酶(SOD)

超氧化物歧化酶(SOD)又称过氧化物歧化酶,国际编号EC1.15.1.1。SOD属于金属酶,按照结合金属离子种类不同,该酶有以下3种:含铜与锌超氧化物歧化酶(CuZn－SOD)、含锰超氧化物歧化酶(Mn－SOD)和含铁超氧化物歧化酶(Fe－SOD)。这3种酶存在于生物体不同的细胞器中,Fe－SOD其纯品呈黄色或黄褐色,存在于原核生物和一些高等植物中,植物通常分布于叶绿体中;Mn－SOD其纯品呈粉红色,主要存在于原核生物和真核生物的线粒体中;C_UZn－SOD其纯品呈蓝绿色,存在于真核生物和某些原核生物中,在植物中是含量最为丰富的一类,主要分布于叶绿体、胞质和过氧化物酶体中。SOD能催化超氧化物阴离子自由基歧化为过氧化氢与氧气。另外,近年来研究新发现有一种以镍作为金属辅基的Ni－SOD。

SOD可以在许多领域应用,例如:

①在医药学上的应用

SOD最有益的应用莫过于抗衰老,它可能是真正令寿命延长的有力发现。在美国,几乎所有生物技术中心都把开发SOD用于心血管疾病列为重点,同时研究认为,用SOD等抗氧酶能有效地防治和治疗白内障。不少皮肤病与自由基过量有关,故可用SOD治疗多种皮肤病:银屑病、皮炎、湿疹、痊痒病、皮肤肿瘤、皮肤老化、射线以及光致皮肤病等。

②在化妆品上的应用

作为化妆品添加剂的研究证实,SOD添加于化妆品中可起到4方面的作用:一是SOD可有效防止皮肤受电离辐射(特别是紫外线)的损伤,从而起到防晒效果;二是SOD为抗氧酶,能有效防止皮肤衰老、祛斑、抗皱;三是有明显的抗炎效果,国内外不少高级化妆品添加有SOD,可制成面膜、奶液、霜剂等。

③在食品工业中的应用

SOD作为食品的添加剂,其作用在两个方面。其一,是作为抗氧剂。SOD可作为罐头食品、果汁罐头的抗氧剂,防止过氧化酶引起的食品变质及腐烂现象。其二,作为食品营养的强化剂。国内添加SOD的有酸牛奶、SOD果汁饮料、SOD苹果、SOD冷饮品、SOD奶糖、SOD口服液、SOD啤酒等商品供应市场。

④在农业方面的应用

近年来有不少学者对SOD逆境生理关系进行广泛研究,当植物处于逆境时,植物体内会产生大量的超氧阴离子自由基,从而影响植物生长发育,只有当植物体内产生适量的SOD,才能清除对其的毒害作用。由此可见,开展SOD与植物逆境生理关系的研究,不但有助于植物在逆境中的理化关系,而且可培育出抗逆性强,有经济效益的新品种。

(2)过氧化氢酶

①种类、结构及分布

过氧化氢酶又称触酶,是一类广泛存在于动物、植物和微生物的末端氧化酶,酶分子结构中含有铁卟啉环,1分子酶蛋白中含有4个铁原子。过氧化氢酶是在演化过程中建立起来的生物防御系统的关键酶,其生物学功能是催化细胞内过氧化氢分解过氧化。过氧化氢酶的研究可追溯到19世纪初,它已经成为农业以及与之相关的食品与乳制品、纸浆和造纸业以及农业环保产业中有应用价值的酶之一。

早期按来源不同把过氧化氢酶划分为真核过氧化氢酶和原核过氧化氢酶。真核过氧化氢酶主要来源于动植物组织中,其中哺乳动物组织中过氧化氢酶含量差异很大,肝脏中含量最高,结缔组织中含量最低,在上述组织细胞内过氧化氢酶主要存在于细胞器。原核过氧化氢酶主要来源于微生物,研究发现,几乎所有需氧微生物中都存在过氧化氢酶,但也有少数好氧菌,如过氧化氢杆菌(*A. peroxydas*)不存在过氧化氢酶。

大部分典型过氧化氢酶尽管来源不同,但在结构上具有高度相似性。它们都是由4个具有相同多肽链的亚基组成,每个亚基含有一个血红素辅基作为活性位点,该辅基的形式为铁卟啉,一个分子中含有4个铁原子,分子质量一般为200～340ku。跨越4个结构域,典型性过氧化氢酶70～460个氨基酸残基。目前几种获得晶体结构的过氧化氢酶分别来自牛肝、微紫青酶、溶壁微球菌(*M. lysodeikticus*)、奇异变形菌(*P. mirabilis*)、大肠杆菌(*E. coli*,HPII)、啤酒酵母(*S. cerevisiae*,过氧化氢酶A)、人体红血球(HEC)。晶体结构的数据表明,非同源过氧化氢酶亚基结构有很大相似性,如在水溶液中,黑曲霉过氧化氢酶和牛肝过氧化氢酶的二级结构含量基本一致。

②理化及生物学特性

过氧化氢酶专一分解过氧化氢,溶于水,几乎不溶于乙醇、氯仿、乙醚。商品过氧化氢酶是一种高效、安全、无毒的生物催化剂,为白色至浅棕色的无定型粉末或液体。

③过氧化氢酶的应用

近年来过氧化氢酶得到广泛应用,主要有以下几个方面。在牛奶保存和奶酪制造前用H_2O_2对牛乳和干酪原料乳进行杀菌消毒,然后再用过氧化氢酶去除残余H_2O_2。与加热杀菌不同,这种杀菌消毒可以在低温下进行,不仅不会杀灭有用的乳酸菌,而且不会影响到脂肪酶、蛋白酶及磷酸酶的作用。另外,利用过氧化氢酶分解H_2O_2放出O_2的性质,可以在烘烤食品过程中同时添加H_2O_2和过氧化氢酶用作疏松剂。

在纸浆和造纸工业上，由于发现传统的含氯漂白剂与浆中残余木素反应产生氯酚类化合物等毒性污染物质后，世界各国相继采取措施，禁止在纸浆和造纸工业上采用含氯漂白剂，因此近年世界造纸行业相继以 H_2O_2 漂白来代替传统漂白方法。传统上用 SO_2 和亚硫酸氢钠去除漂白后的 H_2O_2，随着世界各国对环境和安全问题的考虑，促进了寻找替代 SO_2 和亚硫酸氢钠去除 H_2O_2 方法研究，有研究表明，过氧化氢酶可在 10min 内将 H_2O_2 降解。

纺织印染行业在棉针织物漂染色工艺中，采用过氧化氢酶生物除氧，比传统的高温水洗工艺去除残留 H_2O_2，具有节省水、电、气、人工的优点，又大幅度降低了成本，提高了生产效率，并减少了对环境的污染。

发达国家环保行业主要采用 H_2O_2 处理各种工业废水，而中国环保行业则刚刚起步，只有少数企业使用 H_2O_2 处理工业废水，而过氧化氢酶可以取代化学试剂降解生产 H_2O_2 的工厂或在生产过程中使用 H_2O_2 的工厂排除的工业废水中所含有的 H_2O_2。利用 H_2O_2 和过氧化氢酶处理工业废水，可以降解芳环化合物和脂族化合物。利用 H_2O_2 和过氧化氢酶处理生物过滤器，还可提高其对废水脱臭效果。

(3)谷胱甘肽过氧化物酶

谷胱甘肽过氧化物酶(GPX)是在哺乳动物体内发现的第一个含硒酶，它于 1957 年被 Mills 首先发现，但直到 1973 年才由 Flohe 和 Rotruck 两个研究小组确立了 GPX 与硒之间的联系。

研究表明，硒是谷胱甘肽过氧化酶(Se－GPX)的活性成分，是 GPX 催化反应的必要组分，它以硒代半胱氨酸(Sec)的形式发挥作用，摄入硒不足时使 Se－GPX 酶活力下降。在体内处于低硒水平时，活力与硒的摄入量呈正相关，但到一定水平时，酶活力不再随硒水平上升而上升。Se－GPX 存在于胞浆和线粒体基质中，它以谷胱甘肽(GSH)为还原剂分解体内的氢过氧化物，能使有毒的过氧化物还原成无毒的羟基化合物，并使过氧化氢分解成醇和水，因而可防止细胞膜和其他生物组织免受过氧化损伤。它同体内的超氧化物歧化酶(SOD)和过氧化氢酶(CAT)一起构成了抗氧化防御体系，因而在机体抗氧化中发挥着重要作用。

机体在正常条件下，大部分活性氧被机体防御系统所清除，但当机体产生某些病变时，超量的活性氧就会对细胞膜产生破坏。机体消除活性氧 O_2^- · 的第一道防线是超氧化物歧化酶(SOD)，它将 O_2^- · 转化为过氧化氢和水，而第二道防线是过氧化氢酶(CAT)和 GPX。CAT 可清除 H_2O_2，而 GPX 分布在细胞的胞液和线粒体中，消除 H_2O_2 和氢过氧化物。因此，GPX,SOD 和 CAT 协同作用，共同消除机体活性氧，减轻和阻止脂质过氧化作用。

GPX 广泛存在于哺乳动物的组织中，不同种类的 GPX 其分子质量和比活性也有所不同。谷胱甘肽是此酶的特异性专一底物，而氢过氧化物则是非专一性底物。

GPX 的活力测定常采用 5,5′-二硫代对二硝基苯甲酸(DTNB)法，用单位时间内催化 GSH 氧化的减少量表示。GSH 可和二硫代对二硝基苯甲酸(DTNB)反应生成黄色的 5－硫-2,2－硝基苯甲酸阴离子，在 412nm 处有最大光吸收，测定该离子的浓度，即可计算出 GSH 减少的量。由于上述反应在非酶条件下仍能进行，故计算酶活力时，必须扣除非酶反应所引起的 GSH 减少量。

2. 非酶类自由基清除剂

(1)维生素类

维生素不仅是人类维持生命和健康所必需的重要营养素，还是重要的自由基清除剂。对氧自由基具有清除作用的维生素主要有维生素E、维生素C及维生素A的前体β-胡萝卜素。

维生素E又称为生育酚，是强有效的自由基清除剂。它经过一个自由基的中间体氧化生成生育醌，从而将ROO·转化为化学性质不活泼的ROOH，中断了脂类过氧化的连锁反应，有效地抑制了脂类的过氧化作用。维生素E可清除自由基，防止油脂氧化和阻断亚硝胺的生成，故在提高免疫能力，预防癌症等方面有重要作用，同时在预防和治疗缺血再灌注损伤等疾病有一定功效。

维生素C又称为抗坏血酸，在自然界中存在还原型抗坏血酸和氧化型脱氢抗坏血酸两种形式。抗坏血酸通过逐级供给电子而转变成半脱氢抗坏血酸和脱氢抗坏血酸，在转化的过程中达到清除O_2^-·，·OH，ROO·等自由基的作用。维生素C具有强抗氧活性，能增强免疫功能、阻断亚硝胺生成、增强肝脏中细胞色素酶体系的解毒功能。人体血液中的维生素C含量水平与肺炎、心肌梗塞等疾病密切相关。

β-胡萝卜素广泛存在于水果和蔬菜中，经机体代谢可转化为维生素A。β-胡萝卜素具有较强的抗氧化作用，能通过提供电子，抑制活性氧的生成，从而达到防止自由基产生的目的。许多试验表明，β-胡萝卜素能增强人体的免疫功能，防止吞噬细胞发生自动氧化，增强巨噬细胞、细胞毒性T细胞、天然杀伤细胞对肿瘤细胞的杀灭能力。在多种食品中，β-胡萝卜素与不饱和脂肪酸的稳定性密切相关。

有实验证明，老年人摄入维生素C以及维生素E可以增进多项免疫功能，维生素C-E联合物还可清除血液中的自由基等有害物质和循环应激激素。除此之外，维生素C、维生素E以及β-胡萝卜素等抗氧化性维生素可以延缓老龄化进程，还可以预防和治疗许多老年疾病，如动脉粥样硬化、高血压、心脏病和脑卒中等，这些疾病都与低密度脂蛋白胆固醇的氧化有关。

维生素C还能有效保护维生素E和β-胡萝卜素不被过早消耗。每天摄入500mg维生素C可以帮助高血压患者降低血压。摄入维生素E不但可增强老年人的记忆力、预防老年痴呆症及治疗受自由基所累的迟缓型运动障碍，还可预防前列腺癌的发病、抑制消化道肿瘤（尤其是肠癌），并降低其死亡率。短期、大剂量地肠内补充维生素E还可调整单核细胞、巨噬细胞对内毒素的反应，提高维生素E对于败血症、缺血再灌注损伤均能起到保护性的治疗作用。

健康人可以通过日常均衡的膳食摄取充足的维生素，但在机体受到感染、体力活动增加、服用特殊药物、体液大量丢失及妇女怀孕和哺乳等情况下，机体对维生素的需求大大增加，不额外补充，则易导致维生素缺乏，自由基损伤机体，诱发或加速其他疾病。

（2）黄酮类化合物

黄酮类化合物泛指两个苯环通过中央三碳链相互联结而成的一系列$C_6-C_3-C_6$化合物，主要是指以2-苯基色原酮为母核的一类化合物，在植物界广泛分布。黄酮是具有酚羟基的一类还原性化合物。在复杂反应体系中，由于其自身被氧化而具有清除自由基和抗氧化作用。其作用机理是与O_2^-·反应阻止自由基的引发，与金属离子螯合阻止·OH的生成，与脂质过氧化基ROO·反应阻断脂质过氧化。

黄酮及其某些衍生物具有广泛的药理学特性，包括抗炎、抗诱变、抗肿瘤形成与生长等活性。黄酮在生物体外和体内都具有较强的抗氧化性，具有许多药理作用，对人的毒副作用很小，是理想的自由基清除剂。目前已发现有4000多种黄酮类化合物，可分为如下几类：黄酮、儿茶素、花色素、黄烷酮、黄酮醇和异黄酮等。

很多常用中草药的活性成分是黄酮类化合物，其提取物芦丁、芒果甙、青兰甙、双氢青兰甙、芸香甙、橙皮甙和黄芩甙等均已应用于临床。以黄酮类化合物为主要成分的银杏叶提取物(EGB)已被广泛应用于医药和功能性食品行业。研究表明:EGB在治疗心血管疾病，调节血脂水平，治疗脑供血不足和早期神经退行性病变等方面有良好的疗效。另外，很多天然药物或食物中的某些功效成分，同样对氧自由基具有清除作用，如丹参中的丹参酮，黄芩中的黄芩甙，五味子中的五味子素，黄芪中的黄芪总黄酮、总皂甙、黄芪多糖，灵芝、云芝、香菇、平菇等菇类的多糖，甘草中的甘草酸，竹叶(紫竹、高节竹、金毛竹、花哺鸡竹、红哺鸡竹、斑竹等)中的黄酮类组分，麦麸中的膳食纤维等。而另外一些天然食物如坚果、葡萄的皮和籽、薯类、蜂胶等，虽然未能确定其起作用的功效成分，但仍可通过试验揭示其对氧自由基有明显的清除作用。

儿茶素是从茶叶中提取出来的多酚类化合物——茶多酚(Tea Polyphenols，简称TP)的主体成分，占茶多酚总量的60%～80%，茶干重的12%～24%。作为茶多酚中含量最高、药理作用最明显的组分，已引起了广泛的重视。大量体外实验及动物试验证实，儿茶素具有抗氧化、抗肿瘤、抗动脉粥样硬化、防辐射、防龋护齿、抗溃疡、抗过敏及抑菌抗病毒等作用，是一种优良的天然抗氧自由基清除剂。茶多酚溶液清除羟自由基活性大于VC溶液。茶多酚为羟自由基清除剂，茶多酚的主要成分儿茶素在清除自由基过程中扮演了重要的角色。

大量的研究表明:儿茶素氧化聚合物也是一种有效的自由基清除剂和抗氧化剂，具有抗癌、抗突变、抑菌、抗病毒，改善和治疗心脑血管疾病，治疗糖尿病等多种生理功能。其在食品、医药保健等领域的作用越来越突出。作为儿茶素氧化聚合物的茶色素治疗冠心病的作用机制在于提高SOD活力和降低MDA含量，削弱脂质过氧化作用，增加供氧和供血能力。茶色素对高血压的预防和缓解作用也是通过提高SOD活力、增强机体的抗氧化能力而实现的。

原花青素是一种多酚类化合物，这种化合物在酸性介质中加热均产生花青素，故将这类物质命名为原花青素。原花青素是由不同数量的儿茶素或表儿茶素缩合而成，分二聚体、三聚体直至十聚体。二至四聚体为低聚体，五聚体以上为高聚体，其中二聚体分布最广。原花青素是一种天然有效的自由基清除剂，主要存在于葡萄、苹果、可可豆、山楂、花生、银杏、花旗松、罗汉柏、白杨树、刺葵、番荔枝、野草莓、高粱等植物中。此外，葡萄汁、红葡萄酒、苹果汁、巧克力和啤酒中也含有原花青素。原花青素多为水或乙醇提取物，少数经离子交换纯化，用冷冻或喷雾干燥成淡棕色粉末，味涩，略有芳香。分离后的原花青素二聚体、三聚体可以清除各种氧自由基，从而具有抗氧化、降血压、抗癌等多种药理活性，能增强免疫、抗疲劳、延缓衰老等功效。

异黄酮类作为一种有效的抗氧化剂国内外已有很多报道。大量实验研究结果表明:异黄酮是一种有效的抗氧化剂和自由基清除剂。

四、富含自由基清除剂的食品

随着人们对自由基理论的了解，越来越多的人开始关注能够清除自由基的功能食品。食品专家们也对此进行了积极的研究和探索。目前，对此类食品的研究大致有两个方向。一是从天然动植中提取有效成分，添加于各种饮料或固态食品中作为功能性食品的功能因子或食品营养强化剂。目前已有添加SOD的蛋黄酱、牛奶、可溶性咖啡、啤酒、白酒、果汁饮料、矿泉水、奶糖、酸牛乳、冷饮类等类型的功能性食品面市。二是利用微生物发酵或细胞培养，得到自由基清除剂含量丰富的产品。

在许多天然动植物中含有抗自由基的活性成分。如姜含挥发油和姜辣素，其成分有姜酚、姜酮和姜烯酚。绿茶的主要成分茶多酚，银杏、竹叶的有效成分黄酮和酚类，各种果品蔬菜中的维生素，还有一些中药如白首乌、五味子、葛根、小叶女贞、柴胡、车前子等也含有多种活性成分。另外，党参、灵芝等真菌中的多糖也是有效的活性成分。在动物的肝脏等器官，血液中也可提取有关的活性成分。

利用微生物发酵或细胞培养生产功能因子，也是目前研究的热点。如在固体培养基上人工培育冬虫夏草，由预处理的大豆经少孢根霉短期固态发酵生成丹贝异黄酮，用大蒜细胞培养或深红酵母生产 SOD。这些方法不受气候、季节的限制，可实现工业化的连续生产。

21 世纪，有利于确保人类健康的功能性食品将是食品行业发展的重点。关于自由基清除剂的深入研究，对预防和治疗人类的许多疾病，以及对各类保健食品生产方面均具有指导意义。随着研究的深入，将有更多更有效的自由基清除剂被开发和利用，将会进一步推动功能性食品行业向前发展，为保障人类的身体健康做出更大贡献。

任务 2　黄酮类化合物生产技术及应用

黄酮类化合物是自然界中广泛存在的一类天然产物，多存在于高等植物体和羊齿类植物体中，常以游离态或糖苷形式存在，在花、叶、果实等组织中多为苷类，而在木质部组织中则多为游离的苷元。

一、黄酮类化合物的结构及生理功能

1. 黄酮类化合物的结构

黄酮类化合物的基本母核为 2-苯基色原酮，泛指两个苯环（A 环与 B 环），通过中央 3 个碳原子相互连接而成的一系列化合物，如图 6—1。

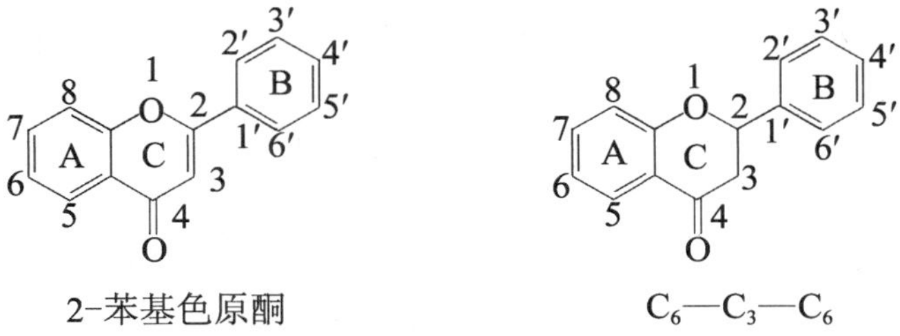

2-苯基色原酮　　$C_6—C_3—C_6$

图 6—1　黄酮类化合物基本母核

天然黄酮类多为上述基本母体的衍生物，常见的取代基有 · OH，$—OCH_3$，以及异戊烯基等。黄酮类化合物多为晶性固体，少数为无定形粉末。

2. 黄酮类化合物的生理功能

许多研究表明黄酮类化合物具有多种生物活性。

（1）抗氧化及抗衰老作用

黄酮类化合物有很强的抗氧化作用，可以通过抑制和清除自由基来避免氧化损伤。研究表明，黄酮类化合物具有抗衰老的作用，作用机制主要与其抗氧化作用有关。据报道，衰老机理的自由基学说认为，机体内的自由基可在细胞代谢过程中产生，可由环境因素促成，随年龄增长，体内自由基增多，自由基性质活泼，有极强的氧化反应能力，对人体有很大的危害。在体内自由基和脂质过氧化作用使多种大分子成分，如核酸、蛋白质产生氧化变性、DNA交联和断裂，导致细胞结构改变和功能破坏，而引起癌症、衰老及心血管等褪变性疾病。自由基在体内可直接或间接地发挥强氧化剂作用而与机体内核酸、核蛋白和脂肪酸相结合，转变成氧化物或过氧化物，使之丧失活性或变性，细胞功能发生障碍，引起机体逐渐衰老或病变。已有试验证明，多种黄酮类化合物具有抗衰老的作用，如茶多酚、棚皮素、芹黄素、木犀草素、儿茶素、芦丁等。试验研究表明，黄酮类物质在抗氧化反应中不仅能清除链引发阶段的自由基，而且可以直接捕获自由基反应链中的自由基，阻断自由基链反应，起到预防和断链的双重作用，是优良的天然抗氧化剂。

(2)对心血管系统的作用

黄酮类化合物对心血管系统的作用主要表现为对血压的影响、抑制血小板凝集作用及对外周血管的影响。对血压的影响：黄酮类化合物对高血压引起的头痛、头晕、耳鸣等症状有明显的疗效，尤以缓解头痛为显著；抑制血小板凝集作用，黄酮类化合物对凝血具有较强的抑制作用，故表现出较好的抗凝血作用；此外，黄酮类化合物还可降低血管内皮细胞羟脯酸代谢，使内壁的胶原或胶原纤维含量相对减少，利于防止血小板黏附凝集和血栓形成，有利了防治动脉粥样硬化。

(3)抗肿瘤、抗癌作用

黄酮类化合物抗癌抗肿瘤作用的研究由来已久，目前已发现具有抗癌抗肿瘤作用的黄酮类化合物比较多，主要有槲皮素、芦丁、抽皮昔、杨梅黄酮和芹菜配基等。研究发现，黄酮类化合物的抗癌、防癌作用机理一般可归纳为以下3条途径：(1)对抗自由基；(2)直接抑制癌细胞生长；(3)抗致癌因子。

(4)抗炎、抗菌、抗病毒作用

国内外研究表明，黄酮类化合物能起抑制癌症、保护心脑血管等药理作用，这主要是因为其具有抗氧化的生物活性，能够清除过氧化氢、超氧阴离子自由基、羟基自由基及单线态氧。抗炎是多数黄酮类化合物共有的作用，主要是通过影响分泌过程、有丝分裂及细胞间的相互作用而起效。黄酮类化合物具有明显的消炎、抗溃疡作用。

(5)雌激素调节作用

黄酮类化合物具有雌激素的双重调节作用。当雌激素水平较低时，表现为雌激素作用，反之表现为抗雌激素作用。黄酮类化合物，特别是异黄酮，由于在结构上与雌激素非常相似，所以其具有类雌激素或抗类雌激素的生理作用，它能够模拟天然的雌激素，与雌激素受体竞争性结合，调节其活性。因此，黄酮类化合物对激素依赖性的癌症(如前列腺癌、子宫癌、乳腺癌等)的防治特别有效，并能延缓或减轻中老年妇女绝经期的各种症状。

(6)降血糖、降血脂作用

黄酮类化合物能够促使胰岛素细胞的恢复，降低血糖和血清胆固醇，改善糖耐量，对抗肾上腺素的升血糖作用，并能抑制醛糖还原酶。

(7)对中枢神经系统作用

谷氨酸(Glu)是中枢神经系统中主要的兴奋性神经递质，但过度释放会造成兴奋性神经毒性损伤，引起多种神经变性疾病。黄酮类化合物可以有效抑制 K^+ 引起谷氨酸释放，抑制效应随浓度增加而增加。近10年来，黄酮类化合物抗抑郁活性的报道越来越多。

二、黄酮类化合物生产技术

黄酮类化合物在人体内不能直接合成，只能从食品中获得，而黄酮类化合物广泛存在于植物体中，因此近10多年来，各国科学家都关注着从植物体中提取纯度高、活性强的天然黄酮成分，并进一步加工成具有抗癌、抗衰老、调节内分泌等特异功能的保健食品和药品等产品。

黄酮类化合物具有水溶性，可用水、乙醇等溶剂进行提取。如果要生产黄酮保健饮料，可采取水提取的方式，可进行浓缩处理，也可不浓缩。如葛根黄酮保健饮料的生产可采取如下技术路线：

原料→清洗去皮→切丁捣碎→过滤→滤液糊化→酶解→灭酶→澄清过滤→调配→灌装→封口→杀菌→冷却→成品

↑

低聚果糖等→溶解过滤

如果要将黄酮类化合物有效成分提取分离出来，制成纯度较高的浸膏或粉末，则用乙醇或有机溶剂提取，再进行真空浓缩，最后进行精制、干燥。如精制蜂胶黄酮浸膏的工艺流程如下：

粗蜂胶→粉碎→95%乙醇提取(85℃)→真空浓缩→粗浸膏→(1：1乙醇)溶解→过滤→真空浓缩→精制蜂胶浸膏

经过该工艺制得的精制蜂胶黄酮浸膏纯度高，杂质少，含总黄酮达41%，可达到国际标准要求，为出口创汇和蜂胶健康食品的开发提供了技术基础。

另外，黄酮类化合物的超临界 CO_2 提取技术也越来越受到人们的重视，已有大批的学者从事这方面的研究。超临界 CO_2 提取技术具有低温、节能、分离能力高、污染少的特点，可克服其他提取方法高温破坏有效成分的缺点，用该方法提取得到的产品的品质比其他提取方法高得多，可以得到更好的经济效益，将成为本世纪主要的提取技术。

三、黄酮类化合物在功能食品中的应用

据近年来国内外对茶多酚、蜂胶、银杏黄酮等的药理和营养性的广泛深入研究和临床试验，证实黄酮类化合物既是药理因子，又是重要的营养因子，是一种新发现的营养素，对人体具有重要的生理保健功效。目前，很多优良的抗氧化剂和自由基清除剂都是黄酮类物质，例如，茶叶提取物和银杏提取物。葛根总黄酮在国内外研究和应用也已有多年，在防治动脉硬化、治偏瘫、防止大脑萎缩、降血脂、降血压、防治糖尿病、突发性耳聋乃至醒酒等方面有较多的临床报告。从法国桦树皮和葡萄籽中提取的总黄酮"碧萝藏"在欧洲以不同的商品名行销应用25年之久，并被美国FDA认可为食用黄酮类营养保健品，所报告的保健作用相当广泛，内用称之为"类维生素"或抗自由基营养素，外用称之为"皮肤维生素"。进一步的研究发现，碧萝藏的抗氧化作用比 V_E 强50倍，比 V_C 强20倍，而且能通过血脑屏障到达脑部，防治中枢神经系统的疾病，尤其对皮肤的保健、年轻化及血管的健康、抗炎症作用特别显著。碧萝藏在欧洲已作为保健药物，在美国已作为保健食品。

黄酮类化合物具有抗氧化性，是一类性能优良的天然食品抗氧化剂。作为抗氧化剂的黄酮类化合物可以添加到如奶粉、水果和蔬菜、坚果、土豆粉和土豆片、饮料、风味物质、糖果制品、猪油、植物油中去，防止这些食品脂质氧化腐烂变质而起到保鲜作用。多数黄酮化合物均具这一特性，如毒叶素、佛提素、圣草酚、橙皮素、橙皮苷、栎精、漆树黄酮、毛地黄酮、杨梅酮、刺槐亭、鼠李亭、栎皮苷、芸香苷等，在食品中都有较强的抗氧化保鲜作用。黄酮类化合物如果与柠檬酸，抗坏血酸或磷酸配合使用效果更佳，即是说这些物质对黄酮化合物有协同作用。黄酮化合物悬浮在油—水体系的水相中，对油脂氧化有明显的保护作用。但也有一些化合物在水相中的表现不如在油相中，如黄酮醇在油相悬浮具有有效的抗氧化作用。

任务3　超氧化物歧化酶生产技术及应用

一、超氧化物歧化酶的性质及生理功能

1. 超氧化物歧化酶的性质

SOD是一种酸性蛋白，在酶分子上共价连接金属辅基，因此它对热、pH以及某些理化性质表现出异常的稳定性。SOD的主要理化性质见表6—1。

表6—1　不同种类SOD理化性质

		Fe-SOD	Mn-SOD	Cu,Zn-SOD
最大光吸收	紫外光	280nm	280nm	258nm
	可见光	350nm	475nm	680nm
氨基酸组成特点		含酪氨酸和色氨酸	含酪氨酸和色氨酸	酪氨酸和色氨酸缺乏
1mol/L KCN抑制		无	无	明显抑制
H_2O_2处理		明显失活	无影响	明显失活
过氧化氢酶作用		—	无	有

(1)SOD的热稳定性

SOD对热稳定，是迄今确定的热稳定性较高的球蛋白酶。天然猪肝Cu，Zn-SOD在75℃下加热数分钟，其酶活性丧失很少。SOD的耐热性还与其来源有关。一般动物血液的Cu，Zn-SOD在75℃以上失活。来自番茄叶片中的Cu，Zn-SOD随温度上升，SOD酶活力丧失增加，60℃时酶活性丧失一半，黑麦草叶片中的Cu，Zn-SOD的热稳定性较好，65℃保温1h，酶活力只丧失了27%。来自*Deinococcus radiophilus*菌中的Mn，Fe-SOD在100～300℃时稳定，当高于40℃时，SOD活性很快降低。

(2)pH对SOD的影响

对SOD来说，pH改变将会改变酶蛋白金属辅因子的结合状态，一般pH在6.0～9.0范围内对SOD酶活力的影响较小。SOD对pH的稳定性同样归因于金属辅基的存在，一旦去除金属离子，其稳定性就大大下降。

(3)SOD的紫外吸收

SOD具有特殊的光吸收，它在280nm处没有吸收高峰，这是因为在SOD分子中酪氨酸

和色氨酸含量很低的缘故。猪血 Cu,Zn－SOD 在 263nm 附近有最大吸收值,而在 280nm 处吸收值较小。SOD 为酸性酶,Cu,Zn－SOD 呈蓝绿色,紫外光区 260nm 附近有特征吸收峰,因含铜离子,所以可见光区 680nm 处有特征吸收峰。Mn－SOD 呈紫红色,在紫外光区 280nm 处有特征吸收峰。Fe－SOD 呈黄褐色,在紫外光区 280nm 处也有特征吸收峰。

2. 超氧化物歧化酶的生理功能

SOD 的作用底物是超氧阴离子 O^{2-},它催化超氧阴离子发生歧化反应,从而消除 O^{2-}。超氧阴离子(O^{2-})是生物体内的重要自由基。在人体内的正常情况下,自由基一旦产生,就会通过各种渠道迅速清除而不至于对机体产生危害,但随人体的衰老,这种清除能力逐渐减弱,人体就会产生疾病:在植物体内能使 O^{2-} 分解物和 SO_2 氧化物等多种有害产物生成,一般情况下,只有植物濒临死亡或已死亡的植物中才会产生这些有害产物,而 SOD 是一类重要的氧自由基清除酶,其能催化超氧化物阴离子发生歧化反应,从而清除氧自由基起到抗衰老作用。SOD 把生物体内多余的并对细胞破坏力极强的超氧阴离子歧化成 H_2O_2 和 O^{2-},H_2O_2 随后经体内的过氧化氢酶(过氧化氢酶)或过氧化物酶(POD)分解或利用掉,O^{2-} 的毒害被解除,所以 SOD 在维持生物体内自由基产生与消除的动态平衡中起着重要作用。

总之,超氧化物歧化酶的生理功能:

(1)清除体内过量的自由基,延缓衰老,如延缓皮肤衰老、推迟老年斑的出现等;

(2)提高人体对烟雾、辐射、有毒化学品和有毒药品的抵抗力,增强机体对外界的防御能力;

(3)超氧化物歧化酶(SOD)治疗骨髓损伤很有效;

(4)提高人体的抵抗力;

(5)消除疲劳,增强对超负荷大运动量的适应力。

二、超氧化物歧化酶生产技术

超氧化物歧化酶的制备工艺是依据酶蛋白的性质而设计的,其方法也是常用的蛋白质分离方法,如热变性法、等电点沉淀法、盐析法、有机溶剂沉淀法、超滤法、层析法等,或几种方法结合使用。

制备超氧化物歧化酶的原料很多,主要有以下几类:动物原料(牛血、猪血、马血、兔血、竹竿、牛乳等)、植物原料(刺梨、大蒜、小白菜、饭豆等)和微生物原料(酵母菌等)。

沉淀法制备超氧化物歧化酶工艺流程:

原料→清洗→破碎→浸提→热变性→高速冷冻离心→调整 pH→高速冷冻离心→加丙酮沉淀→高速冷冻离心→溶解沉淀→透析→冷冻干燥→成品

离子交换层析法制备超氧化物歧化酶工艺流程:

采取血清→加入抗凝剂→低温离心→除血红蛋白→丙酮沉淀 SOD→透析→纤维素柱→上 DEAE→洗脱→收集活性部分→透析→冷冻干燥→成品

盐析法和金属螯合亲和层析法制备超氧化物歧化酶工艺流程:

原料→清洗→破碎→浸提→第一次盐析→第二次盐析→离心→透析→上柱→洗脱→透析→冷冻干燥→成品

酵母发酵法制备超氧化物歧化酶工艺流程:

菌体培养→超声波破壁→离心→盐析→透析→上柱→洗脱→浓缩→冷冻→干燥→成品

三、超氧化物歧化酶在功能食品中的应用

目前,已开发SOD的主要功能食品有强化SOD牛奶、酸牛乳、冰淇淋、SOD绞股蓝口服液和SOD功能饮料等。

SOD功能饮料——保存SOD活性的天然大蒜饮料:大蒜是SOD含量较高的天然植物。因此,直接利用大蒜来生产SOD的功能饮料成为可能,其关键的工艺步骤是脱蒜臭味和保护SOD的活性。实验表明,比较理想的办法是采用冷冻干燥法除去蒜臭味,SOD的保存率高;还有一种办法是将脱皮大蒜放在含0.1%半胱氨酸、0.2%硫酸铜、5%氯化钠溶液(pH=4)中,于3℃下浸泡80～100h,半胱氨基酸和较低的酸性可以钝化蒜酶抑制蒜氨酸的转化,氯化钠有促进浸泡液向大蒜细胞内部渗透并抑制杂菌生长,$CuSO_4$的作用在于保护SOD酶蛋白。蒜酶最适作用条件是pH 6.5和温度37℃,在贮存及预处理中应避免接近此条件。经处理过的大蒜,取出洗净后用2%柠檬酸水溶液进行磨浆,添加柠檬酸是为了抑制在上述处理过程中未被钝化的酶。磨浆后过滤得滤液,经合理调配最后用高温瞬时法进行杀菌。

强化SOD牛奶:由于牛奶中SOD的含量低于人乳中的水平,前者每毫升中含3.2单位(U),后者每毫升中含7.1单位(U),因此在牛奶中添加SOD使牛奶中的SOD水平与人乳相近具有重要的意义。目前,已上市的SOD强化牛奶和冰淇淋为试产品。

【小结】

本章主要介绍了三部分内容。

1. 自由基清除剂的概念、种类和功能

自由基是指分子结构中带有不配对价电子(即奇数电子)的原子、分子、离子或化学基团,因含有一个未成对电子而具有很高的反应活性。生物体内常见的自由基是氧自由基,是指含有氧且不配对价电子位于氧原子上的自由基。自由基通常由共价键的热分解、辐射分解、单电子氧化还原反应产生。自由基在生物体内既有积极生物学功能但更主要的是会给机体造成损伤,导致机体衰老甚至带来多种疾病。

能清除这些自由基的化学物质,称为自由基清除剂或抗氧化剂。抗氧化剂可以通过与自由基反应,或通过抑制自由基引发剂达到清除目的。自由基清除剂分为内源性和外源性两种,当机体内源性自由基清除剂水平不足时,可以用外源性自由基补充。自由基清除剂分酶类自由基清除剂(超氧化物歧化酶、过氧化氢酶、谷胱甘肽过氧化物酶)和非酶类自由基清除剂(维生素类、黄酮类化合物)两大类。

随着人们对自由基理论的了解,越来越多的人开始关注能够清除自由基的功能食品。目前,对此类食品的研究大致有两个方向。一是从天然动植中提取有效成分,添加于各种饮料或固态食品中作为功能性食品的功能因子或食品营养强化剂。目前,已有添加SOD的蛋黄酱、牛奶、可溶性咖啡、啤酒、白酒、果汁饮料、矿泉水、奶糖、酸牛乳、冷饮类等类型的功能性食品面市。二是利用微生物发酵或细胞培养,得到自由基清除剂含量丰富的产品。

2. 黄酮类化合物生产技术及应用情况

黄酮类化合物多存在于高等植物体和羊齿类植物体中,常以游离态或糖苷形式存在。许多研究表明,黄酮类化合物具有多种生物活性:抗氧化及抗衰老作用,对心血管系统的作用,抗肿瘤、抗癌、抗炎、抗菌、抗病毒作用,雌激素调节作用,对中枢神经系统作用,降血糖、降血

脂作用等。

黄酮类化合物在人体内不能直接合成，只能从食品中获得，而黄酮类化合物广泛存在于植物体中，所以黄酮类化合物的生产主要是从植物体中提取。黄酮类化合物为水溶性，可用水、乙醇等溶剂进行提取。

据近年来国内外对茶多酚、蜂胶、银杏黄酮等的药理和营养性的广泛深入研究和临床试验，证实黄酮类化合物既是药理因子，又是重要的营养因子，是一种新发现的营养素，对人体具有重要的生理保健功效。目前，食品行业主要是用作保鲜、抗氧化或作为营养强化剂来使用。

3. 超氧化物歧化酶的生产技术及应用情况

超氧化物歧化酶(SOD)又称过氧化物歧化酶，属于金属酶，按照结合金属离子种类不同，该酶有以下 3 种：含铜与锌超氧化物歧化酶(Cu，Zn－SOD)、含锰超氧化物歧化酶(Mn－SOD)和含铁超氧化物歧化酶(Fe－SOD)3 种。超氧化物歧化酶的生理功能：清除体内过量的自由基，延缓衰老，如延缓皮肤衰老、推迟老年斑的出现等；提高人体对烟雾、辐射、有毒化学品和有毒药品的抵抗力，增强机体对外界的防御能力；超氧化物歧化酶治疗骨髓损伤很有效；提高人体的抵抗力；消除疲劳，增强对超负荷大运动量的适应力。

超氧化物歧化酶的制备工艺是依据酶蛋白的性质而设计的，其方法也是常用的蛋白质分离方法，如热变性法、等电点沉淀法、盐析法、有机溶剂沉淀法、超滤法、层析法等，或几种方法结合使用。

目前，已开发 SOD 的主要功能食品有强化 SOD 牛奶、酸牛乳、冰淇淋、SOD 绞股蓝口服液和 SOD 功能饮料等。

【复习思考题】

1. 什么是自由基？自由基对人体有哪些危害？怎样消除或减少这些危害？
2. 什么叫自由基清除剂？各有哪些种类？
3. 黄酮类化合物有哪些生物活性？
4. SOD 有哪些种类和生理功能？在食品中有哪些应用？
5. 黄酮类化合物和 SOD 有哪些制备方法？

实验三　山楂叶中提取黄酮类化合物

据资料报道，山楂果实、叶、皮、芽等部位黄酮类物质的含量很可观。山楂叶黄酮是一种心脑血管疾病的有效药物，我国盛产山楂，山楂叶来源充足，成本低，所以可充分利用山楂叶这一可再生的资源来生产保健药物。

1. 实验原理

黄酮类化合物在水中有一定的溶解度，同时易溶于碱液、甲醇、乙醇、醋酸乙酯等机溶剂。因此，可以先用热碱水提取出多糖、脂类及黄酮类化合物等可溶性成份，再用有机溶剂进一步提取。

2. 实验试剂

95％乙醇；

聚酰胺粉。

3. 实验仪器

粉碎机；

减压干燥箱；

搅拌锅；

回流冷凝器。

4. 操作步骤

(1)原料处理

采集山楂叶立即晒干，贮存于干燥处，防止霉烂。

(2)热水提取

将不含杂质干燥的山楂叶5g捣碎后用70%乙醇加热回流提取3次，每次1h。过滤后合并提取液。冷却至室温。

(3)减压提取

减压回收乙醇，然后准确称取提取液质量（m_1）。然后向提取液中加入聚酰胺粉，搅匀。

(4)纯化

将加有聚酰胺粉的提取液转移至装有聚酰胺粉的沙芯层析柱中，用已醇梯度洗脱(60%乙醇→75%乙醇→95%乙醇→无水乙醇)，收集各级洗脱液，合并浓缩，称重(m_2)，即为黄酮类化合物的质量。

(5)将除去杂质的滤液减压蒸馏回收乙醇，所得的浓缩液即为黄酮浸膏。

实验四　大蒜中提取SOD

大蒜在我国南北广泛栽培。该植物不仅可作为蔬菜鲜食或加工，可作为香辛调料，并且具有很高的药用价值。在植物界中，大蒜是含超氧化物歧化酶（SOD）量最高的植物之一。

1. 实验原理

SOD是一种热稳定性较好的酶，当温度低于80℃，短时间内酶活力损失不大，而一般杂蛋白在55℃时易发生变性沉淀，借以分离杂蛋白。采用硫酸铵沉淀法将粗酶液提纯，在SephadexG－75层析柱上使SOD纯化。

2. 实验试剂

硫酸铵晶体；

pH7.8磷酸缓冲液；

505mmol/L邻苯三酚。

3. 实验仪器

榨汁机；

水浴锅；

冷冻离心机；

冰箱；

SephadexG－75层析柱；

光密度仪。

4. 操作步骤

(1)粗酶液的制备

将新鲜的大蒜用大量清水洗净，再用蒸馏水洗净，滤纸吸干后称取约 35g 放入榨汁机内破碎匀浆，过滤取上清液，测体积。将上清液置于 60℃ 水浴锅中 20min，使杂蛋白热变性，然后以 10000r/min 冷冻离心 20min，取上清液，测体积。

(2)粗酶提液的提纯

按照粗提液的体积查出 0℃ 下达到一定饱和度所需硫酸铵的质量。将硫酸铵晶体研磨成白色粉末后，称取一定质量的硫酸铵粉末缓慢加入 SOD 粗提液中，使之达到 50% 的饱和度，再放置于 4℃ 冰箱 30min，然后 10000r/min 冷冻离心 20min，除去沉淀杂蛋白，取上清液。在上清液中再加硫酸按粉末使之达到 90% 饱和度，放置于 4℃ 冰箱 2h，然后 10000r/min 冷冻离心 20min，收集沉淀。将沉淀溶于最小量的 5mmol/L、pH7.8 磷酸缓冲液中。

(3)柱层析法提纯酶液

将提纯后的 SOD 溶液上 SephadexG－75 层析柱，台式记录仪每划一个峰均用试管收集。检测每一试管的蛋白含量及 SOD 活性。

(4)酶活性的测定(改良的邻苯三酚自氧化法)

加入待测 SOD 样液 10mL，然后在 25℃ 水浴保温 10min，最后加入 505mmol/L 的邻苯三酚，迅速摇匀，倒入 1cm 比色杯内，在 320nm 波长下每隔 30s 测一次光密度值，共测 4min。此时邻苯三酚自氧速率记作 $\Delta A(A/\text{min})$。自氧化速率变化在 4min 内有效。控制 SOD 浓度，使邻苯三酚自氧化速率降至 0.035 A/min 附近。

SOD 酶活性的计算：1mL 反应液中每分钟抑制邻苯三酚自氧化速达 50% 时的酶量定量为一个活力单位。

$$\text{酶活性(U)}=[(0.070-\Delta A)/0.070\times 100\%]/50\%$$

项目七　活性益生菌加工技术

【知识目标】

了解双歧杆菌和乳杆菌的概念生理功能，理解双歧杆菌和乳杆菌的特性，熟悉双歧杆菌和乳杆菌的分离、纯化、鉴别、培养和保存，掌握双歧杆菌和乳杆菌在发酵乳制品中的应用及其生产工艺。

【能力目标】

能解释益生菌概念及其功能特性，能应用双歧杆菌和乳酸杆菌生产发酵乳制品，学会生产双歧杆菌和乳酸杆菌能性食品。

益生菌(probiotic)的概念最早于1965年提出，当时里尔(Lilly DM)首先建议将益生菌描述为“对动物肠道菌群平衡有益的促进物质或微生物”。近年来，随着有关保健产品的不断涌现，对于人体而言的益生菌的定义和概念也在不断提出和修订。其中，联合国粮农组织和世界卫生组织(FAO/WHO)的定义为：益生菌是活的微生物，当摄入充足的数量时，对宿主产生一种或多种经过论证的功能性健康益处。做出相关定义的还有：国际乳品联合会(International Dairy Federation，IDF)，国际益生菌和益生素科学委员会(International Scientific Association for Probiotics and Prebiotics，ISAPP)，欧洲食品与饲料菌种委员会(European Food&Feed Cultures Association，EFFCA)等。定义都围绕以下几点：强调益生菌“应指摄入的一定数量的活的微生物，这些微生物除了它原有的营养价值之外，更重要的是要有肯定的健康功效”。简单地说：益生菌是指通过改善肠道的菌落平衡而对宿主(人或者动物)产生有益健康作用的微生物。

双歧杆菌(Bifidobacterium)和乳酸杆菌(Lactobacillus)是人类或某些哺乳动物的有益生理细菌，也被称为益生菌(Probiosis)。它们寄生在人的结肠里，而结肠是人体中最复杂的微生态系统。双歧杆菌和乳酸菌的功能因子作为微生态调节剂(Microecological modulator)在调节人体正常生理功能方面起重要作用。研究表明，双歧杆菌和乳杆菌在肠道内不能以形成菌落的形式定植繁殖，必须通过外源性因素如直接补充有益菌或补充能使有益菌增殖的因子，才可获得期望的由有益菌占主导地位的肠道菌群组成。

任务1　双歧杆菌生产技术及应用

双歧杆菌(Bifidobacterium)是1899年法国巴黎巴斯德研究院的学者Tissier从母乳喂养的婴儿粪便中分离出的一种厌氧的革兰阳性杆菌，菌体轻度弯曲，末端常见分叉，故名双歧杆菌。双歧杆菌属于放线菌科双歧杆菌属，专性厌氧，革兰氏阳性，呈杆状，不形成芽胞，不运动。

能在人体肠道内定植并能用于制备保健食品的双歧杆菌主要有两歧双歧杆菌(Bifidobacterium. bifidum)、青春双歧杆菌(Bifido. adolescentis)、婴儿双歧杆菌(Bifido. infantis)、长双歧杆菌(Bifido. longum)和短双歧杆菌(Bifido. breve) 5 种。一般形态、培养温度和生理特征见表 7－1。

表 7－1　常见双歧杆菌的特征

菌种	特征
两歧双歧杆菌	高度变化的棒状，在琼脂介质厌氧培养的表面菌落呈
B. bifudun	凸面或晶状体，具有白色、不透明、光滑的黏液样表面。仅在介质表面生长；革兰氏阳性，最适生长温度为 36～38℃，＜20℃或＞45℃不生长，最适 pH6～7，pH＜5.5 生长缓慢或不生长
青春双歧杆菌	呈短、弯曲棒状，有时呈双歧棒状。最适温度 35～37℃
B. adolescentis	＜20℃或＞46.5℃不生长
婴儿双歧杆菌	呈小、细棒状，有时呈球星或泡状，常有中心颗粒
B. infantis	不呈双歧状。＜20℃或＞46.5℃不生长
短双歧杆菌	呈短、细或厚的棒状，也常呈球棒状形，菌落呈凸面
B. breve	枕状，直径 2～3mm，光滑或起伏状表面，＜20℃或＞46.5℃不生长
长双歧杆菌	呈长、弯曲、隆起球棒状，革兰氏呈变化性，菌落光
B. longum	滑或起伏状，直径 2～5mm，发光或黏液状表面，＜20℃或＞46.5℃不生长

一、双歧杆菌的生理功能

在肠道众多的细菌中，数量最大的当属双歧杆菌，它是既不产生内、外毒素，也不产生致病物质和有害气体的益生菌。机体为双歧杆菌的定植提供了诸多有利条件，而双歧杆菌在肠道中成为优势菌群，这对维护机体的健康具有重要意义。双歧杆菌具有以下多种生理功能，是目前公认的益生菌。

1. 屏障作用

双歧杆菌通过磷壁酸与肠黏膜上皮细胞紧密结合，与其他厌氧菌一起共同占据肠黏膜表面，形成生物屏障，构成肠道的定植抗力，阻止致病菌、条件致病菌的定植和入侵。

2. 营养作用

双歧杆菌是人必需营养源，它能自身合成人体所必需的维生素 B_1、B_2、B_6、B_{12}、叶酸、烟酸等多种维生素及各种氨基酸和蛋白质类，直接向宿主提供营养物质。双歧杆菌还能通过抑制机体内某些维生素分解代谢酶类来保障机体维生素免遭酶解破坏损失。它在人体肠道内发酵葡萄糖后产生的乙酸和 L-乳酸降低了肠道的 pH 和 Eh，能明显提高钙、磷、铁等微量元素的利用率及促进维生素 D 的吸收。

3. 抗肿瘤作用

肠道内的腐生菌在代谢中会产生胺类致癌物质，并有可能将一些致癌前体物转化为致癌物质，双歧能抑制腐生菌的生长，分解致癌物，从而起到了预防肠道癌症、抗肿瘤的作用。

4. 免疫作用

双歧杆菌的免疫调节作用，是通过肠道刺激肠黏膜诱导激活潘氏细胞激活肠黏膜免疫系统，促进免疫球蛋白(IgA)的分泌，促进细胞因子和抗体的产生，提高了胃肠道黏膜的免疫和抗感染的能力。

5. 延缓衰老作用

双歧杆菌能有效促进机体内超氧化自由基发生氧化、封闭和降解，加速了体内自由基的清除，从而减少自由基参与氧化反应所致的机体衰老。双歧杆菌具有明显抗氧化作用，此外，双歧杆菌还能直接抑制肠道腐生菌的生长，减少腐生菌代谢产生的有毒物质数量及其对机体组织的毒害，调节改善肠道细菌的组成、分布及功能，从根本上降低肠道肿瘤、炎症、便秘以及心、脑血管等疾病的发病率，促进机体健康和抗衰老功能。

二、双歧杆菌的分离、培养与鉴定

1. 培养基的制备

双歧杆菌培养基应能满足对营养素、缓冲容量和酸度的要求。

(1)非选择性培养基　非选择性培养基常用 TPY 培养基，可用于从人类、牛的胃和肠道等来源的双歧杆菌的最初穿刺培养。培养基组分溶解后最终调 pH 为 6.5，于 121℃ 灭菌 15min。TPY 培养基配方见表 7－2。

表 7－2　TPY 培养基配方

组　分	含量/(g/L)	组　分	含量/(g/L)
胰酶解酪朊(Trypticase BBL)	10	植物蛋白胨(Phytone BBL)	5
酵母提取物(Difco)	2.5	吐温-80	1
葡萄糖	5	半胱氨酸·HCl	0.5
K_2HPO_4	2	$MgCl_2 \cdot 6H_2O$	0.5
$ZnSO \cdot 7H_2O$	0.25	$CaCl_2$	0.15
$FeCl_3$	微量	琼脂	15

(2)双歧杆菌最适生长培养基

一般认为双歧杆菌有复杂的营养需要，为此应使用含丰富营养素的培养基。

在最适培养基中双歧杆菌的成功生长是依赖下列因素进行的：①利用培养基的选择性，控制其他菌的生长；②双歧杆菌的镜检可通过不同染色剂的应用变得容易；③保持培养基的新鲜度有利于其生长；④培养基的合理选择能够使不同表现型的双歧杆菌的生长可靠。双歧杆菌的最适培养基：番茄—酪蛋白—酵母溶解物琼脂培养基和 BL -琼脂(葡萄糖—血—肝—琼脂)培养基，配方见表 7－3 和表 7－4。

表 7－3　番茄—酪蛋白—酵母溶解物琼脂培养基 pH6.4～6.5

组分	含量/(g/L)	组分	含量/(g/L)
琼脂	15	番茄汁	50～60
酵母提取物	1	维生素 C(0.1%)或半胱氨酸(2%)	1
葡萄糖(2%)	20	胨(Difco)	5
酪蛋白胨溶液(1%)	100	蒸馏水	800

表 7—4　BL-琼脂(葡萄糖—血—肝—琼脂)培养基 pH7.2

组分	含量/(g/L)	组分	含量/(g/L)
琼脂	15	酵母浸膏	5
酵母提取物	1	半胱氨酸·HCl	0.5
葡萄糖	10	胨(Difco)	10
肝提取液	150	植物蛋白胨(Phytone BBL)	3
肉提取物	3	溶液 A	10
溶液 B	5	淀粉溶解物	0.5
吐温-80	1	蒸馏水	815

BL-琼脂(葡萄糖—血—肝—琼脂)培养基配制注意事项：

1)溶液 A

K_2HOP_4 25.0g、KH_2PO_4 25.0g 溶于 250mL 蒸馏水中。

2)溶液 B

$MgSO_4 \cdot 7H_2O$ 10.0g、$FeSO_4 \cdot 7H_2O$ 0.5g、$MnSO_4 \cdot 4H_2O$ 0.33g、NaCl 0.5g 溶于 225mL 蒸馏水中。

3)培养基的制备

①肝提取物溶液制备：10.0g 肝粉在 170mL 蒸馏水中于 50～60℃浸提 1h，煮沸 10min 后过滤。

②除 L-半胱氨酸盐酸盐外的所有成分溶于蒸馏水中，调整 pH7.2，于 120℃灭菌 10min，冷却至 50℃，添加半胱氨酸盐酸盐于 5%灭菌溶液中。

(3)双歧杆菌选择性培养基

双歧杆菌为专性厌氧菌，尽管对氧的敏感性在种和菌株间存在差异，但在有氧条件下它们不能生长于平皿或试管斜面上。为了使双歧杆菌顺利分离并良好生长，要选择适宜的培养基，还要控制严格的厌氧条件，以适合于双歧杆菌生长发育。两种常用于双歧杆菌的分离培养的选择性培养基 PTYG 培养基和 MGLP 培养基见表 7—5 和表 7—6。

表 7—5　PTYG 培养基配方

组分	含量/(g/L)	组分	含量/(g/L)
胰胨	0.5	琼脂	1.5
酵母提取物	1	大豆蛋白	0.5
葡萄糖	1	吐温-80	0.1
盐溶液	4	0.1%刃天青	0.1
半胱氨酸·HCl·H_2O	0.05	蒸馏水	100

PTYG 培养基配制注意事项：

①配料后调 pH 为 6.8～7.0，113℃下灭菌 30min。此培养基主要用于双歧杆菌的分离培养，也可广泛用于乳杆菌、肠球菌和乳球菌等乳酸菌的分离培养。若往这种培养基中加入

0.5%～1%$CaCO_3$，在分离双歧杆菌及其他乳酸菌时，其菌落四周可显示透明圈，便于与非乳酸菌区分。

②其中盐溶液的成分为无水 $CaCl_2$ 0.2g、K_2HOP_4 1.0g、$MgSO_4 \cdot 7H_2O$ 0.48g、KH_2PO_4 1.0g、$NaHCO_3$ 10.0g 和 NaCl 2.0g。混合在 300 mL 蒸馏水中直至溶解，加 500 mL 水，一边搅拌一边缓慢加入其他盐类，继续搅拌直至溶解。加 200 mL 蒸馏水，混合并置于 4℃备用。

表 7－6　MGLP 培养基配方

组分	含量/(g/L)	组分	含量/(g/L)
胰酶解酪蛋白	20	琼脂	15
酵母浸膏	5	$Na_2HPO_4 \cdot 12H_2O$	2.5
乳糖	10	青霉素 G 钠盐	20(U)
醋酸钠	6	LiCl	3
半胱氨酸・HCl・H_2O	0.4	蒸馏水	1000
$MgSO_4 \cdot 7H_2O$	0.12		

MGLP 培养基配制注意事项：

①培养基的配制

除青霉素外的其他成分加热溶解后，调至 pH6.5，经 115℃ 20min 灭菌后冷却至 50℃，无菌加入青霉素溶液 20mL。主要作为双歧杆菌的选择性培养基。

②青霉素溶液

将青霉素溶于无菌水中，制成 1U/mL 的溶液。

(4)糖分解试验用基础培养基

该培养基用于鉴别双歧杆菌的糖类利用特性。配方见表 7－7。

表 7－7　糖分解试验用基础培养基配方

组分	含量/(g/L)	组分	含量/(g/L)
胰酶解酪蛋白	5	琼脂	1.5
酵母浸膏	5	肝 Briggs	5
蛋白胨	10	指示剂溶液用量	20
Bacto 肝粉浸出液	1000	吐温-80	1
L-半胱氨酸 HCl・H_2O	0.2		

糖分解试验用基础培养基配制注意事项：

①在糖分解试验用基础培养基的成分中，将除指示剂溶液外的其他成分溶解，调节至 pH6.5 或 7.2(用于双歧杆菌)，再加指示剂溶液。

根据表 7－11 所示的糖类，按 0.5%的浓度加入溶解后，分装于小试管(3mL/管)，在 115℃、高压蒸汽灭菌 20min。其中，阿拉伯糖、木糖、鼠李糖、核糖、山梨糖、甘露糖、果糖和麦芽糖分别制成 10%溶液，经微滤膜(孔径 0.45μm)除菌后，无菌操作加入到经 115℃、20min

灭菌的培养基中。同时,将不含糖的培养基作为对照。

②指示剂溶液

当鉴定双歧菌时,称取 1g 溴甲酚紫加入 500mL 水,用 0.1 mol/L NaOH 溶液调节为弱碱性。当鉴定乳杆菌时,称取 1g 氯酚红加 500mL 水,用 0.1 mol/L NaOH 溶液调节为弱碱性。

(5)液体培养基

该培养基用于分离纯化后,双歧杆菌的扩大培养。其配方见表 7—8。所有成分溶解完全后调 pH7.5,121℃灭菌 15min。

表 7—8 液体培养基配方

组分	含量/(g/L)	组分	含量/(g/L)
牛肉汤	500	葡萄糖	15
酵母浸膏	4	NaCl	5
蛋白胨	15	$NaHPO_4$	2.5
肝汤	500	硫代乙醇酸钠	1
L-半胱氨酸 HCl · H_2O	2		

(6)样品计数稀释液

当进行样品或菌种稀释时,采用表 7—9 和表 7—10 所示的缓冲溶液。

表 7—9 样品计数稀释 Haenel 缓冲液

组分	含量/(g/L)	组分	含量/(g/L)
琼脂	1	KH_2PO_4	4.5
Na_2HPO_4	6	巯基乙酸(97%)	0.3
蒸馏水	1000	pH	6.6

表 7—10 样品计数稀释 Ochil 缓冲液

组分	含量/(g/L)	组分	含量/(g/L)
琼脂	1	KH_2PO_4	4.5
Na_2HPO_4	6	半胱氨酸盐酸盐	0.5
吐温-80	1	pH	6.8
蒸馏水	1000		

2. 双歧杆菌的培养、分离和鉴定

(1)样品的收集

获取初始样品前,不能对样品源进行任何修饰。注意事项如下:

①最具代表性的双歧杆菌样品一般选择哺乳动物肠道菌群样品。

②样品不要被其他微生物污染,可应用灭菌技术获得,同时避免清洗剂和消毒剂残留的污染。

③样品要防止暴露于空气或氧气中。

④在所有情况下，最好的取样方法是在研究马上要开始时进行，样品在收集后应尽快运送到实验室进行培养和分离菌种。当研究不能马上开始时，从动物体内、体外取出的样品应尽快冷冻，－75℃的冷冻方法对人粪便和肠道内容物样品保存效果很好。

⑤不应用强化或传代培养，直接从样品进行培养分离，这样可尽可能少地引起需氧兼性菌和非厌氧菌的过度生长。

(2)样品的制备和稀释

一般选择含0.3％半胱氨酸盐或含0.05％半胱氨酸盐的具有还原性物质的磷酸盐缓冲溶液作为稀释液，事前要求在沸水浴中保温20min以除去氧。按规则取1g样品（如粪便、泪液、唾液、人乳等）悬浮于100mL稀释溶液中。

(3)接种培养

取0.1 mL稀释液涂布在双歧杆菌选择性平板上，37℃厌氧箱培养48～72h，挑选单个可疑菌落，经革兰氏染色及个体形态显微观察，初步判断双歧杆菌菌落，接入还原乳中，在厌氧条件下传代和保存。经多次传代和驯化，获得目标菌后进行形态学观察。一般双歧杆菌菌落呈凸起、边齐、乳白色、不透明、有光泽、质地软等特性。革兰氏染色呈阳性反应，菌体呈棒形，弯曲，V、Y字形等，分岔明显。

(4)菌种鉴定

双歧杆菌的属和种的鉴定采用生理生化特性及代谢产物分析法进行。如两歧双歧杆菌一般对好氧性、触酶、硝酸盐还原、明胶液化、吲哚、产气、联苯胺、卵磷脂酶等指标均呈阴性，可利用葡萄糖、果糖、半乳糖、蔗糖、乳糖、蜜二糖进行发酵等。其他双歧杆菌亦可根据其独特的生理生化特性进行鉴别。此外，根据厌氧菌对葡萄糖终端代谢产物的分析也是厌氧菌分类鉴定的重要依据。双歧杆菌的主要终端产物是醋酸和乳酸，其醋酸和乳酸克分子比为2∶1或3∶2。如可将待鉴定的菌株接入葡萄糖培养基，厌氧培养48h后，8000r/min，10min离心除去菌体，取上清液用气相色谱仪检测其主要代谢产物及相应比例。

三、双歧杆菌生产技术

1. 发酵菌种

用于生产的双歧杆菌一般有纯双歧杆菌菌种和含双歧杆菌的混合菌种两类。最常用的双歧杆菌菌种是两歧双歧杆菌，许多情况下也应用长双歧杆菌。为了提高酸度和风味成分含量，常将乳杆菌和乳酸链球菌与双歧杆菌混合发酵，最典型、应用最广泛的混合菌种为含双歧杆菌、嗜酸乳杆菌和嗜热链球菌3种菌种，常被称为BAT。

2. 菌种保存

双歧杆菌纯培养物和混合菌种一般由高校和研究所提供，或从适合物质中提取分离。菌种的保存常用冷冻法，如可在液氮（－195.8℃）中冷冻作长期保存，在－25℃～－40℃作短期保存，也可在干冰（－78.8℃）运输。

3. 工作发酵剂的制备

(1)基本工艺流程

可进行双歧杆菌单一纯菌种扩大培养制备工作发酵剂，也可制备BAT混合发酵剂，但制备混合发酵剂时，由于存在混合菌对双歧杆菌生长抑制的问题，故常先用各自纯菌种经活化、扩大培养，然后再进行混合培养。工作发酵剂调制流程如下：

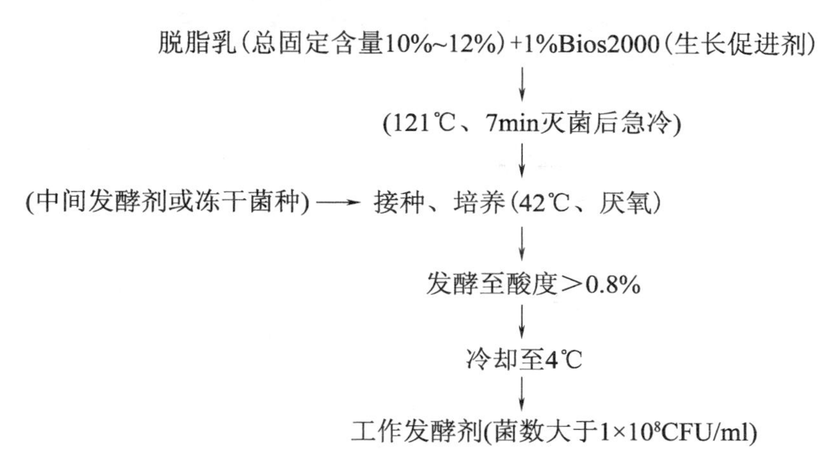

(2)工作发酵剂制备工艺参数

①培养基制备

蒸馏水中加入10%的无抗脱脂乳粉，并添加1%的Bios2000(生长促进剂)，于121℃杀菌7min后急冷，冷却备用。

②培养

在42℃恒温培养约7～8h，当酸度＞0.8%冷却降温停止培养，如不及时使用，应在4℃冷藏，一般冷藏时间不大于24h。

工作发酵剂制备好以后可进行接种发酵。在液体培养基中接种后尽量采用厌氧培养，通常采用通入氮气和二氧化碳混合气体，驱除罐内残余氧气。使培养液中氧分压降低至最低限度。

四、双歧杆菌在功能食品中的应用

从1940年开始，医学界已经开始使用双歧杆菌治疗儿童的营养不良症，到了20世纪60年代，国际微生物学术界已经承认双歧杆菌能改变肠道微生物群体，双歧杆菌培养物已经问世。目前，国外含双歧杆菌的产品已经超过70种以上，它们包括酸乳脂、酪乳、酸乳、乳点心、速冻点心，以及片剂和胶囊等。

在我国，20世纪70年代大连医学院用双歧杆菌研制出“回春生”胶囊，用于调整肠道菌群紊乱；进入20世纪90年代，双歧杆菌类口服液一哄而上，如“三株口服液”、“双歧王”、“昂立一号”等，其主要有益菌都是双歧杆菌。但是，这类口服液含活菌量很少，有的根本就没有活菌，因此，这类口服液对人体的主要作用还是双歧杆菌的代谢产物而并非双歧杆菌。双歧酸奶、活性双歧胶囊可以说是真正的含双歧活菌的产品，但此类产品的保存期较短，科学工作者们正力求把双歧杆菌制品做成可以在常温下保存的粉剂、片剂或胶囊，以更好地发挥双歧杆菌的作用，并且普及到医疗保健和食品工业上。

1. 双歧杆菌酸奶制备

双歧杆菌发酵出的酸奶因具有纯美的酸味、无苦味，并含有L-乳酸，且发酵后冷藏中引起的后期酸度上升少等优点，从而成为人们研究开发的热点。

(1)生产工艺流程

双歧杆菌发酵乳以乳为原料,经双歧杆菌和乳酸菌(常用保加利亚乳酸杆菌与嗜热链球菌)发酵加工而成。搅拌型双歧杆菌酸奶的生产过程如图 7—1 所示。

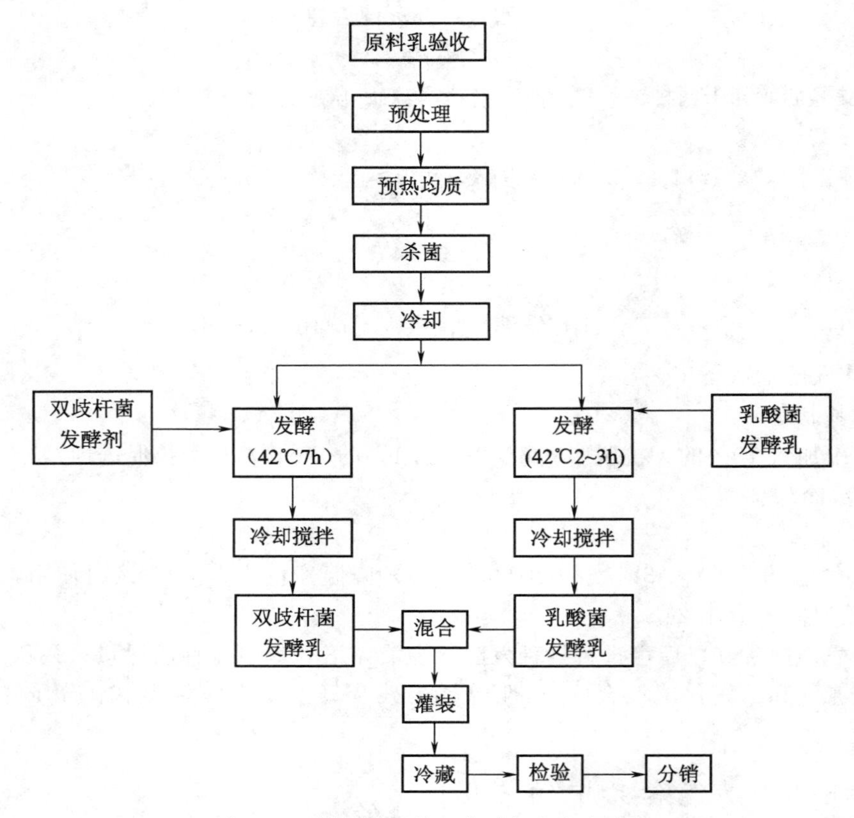

图 7—1 搅拌型双歧杆菌酸奶的生产过程

(2)工艺操作要求

①双歧杆菌的选择

用于制作酸奶的双歧杆菌应有一定的产酸能力,发酵终点 pH 4.5～4.6 较理想;感官评定酸度柔和,风味较好;对氧有一定程度的耐受性;适合一般发酵乳生产所需的温度条件。研究表明,两歧双歧杆菌和婴儿双歧杆菌效果最好。对这两种菌种的不同菌株在乳中连续深层培养或在含有乳酵母培养基中驯化可达到良好效果。

②双歧杆菌发酵乳的发酵条件

为使发酵乳中活菌含量较高而凝乳时间又相对较短,发酵工艺选择为:在原料乳中加入 0.25%生长促进剂,接种 5%的驯化双歧杆菌菌种,42℃培养 7h。一般生长促进物质可用玉米浸出液 0.1%～0.5%,胃蛋白酶及酪蛋白胨等,大豆浸出液、玉米油加入维生素 C、酵母浸出液 0.1%～0.5%。由于厌氧菌需要无氧环境,加入还原剂则有利于双歧杆菌生长。常用的还原剂有葡萄糖 1%～5%,抗坏血酸 0.1%及半胱氨酸约 0.05%等。

③乳酸菌发酵乳

乳酸菌发酵乳按搅拌型酸牛乳发酵工艺进行制备。

④混合

将双歧杆菌发酵乳与乳酸菌发酵乳在冷却至20℃以2∶1或3∶1比例混合制成的双歧杆菌发酵乳，含双歧杆菌数可达$10^{6\sim8}$CFU/ml，风味同酸牛乳基本相同。

2. 双歧杆菌微生态制剂制备

(1)微生态制剂的种类

微生态制剂(Microecologics)，也称为微生态调节剂，是在微生态学原理指导下制得的含有大量有益菌的制剂。有的微生态制剂还含有这些微生物的代谢产物、能促进有益菌生长的促进因子。

一般认为，微生态制剂具有维持宿主的微生态平衡，调整其微生态失调，提高其健康水平的功能。根据微生态制剂所含成分，可将其细分如下。

①益生菌(Prob iosis)

即狭义的微生态制剂，应用一种或几种有益菌，这些菌通常是从肠道相应部位分离出的正常菌群，将其培养增殖，浓缩干燥制成菌剂。常用于微生态制剂生产的双歧杆菌有两歧双歧杆菌(Bifidoba - cterium. bifidum)、青春双歧杆菌(Bifido. adolescentis)、婴儿双歧杆菌(Bifido. infantis)、短双歧杆菌(Bifido. breve)和长双歧杆菌(Bifido. 1ongum)5种。通常双歧杆菌与乳酸杆菌等进行混合培养生产多菌型复合微生态制剂。也可分别培养，然后混合成多菌型微生态制剂。

②益生素(Prebiotics)

它不被宿主消化吸收却又能有选择性地促进其体内有益菌的代谢和增殖，如属于双歧因子的低聚果糖、低聚异麦芽糖和低聚木糖等。

③合生剂(Synbiotics)

是指在制剂中包括有益生菌和益生素两部分的制剂。微生态制剂在国外多以片剂和胶囊形式出现，其中所含的有益菌多采用真空冻干法生产，活菌含量高，有利贮藏，每个胶囊或片剂含菌达10亿个或更高。微生态制剂一般均采用口服，有益菌可在宿主的特定部位存活，改善宿主的微生态平衡，达到治疗或保健的目的。

(2)基本工艺流程

微生态制剂的片剂、胶囊或水剂操作流程如下：

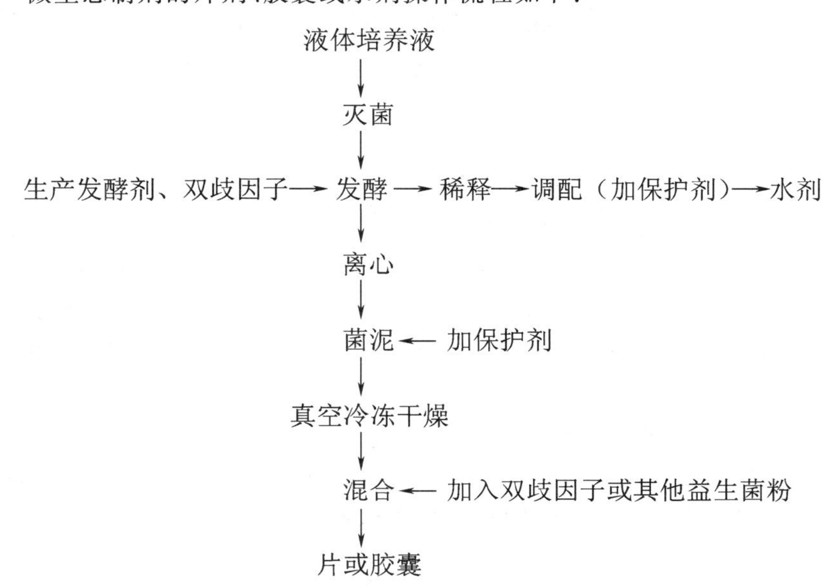

(3)工艺说明及关键控制点

①发酵工艺与双歧杆菌发酵剂制备相同，只是培养量更大。发酵规模大的种子液需经2～3级种子罐扩大培养。对于大规模生产，尽可能采用已经耐氧驯化的生产用菌株，如果最初没有耐氧菌株，可在种子扩大培养初期阶段先使用氮气，再逐步增加基质气相中的氧气来逐渐驯化培养菌株的耐氧性。经多次继代培养，得到能适应生长在一般静置培养条件下的菌株作为生产用菌株。为了使双歧杆菌尽快进入对数生长期，可增加接种量至5%～10%。

②定期检测发酵液的酸度，确定发酵终点在对数生长期，因为对数生长期内的菌体活力最强，以利于双歧杆菌活性的保持。菌体分离时需在封闭无杂菌污染条件下进行浓缩(常用离心或超滤)。

③发酵液离心沉降应采用低温、高速、短时工艺。离心所得菌泥应加入适量保护剂(如抗氧化剂、食用胶等)，形成高浓度悬浮菌液，快速冻结至－50℃。

④若要制成粉剂，则常用真空冷冻干燥法。冷冻干燥应在15min达66.5Pa，随后降至20Pa以后可适当加温，注意不要破坏共融点，以使样品保持冻结状态；干燥水分应控制在2%以内，否则会影响双歧杆菌的保存时间。冻干粉要测定每克成品所含活菌数。冻干完成后在纯菌粉中常加入双歧促进因子或其他添加剂(如国外常用螺旋藻粉)，真空混匀后按规格制胶囊或压成片剂。

⑤水剂状态的微生态制剂一般不耐贮藏，难以保证质量，在国际市场上不易采用。国内有不少水剂产品。其工艺为发酵完成后进行菌体分离浓缩，然后稀释调配，加入保护剂，加入(或不加入)生长因子，最后进行分装密封。整个过程要求在低温、无杂菌污染条件下进行。

⑥如果是多菌复合组成的微生态制剂，可在各菌培养制成冻干粉剂后，按产品规格进行混合后再行压片或制成胶囊。

任务2　乳酸杆菌

乳酸杆菌属于乳杆菌属(Lactobacillus)，呈典型的杆状，从细长杆状到短的弯曲杆状。乳酸杆菌中常用的益生菌有干酪乳杆菌(L. casei)、嗜酸乳杆菌(L. acidophilus)、植物乳杆菌(L. plantarum)、发酵乳杆菌(L. fermentum)、短乳杆菌(L. brevis)、纤维二糖乳杆菌(L. cellobiosus)、乳酸乳杆菌(L. 1actis)和德氏乳杆菌保加利亚亚种(L. delbrueckii subsp. bulgaricus)等。

一、乳酸杆菌的生理功能

在微生物分类学上，乳酸杆菌(Lactobacillus)与链球菌(Streptococcus)和双歧杆菌(Bifidobacterium)同属于乳酸菌。而乳酸杆菌与双歧杆菌是存在于人类体内的有益菌，通常乳酸杆菌还是人类肠道的优势菌。研究表明，乳酸杆菌的生理功能没有双歧杆菌全面，但对人体仍然具有重要的保健作用，而且乳酸杆菌与双歧杆菌的保健功能在许多方面是相互依存、相互促进的。其中主要作用如下。

1. 调节肠道菌群平衡、纠正肠道功能紊乱

乳酸菌通过其自身代谢产物和与其他细菌间的相互作用，调整菌群之间的关系，维持和保证菌群最佳优势组合及稳定性。调节肠道菌群平衡、纠正肠道功能紊乱。

2. 抑制内毒素产生、免疫激活、抗衰老和抗肿瘤作用

乳酸菌产生的乳酸能抑制肠腐败细菌的生长，减少这些细菌产生的毒胺、靛基质、吲哚、氨、硫化氢等致癌物及其他毒性物质对机体的损害，延缓机体衰老进程。乳酸菌的抗肿瘤作用是由于肠道菌群的改善结果，抑制了致癌物的产生，同时乳酸菌代谢物激活了免疫功能，也能抑制肿瘤细胞的增殖。

3. 降低血清胆固醇、生成营养物质

营养统计学表明，有长期饮用发酵酸奶的人群一般能保持较低的血清胆固醇水平，这与乳酸菌代谢物乳酸和 3 -羟基- 3 -甲基戊二酸可降低胆固醇含量有关；由于乳糖被乳酸菌代谢，故可改善(克服)乳糖不耐症，这点对黄种人尤其重要；经发酵的酸奶明显提高蛋白质、钙、磷、铁和维生素 D 的吸收与利用率，有美容、排毒、明目、固齿等功能。

二、乳酸杆菌的培养、分离与鉴定

1. 分离培养

乳杆菌属是专性或严格的发酵菌，有复杂的营养要求。在分离培养时需考虑这些要求，选择合适的培养基进行分离。

(1)半选择性与选择性培养基

当乳杆菌是主要菌类时，要求使用半选择性培养基。一般可用 MRS 琼脂培养基作为乳杆菌的分离、增植或培养。对于要求条件较苛刻，主要是专性异型发酵的菌种，则用改良的 Homohiochii 培养基对其生长较佳。

表 7－11　MRS 琼脂培养基配方

组分	含量/(g/L)		组分	含量/(g/L)	
	配方 1	配方 2		配方 1	配方 2
蛋白胨	10	10	乙酸钠	5	5
酵母提取物	5	5	K_2HPO_4	2	2
柠檬酸二铵	2	2	吐温-80	1	1
葡萄糖	20	20	$MnSO_4 \cdot 4H_2O$	0.25	0.05
$MgSO_4 7H_2O$	0.58	2	琼脂	15	15
肉膏	10	8	蒸馏水	1000	1000

MRS 琼脂培养基配制注意事项：配制好后调节 pH6.2～6.4，121℃灭菌 15min。此培养基主要用于分离培养乳杆菌和明串珠菌。

当乳杆菌仅是复杂区系中的部分菌类时，则要求使用选择性培养基，以 SL 培养基最为广泛采用。然而，能使肉腐败的绿色乳杆菌和其他适应非常酸性环境的种不能在其上生长，链球菌和肉食杆菌等也能被抑制。若在此培养基中加入 10mL/L 的亚胺环己酮，则酵母菌也能被抑制。常用半选择性与选择性培养基配方见表 7－11～表 7～15。

表 7—12 改良的 Homohiochii 培养基配方

组分	含量/(g/L)	组分	含量/(g/L)
胰胨	10	吐温-80	1
酵母提取物	7	$MgSO_4 \cdot 7H_2O$	0.2
肉膏	2	$MnSO_4 \cdot 4H_2O$	0.05
葡萄糖	5	$FeSO_4 \cdot 7H_2O$	0.01
果糖	5	甲羟戊酸内酯	0.03
麦芽糖	2	半胱氨酸盐酸盐	0.5
葡萄糖酸钠	2	琼脂	15
柠檬酸二胺	2	蒸馏水	1000
乙酸钠	5		

改良的 Homohiochii 培养基配制注意事项：配好后调节 pH5.4，121℃灭菌 15min。此培养基主要用于分离培养乳杆菌属中专性异型发酵的菌种。

表 7—13 SL 培养基配方

组分	含量/(g/L)	组分	含量/(g/L)
酪蛋白水解物	10	葡萄糖	20
酵母提取物	5	K_2HPO_4	6
柠檬酸二胺	2	吐温-80	1
$CH_3COONa \cdot 3H_2O$	25	$FeSO_4 \cdot 7H_2O$	0.03
$MgSO_4 \cdot 7H_2O$	0.58	琼脂	15
$MnSO_4 \cdot 4H_2O$	0.15	蒸馏水	1000

配制 SL 培养基注意事项：溶解琼脂在 500mL 的沸水中，溶解其他的组分在 500mL 蒸馏水中，用冰醋酸调至 pH5.4 并混合已溶化的琼脂，进一步煮沸 5min，倾倒平板或将此热的培养基适量分装入灭菌的带螺口盖的瓶或试管内，这样无需进一步灭菌，避免重复溶化与冷却处理。

表 7—14 Briggs 琼脂培养基与肝 Briggs 液体培养基配方

组分	含量/(g/L)	
	Briggs 琼脂培养基	肝 Briggs 液体培养基
西红柿浸出液	400	400
蛋白胨	15	15
酵母浸膏	6	6
肝浸膏	—	75
葡萄糖	20	20
NaCl	5	5

续表

组分	含量/(g/L)	
	Briggs 琼脂培养基	肝 Briggs 液体培养基
吐温-80	1	1
可溶性淀粉	0.5	0.5
琼脂	15	—
半胱氨酸盐酸盐	—	0.5
蒸馏水	600	525

Briggs 琼脂培养基与肝 Briggs 液体培养基配制注意事项：

①培养基的配制

各配料溶解混合均匀后，调节至 pH6.8，在 121℃下灭菌 15min。

②西红柿浸出液

在西红柿中加入等量的水，不断搅拌并经 1.5h 加热后，用 10% NaOH 溶液调节至 pH7.0，滤纸过滤。

③生长温度试验时，需往肝 Briggs 液培养基中加入 0.15% 琼脂，溶解后分装于小试管中。

分离牛奶、干酪和发酵乳品中的乳杆菌时，可使用 SL 培养基。乳球菌可完全被抑制，但常见牛奶干酪的明串珠菌与片球菌能在其上生长，因而需对有关菌落做进一步的鉴定。对于分离乳品中的嗜热乳杆菌，则在 SL 培养基中加入 0.5% 的牛肉膏效果更明显。值得说明的是，某些双歧杆菌和肠球菌也可能在其上生长，故对其菌落需做深入的鉴定。

(2)分离培养条件的控制

大多数乳杆菌在厌氧或增加 CO_2 压力条件下生长较好，特别是在初始分离时。可将琼脂平皿处于 1 个大气压的 90%N_2 与 10%CO_2 混合气态中进行培养，这样易于观察和辨别出在其表面生长的各种不同类型的菌落。

分离从人、动物和某些乳品来源所获得的分离物在 37℃下培养，其他的分离物一般在 30℃下培养，低温来源的目标菌株在 22℃条件下培养。菌株的分离、纯化、保存操作流程如下：

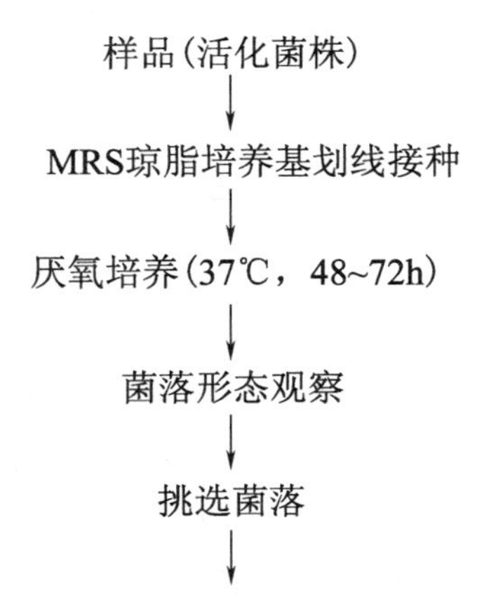

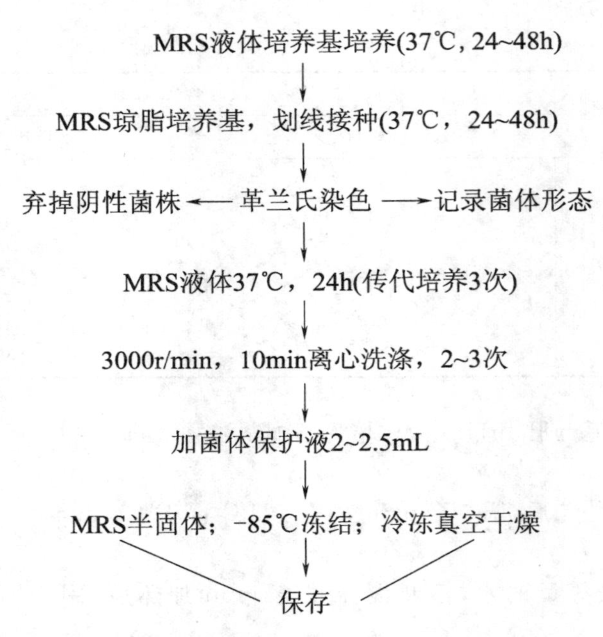

(田建军《高效降胆固醇乳酸菌的筛选及其在发酵乳中的应用》,2006 年)

2. 菌种鉴定

(1)取样及制备试样

按图 7－2 所示,在试样分离培养乳酸菌前通过观察直接涂抹所获样本,确定菌株形态和革兰氏染色性状,估计其菌种的构成和菌数。

在载玻片上用玻璃笔划 10mm 边长的正方形,移取液体试样或其 5～10 倍稀释液 0.01mL,进行革兰氏染色。因为载玻片上的试液容易脱落,故在染色前需用甲醇固定 5min。染色后进行镜检,如果能判定试样中大概的菌数和菌种,就可预测分离培养应选用的培养基和稀释倍数。在不能判定时,可先假设样品含菌数低于 10^5CFU/g 以下,然后进行稀释和接种操作。稀释液配方见表 7－15。

表 7－15　样品稀释液配方

组分	含量/(g/L)	组分	含量/(g/L)
KH_2PO_4	4.5	吐温-80	0.5
K_2HPO_4	6	琼脂	1
半胱氨酸盐酸盐	0.5	蒸馏水	1000

(2)乳酸菌培养与菌落判定

试样进行与其含菌数相对应的 3～4 倍梯度稀释。各取 0.05 mL 稀释液用吸移管滴在干燥平板的 1/3 至 1/4 区域,用玻棒均匀涂布。平板接种后,对其中 TS 琼脂和 BS 琼脂培养基进行 37℃,48h 的好气培养。BL 琼脂培养基进行 37℃,48h 的厌氧培养。之后从厌氧瓶中取出平板,观察平板上生长的菌落的性状和革兰氏染色的菌形态,若推测其是乳杆菌或双歧杆菌,则在 Briggs 琼脂和 BL 琼脂平板上将其分离,进行 37℃48h 的厌氧培养。培养基配方见表 7－16。

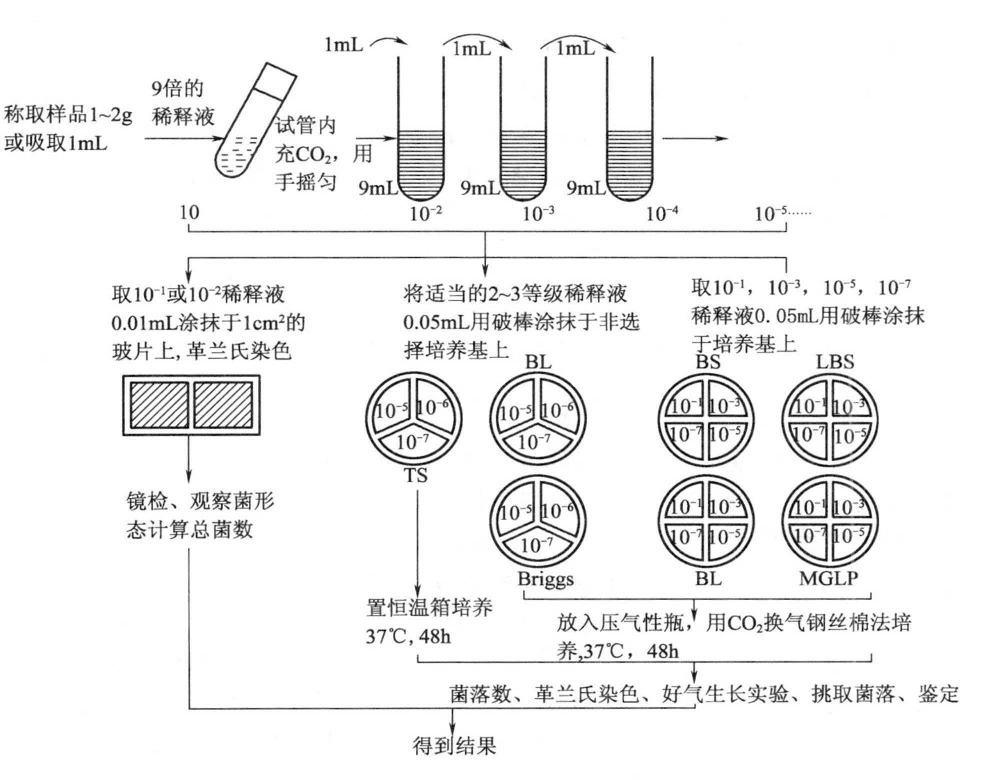

图7—2　乳酸菌分离鉴定步骤

（引自郑建仙《功能性食品》,1999年）

表7—16　BL琼脂培养基配方

组分	含量/(g/L)	组分	含量/(g/L)
牛肉浸膏	3	溶液A	10
蛋白胨	10	溶液B	5
胰酶解酪蛋白胨	5	吐温-80	1
植物蛋白胨	3	琼脂	15
酵母浸膏	5	半胱氨酸盐酸盐	10
肝浸膏	150	马血	50
葡萄糖	10	蒸馏水	765
可溶性淀粉	0.5		

在BL琼脂平板上，乳杆菌和双歧杆菌具有典型特征的菌落，乳杆菌为圆形、枕形、半球状隆起的乳褐色或黄褐色的菌落，也有的形成不定型、扁平或灰褐色的菌落，通过革兰氏染色观察形状，确定其是否为兼性厌氧菌，以便与双歧杆菌鉴区别开来。双歧杆菌为圆或半球状隆起，表面光滑呈红褐色、乳褐色、灰褐色或黄褐色，直径约0.7～2.5mm，菌落周围因产酸而使培养基变褐色。当确定其为兼性厌氧还是厌氧菌时，可接种2个BL琼脂平板，分别进行好氧

与厌氧培养。分离的乳杆菌和双歧杆菌在BL琼脂上容易死亡，所以在保存时每过一周要进行一次传代培养，并以冷冻干燥或冷冻保存为好。

BL琼脂培养基配制注意事项：

①培养基的配制：各种成分除L-半胱氨酸盐与马血外，其余成分加热溶解，调节至pH7.2；经115℃，20min灭菌后冷却至50℃，加入L-半胱氨酸盐酸盐和马血。

②肝浸膏：取10g肝粉加入170 mL蒸馏水中，置于50～60℃保温1h后经100℃数分钟的加热，调节至pH7.2并用滤纸过滤。

③溶液A：取25g KH_2PO_4 和25gK_2HPO_4，加25mL蒸馏水溶解。

④溶液B：取10g $MgSO_4 \cdot 7H_2O$，0.5g$FeSO_4 \cdot 7H_2O$，0.5g NaCl和0.337g$MnSO_4$加250mL蒸馏水溶解。

(3)乳酸菌菌种鉴定

分离的乳酸菌中，鉴定乳杆菌与双歧杆菌菌种时，必须分析其糖分解的性状、产生与生长温度等才能确定。其操作过程与双歧杆菌菌种鉴定基本相同，追加如下试验操作。

①增菌培养和接种菌液的制备

将分离菌株接种到B L琼脂上，置于厌氧箱内进行37℃，48h的厌氧培养，将长出的单个菌落接种于肝Briggs液体培养基中。接种前，肝Briggs液体培养基需经100℃，1 5min的加热处理以去除培养基中空气，急剧冷却后以每3.0mL培养基加1滴维生素C与半胱氨酸的溶液。接种后的肝Briggs液体培养基经37℃，24h增菌培养后经2500r/min离心10min以沉淀菌体，之后加入含有0.1%半胱氨酸盐酸盐和0.1%巯基乙酸钠的无菌生理盐水，制成原菌液2倍浓度的菌悬液，作为接种菌液。

②性状检查用培养基的接种和培养

按表7—17所示性状检查项目制备培养基，吸取被检菌株的菌液向各培养基底部接种50μL。接种后，存在乳杆菌时，用气体产生试验培养基；存在双歧杆菌时，在培养基上加0.8mL的无菌液体石蜡，除试验生长温度外，其余以37℃培养。生长温度试验是使用能正确调至所定的温度(15℃，45℃)恒温水槽，进行7～14d的培养。

表7—17 常见乳杆菌鉴别特征

种名	苦杏仁苷	阿拉伯糖	纤维二糖	七叶灵	果糖	半乳糖	葡萄糖	葡糖酸盐	乳糖	麦芽糖	甘露醇	甘露糖	松三糖	密二糖	棉籽糖	鼠李糖	核糖	水杨苷	山梨醇	蔗糖	海藻糖	木糖	从精氨酸产氨	乳酸旋光性	15℃生长
保加利亚乳杆菌	−	−	−	−	+	−	+	−	+	−	−	−	−	−	−	−	−	−	−	−	−	−	−	D	−
嗜酸乳杆菌	+	−	+	+	+	+	+	−	+	+	−	+	−	d	d	−	−	+	−	+	d	−	−	DL	−
植物乳杆菌	+	d	+	+	+	+	+	+	+	+	+	+	d	+	+	−	+	+	+	+	+	d	−	DL	−
干酪乳杆菌	+	−	+	+	+	+	+	+	d	+	+	+	+	−	−	−	+	+	+	+	+	−	−	L	+
瑞士乳杆菌	−	−	−	−	d	+	+	−	+	d	−	d	−	−	−	−	−	−	−	−	d	−	−	DL	−
短乳杆菌	−	+	−	+	+	d	+	+	d	+	−	−	−	+	d	−	+	−	−	d	−	d	+	DL	+

注：+表示90%菌株阳性；−表示90%菌株阴性；d表示80%～90%菌株阳性；D或L表示90%乳酸旋光性；DL表示总乳酸的25%～75%是L型。

③结果的判定

乳杆菌培养后第3d和第7d进行2次观察，双歧杆菌培养后第4d和第10d进行2次观察，判定糖分解性、气体产生和所定温度生长情况等。进行产气试验时，小发酵管中产气者为阳性。生长温度试验根据在所定温度下是否生长进行判定。

三、乳酸杆菌生产技术

1. 菌种纯培养物的活化及保存

分离培养的或市售的商品乳酸菌菌种由于保存、运输等原因，活力会减弱，需进行多次接种活化，以恢复其活力。

菌种若是粉剂，首先应采用经121℃，7min灭菌的脱脂乳(浓度10%)将其溶解，然后用灭菌吸管吸取少量的液体接种于预先灭菌的培养基(10%脱脂乳)中，置于恒温箱或培养箱中35～43℃培养(最适温度视菌种而定)。待脱脂乳培养基凝固后再接种于灭菌脱脂乳中(接种量为1%～3%)。如此反复活化数次。待乳酸菌充分活化后，即可调制母发酵剂。以上操作均需在无菌室内进行。如在脱脂乳中添加10%胡萝卜汁、7%的番茄汁、7%玉米汁、乳酸菌促生长剂，则可缩短活化时间并提高活力。

纯培养物作维持活力保存时，需保存在0～5℃冰箱中，每隔1～2周移植一次，但长期移植过程中，可能会有杂菌的污染，造成菌种退化。因此，为避免菌种退化，还应进行不定期的纯化处理。

2. 母发酵剂的制备

将经活化后的乳酸菌纯培养物接种到经121℃，7min灭菌并迅速冷却至40℃左右的脱脂乳中培养，接种量为培养基的1%～3%，待凝固后再移至另一灭菌脱脂乳中，如此反复2～3次，制得母发酵剂。

3. 生产发酵剂的制备

取实际生产量的1%～3%的脱脂乳，装入已经杀菌的生产用种子发酵罐中，以95～100℃，10min杀菌后冷却至40℃左右，然后以无菌操作接种母发酵剂，接种量1%～3%。搅拌均匀后于35～43℃(最适温度视菌种而定)培养，达到所需酸度后即可作为生产发酵剂直接泵入生产发酵罐进行生产。当不直接用于生产时，可取出于冷库中保存待用。

四、乳酸杆菌在功能食品中的应用

乳酸杆菌功能食品主要包括活性菌微生态制剂和发酵食品。乳酸杆菌经扩大培养后浓缩分离得到菌体，经添加保护剂，冷冻干燥制成粉剂，可制成胶囊或片剂。但较常见的产品形式是与双歧杆菌活性粉剂混合制成多菌型微生态制剂。乳酸杆菌发酵食品包括含活菌的发酵食品及发酵后经灭菌处理得以长期保存的食品。为了改善口感、增强制品的保健作用，乳酸杆菌很少采用单菌发酵，常与乳酸链球菌、嗜热链球菌、嗜酸乳干菌、酵母菌及双歧杆菌混合发酵。下面介绍典型的乳酸杆菌功能食品：凝固型酸牛乳的加工技术。

1. 凝固型酸牛乳

(1)基本工艺流程

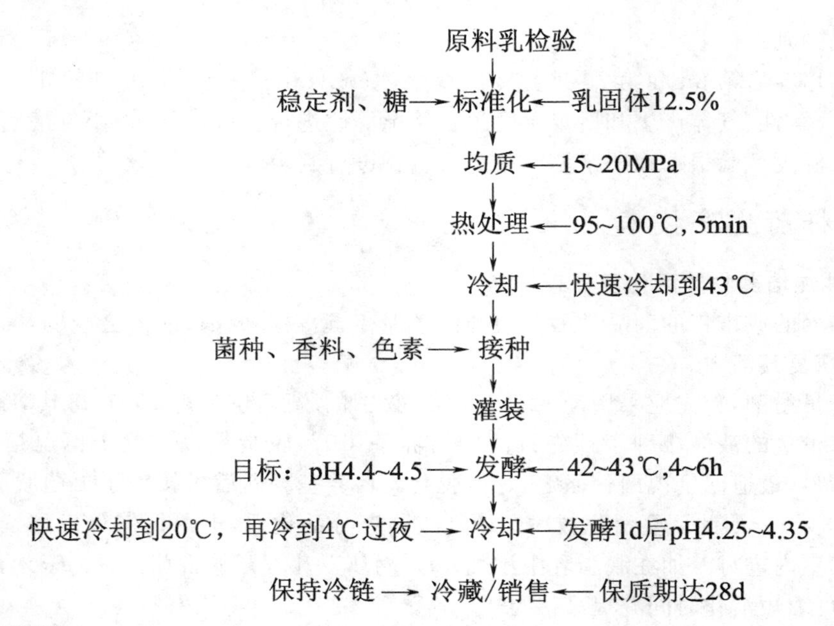

(2)工艺说明

①发酵剂的制备

凝固型酸奶生产中常用的混合发酵剂是保加利亚乳杆菌和嗜热链球菌(1∶1)，它们的最佳生长温度为42～43℃，它们是一种共生关系，比单一菌种发酵产酸率要高得多，且在发酵过程中还会协同产生更多的乙醛。此外，常见的混合发酵剂还有保加利亚乳杆菌和乳酸链球菌(1∶4)，最适生长温度为35～37℃。

生产发酵剂的制备要经种子活化培养、母发酵剂制备和生产发酵剂制备等过程，具体操作见本节乳酸菌的发酵。但要注意根据菌种的不同调节好相应的最适培养温度。

②原料乳的检验与标准化

用于生产发酵乳的原料乳除了要进行感官指标(色泽、滋味、气味和温度等)、理化指标(相对密度、酸度、脂肪)和微生物指标(杂菌数、大肠杆菌数)两个常规指标的评定外，还要进行原料乳抗菌素的检测。当奶牛生病时，可能会注射抗菌素进行治疗，抗菌素会转移至分泌的乳中。当原料乳中含有一定浓度的青霉素、链霉素或四环素时，会抑制酸奶混合菌的生长，从而影响发酵。检测时常采用预发酵试验。

为了使凝固酸奶符合产品规格要求，原料乳调配后非脂乳固体含量(MSNF)必须≥8.5%，脂肪含量≥3.2%。标准化原料乳中可添加6%～8%的蔗糖以改善制品甜酸度，另可添加0.2%～0.5%的稳定剂(常用琼脂、明胶、藻酸丙二醇酯、果胶、淀粉等)以提高胶凝度，使制品口感细腻且富有弹性。

③均质、杀菌与冷却

均质前预热至60～65℃可提高均质效果。均质采用二级均质进行，一级均质压力控制在15～20MPa，二级均质压力控制在3.5～5MPa。95～100℃灭菌5min，再经板式热交换器冷却至45℃左右。这样可杀灭乳中的病原菌和噬菌体、钝化部分酶，并减少其他微生物数量，此外还可以去除乳中的氧气，更有利于乳酸菌的生长。

④接种、发酵与成熟

接入原料乳2%～3%的生产发酵剂，充分搅拌均匀后即可灌装。然后集中置于恒温发酵室进行发酵，发酵时间和温度随菌种而定，如保加利亚乳杆菌与嗜热链球菌于42～43℃发酵4h；若用保加利亚乳杆菌与乳酸链球菌则于33℃保温10h。这个阶段乳酸菌生长繁殖迅速，产乳酸量大。当乳酸酸度达到0.8%（pH4.3左右）凝乳完成，并有少量乳清析出。此时要送入1～5℃冷库中冷藏。在温度下降至4～6℃之前，仍有一个继续发酵的阶段，主要以产生乙醛等芳香物质为主，同时乳酸还会提高到（约0.9%），此阶段为后发酵或成熟阶段。商品活菌型凝固酸奶乳酸菌活菌数要≥10^7CFU/mL，在低于10℃的冷链系统中销售，保质期一般为7～10d。

【小结】

本章主要介绍了益生菌中双歧杆菌和乳酸杆菌的生理功能及其分离、纯化、鉴定、生产和在功能食品中的应用工艺技术。双歧杆菌和乳酸杆菌是存在于人体肠道中有益菌，这些肠道微生物在人体健康和抑制疾病发生等方面有重要作用，与营养、生理功能、免疫反应等密切相关。其中应用较多的主要有婴儿双歧杆菌、青春双歧杆菌、短双歧杆菌、两歧双歧杆菌、长双歧杆菌、保加利亚乳酸杆菌、嗜热链球菌、嗜酸乳酸杆菌、干酪乳杆菌等。在实际应用前要对这些有益菌进行分离、纯化和鉴定，并进行扩大培养以制备生产发酵剂。

人体肠道有益菌的产品形式可以是微生态剂，也可以是含活菌和能促进这些菌在肠道内增殖成分的食品。目前在食品市场上常见的益生菌产品主要为发酵乳制品即酸奶和活菌饮料。

【复习思考题】

1. 食品中常用的益生菌有哪些？
2. 益生菌的生理功能特性是什么？
3. 如何进行双歧杆菌和乳酸杆菌的分离和鉴定？

实验五　酸乳中乳酸菌的微生物检验

一、实验目的

1. 了解酸乳中乳酸菌分离原理。
2. 掌握酸乳中乳酸菌菌数的检测方法。

二、实验原理

由于乳酸菌对营养有复杂的要求，生长需要碳水化合物、氨基酸、肽类、脂肪酸、酯类、核酸衍生物、维生素和矿物质等，一般的肉汤培养基难以满足其要求。测定乳酸菌时必须尽量将试样中所有活的乳酸菌检测出来。要提高检出率，关键是选用特定良好的培养基。采用稀释平板菌落计数法，检测酸乳中的各种乳酸菌可获得满意的效果。

三、实验主要器材及试剂

1. 培养基

TPY 培养基、PTYG 培养基和 MRS 琼脂培养基。

2. 仪器和器具

无菌移液管(25mL,1mL),无菌水,225 mL 三角瓶,9mL 试管,无菌培养皿,旋涡均匀器,恒温培养箱。

四、试验方法和步骤

1. 样品稀释

先将酸乳样品搅拌均匀,用无菌移液管吸取样品 25mL 加入盛有 225mL 无菌水的三角瓶中,在旋涡均匀器上充分振摇,务必使样品均匀分散,即为 1∶10 的均匀稀释液。

1mL 灭菌吸管吸取 1∶10 稀释液 1mL,沿管壁徐徐注入含有 9 mL 灭菌生理盐水的试管内(注意吸管尖端不要触及管内稀释液)。按上述操作顺序,做 10 倍递增稀释液,如此每递增一次,即换用 1 支 1 mL 灭菌吸管。

2. 制平板

选用 2～3 个适合的稀释度,培养皿贴上相应的标签,分别吸取不同稀释度的稀释液 1 mL 置于平皿内,每个稀释度做 2 个重复。然后用溶化后冷却至 46℃左右的培养基倒平皿,迅速转动平皿使之混合均匀,冷却成平板。同时将 1 mL 稀释液检样加入到乳酸菌计数培养基中,用灭菌平皿内做空白对照,以上整个操作自培养物加入培养皿开始至接种结束须在 20min 内完成。

3. 培养和计数

琼脂凝固后,翻转平板,置(36±1)℃温箱内培养(72±3)h 取出,观察乳酸菌菌落特征,按常规方法选取菌落数在 30～300CFU 的平板进行计数。

五、实验结果与评价

1. 指示剂显色反应

计数后,随机挑取 5 个菌落数进行革兰氏染色。乳酸菌的菌落很小,为 1～3 mm,圆形隆起,表面光滑或稍粗糙,呈乳白色、灰白色或暗黄色。由于产酸菌落周围能使 $CaCO_3$ 产生溶解圈,酸碱指示剂呈酸性显色反应,即革兰氏染色呈阳性。

2. 镜检形态

必要时,可挑取不同形态菌落制片镜检确定是乳杆菌或乳链球菌。保加利亚乳杆菌呈杆状(单杆或双杆)或长丝状。嗜热链球菌呈球状(成对)或短链、长链状。

3. 计数结果

计算公式:

平均菌落数×稀释倍数

项目八　活性微量元素加工技术

硒、铬、铜、氟、碘、铁、锰、钼、硅和锌等是已知的为人体必需的微量元素。尽管人们对这些元素的需要量很少，但它们都有极其重要的生理作用。本章讨论的3种元素与目前严重危害人类健康的肿瘤、心血管疾病和糖尿病等关系极大，对它们的深入研究有可能为最终征服这些恶性疾病提供一条新的途径。有鉴于此，通过食品途径补充适量硒、锗或铬成为一种必然，作为活性成分的硒、锗和铬也因此成了功能性食品研究的热点之一。

任务1　活性硒生产技术及应用

【知识目标】

了解富硒功能性基料的加工原理，掌握硒的生理功能、缺乏症及富含硒功能性食品的加工工艺。

【能力目标】

能解释维生素E与谷胱甘肽过氧化物酶联合抗氧化作用机理，能生产一种富硒功能性基料，并以此基料加工一种食品，能处理不同原料添加硒的数量与方式。

一、硒的生理功能

硒是一种比较稀有的金属元素，在地壳中的含量少于1×10^{-6}，是瑞典化学家J. J. Berllus于1817年首次发现的。硒的原子序数为34，相对原子质量79，有－2价（硒化物）、0价（单质硒）、＋4价（亚硒酸及盐类）和＋6价（硒酸及盐类）等存在形式。

1957年，人们惊奇地发现$0.05\times10^{-6}\sim0.2\times10^{-6}$的硒（如亚硒酸钠）是一种必需的微量元素，缺硒会引起一系列疾病。通过对缺硒地区饲料中添加硒，美国每年减少损失5亿～6亿美元。

20世纪70年代，由于硒谷胱甘肽过氧化酶的发现，揭开了硒在生命科学中所起的重要作用，随后的众多研究，进一步揭示了它的许多重要生物功能，硒成了生命科学中最重要的必需微量元素之一。

作为一种必需微量元素的硒共有多方面的生理功能，其中最重要的是清除机体内产生过多的活性氧自由基（如H_2O_2和RO—OH），含硒酶和非酶硒化物均有这方面的作用。

1. 硒是某些酶的重要组成成分

硒是谷胱甘肽过氧化物酶（glutathione peroxidase，GSH－Px）的必需组成因子，每1mol纯酶中约合4mol的硒。GSH－Px是生物体内第一个被公认的含硒酶，是人体内的一种重要的氧化酶，它催化还原型的谷胱甘肽成为氧化型，使对人体有毒的过氧化物还原为无害的羟基化合物；使体内过氧化氢分解，从而保护细胞及组织，尤其是细胞膜和各种生物膜免受过氧化物的损害,维持细胞的正常功能。维生素 E 也是一种很强的抗氧化剂,但两者发挥抗氧化的机制有所不同。维生素 E 主要是阻止不饱和脂肪酸被氧化成氢过氧化物这一过程,而谷胱甘肽过氧化物酶则是将已被氧化的产物氢过氧化物迅速分解为醇和水,维生素 E 可以促进六价硒转变为活性更高的二价硒,两种营养素互相补充,共同发挥其保护细胞膜的作用,其作用机理见维生素 E 与谷胱甘肽过氧化物酶联合抗氧化作用反应公式。

$$-CH{=}CH- \xrightarrow[H_2O]{[O]} -\underset{O-O-H}{CH-CH}- \xrightarrow[2GSH \to GSSG]{} -\underset{OH}{CH}-CH_2 + H_2O$$

维生素E抑制其反应　　GSH-Px催化此反应

2. 非酶硒化物的自由基清除功能

人体中的总硒,1/3 在酶中,2/3 以其他形式存在。有机硒化物的清除效果优于无机硒:

$$Se(CH_2CH_2COOH)_2 > Se(CH_2CH_2CN)_2 > Se(CH_2COOH)_2 > SeO_2$$

硒化物清除自由基的机理:Se－C 键断裂生成硒中心自由基(・$SeCH_2COOH$ 或 RSeSe・),硒中心自由基的未成对电子主要局限于硒原子的 Px 轨道上,硒原子上的负电荷及其大于相应 RSeR 分子的键角 SeCH,使得它无论从静电引力或空间位派上说都十分有利于对亲电性脂质过氧自由基的捕获。

单线态氧($^1O_2$)是活性氧的存在形式之一,也能攻击生命大分子诱发脂质过氧化而造成细胞损伤,并迅速与不饱和键作用生成氢过氧化物(ROOH)。组织细胞的光敏反应性损伤大多是由于产生$^1O_2$,而引起的。硒化合物能够抑制这种损伤,原因在于它能与$^1O_2$ 形成电荷迁移配合物,从而淬灭了单线态氧。硒还能与维生素 E 协同清除自由基。

3. 有效地提高机体的免疫力

硒对机体免疫系统也有重要影响。能有效地提高机体的免疫水平,其作用涉及体液免疫和细胞免疫两个方面。

缺硒会降低机体的体液免疫反应,补硒能消除这些影响,刺激机体产生较高水平的免疫球蛋白 M(IgM)和免疫球蛋白 G(IgG),同时能抵消甲基汞之类抑制剂所引起的免疫抑制。

在细胞免疫方面,缺硒会导致巨噬细胞数量的减少、巨噬细胞与中性粒细胞杀伤力的降低,甚至影响后代的免疫能力。硒能协同巨噬细胞激活因子激活巨噬细胞,同时降低对脾淋巴细胞增殖反应的抑制,促进细胞毒性 T 淋巴细胞的诱导并加强它的细胞毒活性。

在机体免疫系统中,单核巨噬细胞占有极重要的地位,它同时是免疫反应的效应者与调解者。除活化的巨噬细胞本身对肿瘤细胞有杀伤或抑制作用外,它又可辅助 T 或 B 淋巴细胞反应,但也能对 T 细胞、B 细胞和 NK 细胞产生抑制作用。因此,希望有一种物质既可增强巨噬细胞的抗肿瘤特性又能减少或消除其对淋巴细胞的抑制作用,硒很可能就具有这种特性。

中性粒细胞(PMN)具有吞噬和杀菌功能,能产生活性氧化代谢产物(ROS)来直接杀伤肿瘤细胞。硒能明显提高中性粒细胞的 ROS 产生能力,增强中性粒细胞移向肿瘤部位的趋化功能,这可能是由于硒通过调节中性粒细胞内微丝和微管的活动而达到增强其趋化功能。

4. 作为部分重金属中毒的关键解毒剂

硒能够消除机体内重金属的积累,具有解除重金属中毒的能力。被十二指肠吸收的硒进入淋巴后有一部分与蛋白质相结合形成硒代氨基酸,体内形成的这种硒化物 R_2Se 是由酸 R^+

与很弱的碱Se^{2-}组成的；从理论上说比R^+更弱的酸Hg^{2+}，Cd^{2+}和As^{2+}与弱碱Se^{2-}的匹配性更好，能取代R_2Se中的Se或与之形成复合物。因此，体内的Se与Hg，Cd和As等重金属之间存在拮抗关系，Se对重金属中毒有解毒作用。

镉(Cd)是工业化地区常见的污染元素，会造成肾脏和生殖器官的损伤或坏死，当它通过被污染的水与食物进入人体内会造成极大的危害。假如给予足够剂量的硒，可以对抗各种类型的镉中毒。多种试验证实了与蛋白质相连的Cd－Se复合物在机体内的存在。该复合物的生成需有红细胞存在，一种可能的机理认为，红细胞将亚硒酸盐代谢为H_2Se或类似的还原态，然后与镉作用并形成与蛋白质相联的Cd－Se复合物。

Se－Hg和Se－As相互之间的拮抗关系比较复杂。研究表明，硒能降低二价汞和甲基汞的毒性，含汞量很高的金枪鱼由于同时含有很高量的硒所以未表现出汞中毒特征。硒作为控制河流甲基汞污染的有效物已进入试验阶段。但硒同时又能增强汞的毒性，如亚硒酸盐能增强甲基汞的致畸性。硒与砷的相互关系很复杂，其中既包括硒拮抗砷的毒性也包括砷对硒毒性的抑制，某些情况下又表现出硒—砷协同增毒作用，其中的机理尚未完全清楚。

铅(Pb)中毒能引起肠胃、中枢神经系统和造血机能的损害，硒和维生素E都能降低铅的毒性，但维生素E比硒更有效，所包含的机理与抗脂质过氧化有关。铅中毒引起机体内较大程度的脂质过氧化。硒和维生素E可对抗这种作用而防止出现铅中毒。维生素E是脂溶性的，故能在脂相中发挥作用，而硒作为GSH－Px的组分主要存在于细胞水相中，这也许是硒防止铅中毒效果不如维生素E的原因。

硒与银(Ag)之间存在相互拮抗效应，它们能彼此拮抗对方的毒性。银能通过干扰硒的吸收而降低其毒性，还能降低机体内硒的水平和GSH－Px的活性而造成条件性硒缺乏。硒拮抗银毒性的机理很可能是克服了银所造成的条件性硒缺乏，而硒与银的结合或硒降低银的组织含量都是次要的因素。

5. 硒的其他生物功能

硒能影响肝血红素代谢，可能是通过提高血红素合成酶的活性、游离血红素的产量和细胞血红素的利用率，从而间接诱导了血红素氧化酶活性的提高。

硒能明显抑制由硫化物或巯基化合物所引起的线粒体肿胀现象，体外加入亚硒酸盐或其它硒化物也有类似影响，这种作用可能与线粒体中的细胞色素有关。

硒可降低黄曲霉毒素B_1的毒性，在饲料中添加1×10^{-6}的硒，可降低黄曲霉毒素B_1的毒性的急性损伤，降低实验动物肝中心小叶坏死的程度和死亡率。

二、富硒制品制备技术

不同地区土壤和水中的含硒量有很大差异，因而食物中硒的含量差异也比较大。一般来说，肝、肾、海产品及肉类为硒的良好来源，谷类含硒量随该地区土壤含硒量而异，蔬菜和水果中含量比较低。由于天然食物中的硒含量普遍较低，而亚硒酸钠之类无机硒因毒性较高只能用于医药品而不能用于食品，因而开发含硒食品是很有意义的。通过人工方法可以转化无机硒为有机硒，并且提高硒的生理活性与吸收率，同时降低其毒性。目前有实际应用的转化方法包括微生物合成转化法、植物种子发芽转化法和植物天然合成转化法等几种。通过转化得到的富硒制品可以用作功能食品的基料。

1. 富硒酵母

(1)原理

属于微生物合成转化法。利用酵母高度的富硒能力以及将无机硒转化为有机硒的转化能力，在培养基中加入无机硒，通过微生物培养制取富硒酵母粉。

(2)设备

高压灭菌锅、发酵罐、真空干燥箱、粉碎机等。

(3)基本工艺流程

硒、酵母菌种
↓
麦芽汁→发酵培养→分离→酵母→干燥→粉碎→富硒酵母粉

(4)操作要点

①菌种

生产中选择使用啤酒酵母发酵。

②培养基及其制备

选择麦芽汁作为主要成分。向干麦芽碎粒中加4倍重量的水，在55～60℃保温糖化3～4h，过滤并煮沸滤液，冷却澄清。

③加硒

在麦芽汁中加入预杀菌过的亚硒酸钠浓溶液(如10%)，使麦芽汁中硒的浓度达到适宜水平(如5mg/kg)。

④发酵培养

接入啤酒酵母菌种，在温度30℃、通气量为1.6m^3/min的条件下发酵培养30～35h，此时发酵液pH降至4.2～4.5。

⑤分离

使用离心机分离，3000r/min离心10min。

⑥干燥

用水反复冲洗后，在55～60℃的温度下干燥，粉碎后即得淡黄色的富硒酵母粉。

用此方法制得的富硒酵母，硒含量通常为300mg/kg左右，最高可达1000mg/kg，生理活性较无机硒高，对肿瘤的抑制效果较亚硒酸钠显著。动物试验表明，富硒酵母没有致畸和致突变方面的毒副作用，其毒性大大低于亚硒酸钠，是一种比较好的功能性基料。

2. 富硒麦芽

(1)原理

属于植物种子发芽转化法的一种。用含有无机硒的水浸泡小麦或大麦种子，在适宜的温度和湿度条件下，在麦种发芽过程中，将硒吸收并转化成有机硒。

(2)设备

风机、干燥箱、粉碎机等。

(3)基本工艺流程

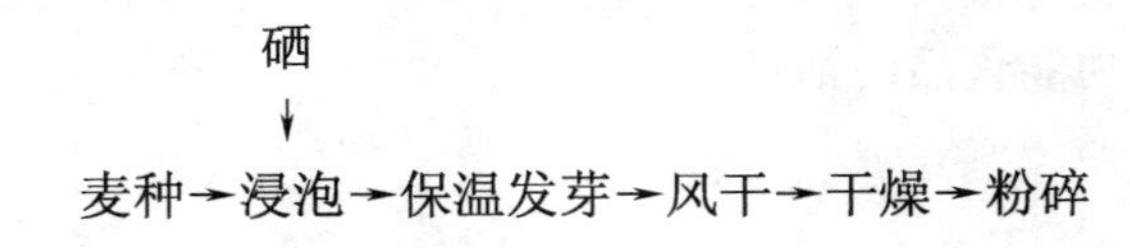

(4)操作要点

①麦种

选择小麦或大麦种子为原料。

②浸泡

在 24～25℃下，用 3 倍于种子重量的含 200mg/kg 亚硒酸钠水溶液浸泡 6～7h。

③保温发芽

将浸泡过的麦种沥水，保持 24～25℃促其发芽；在最初 1.5d 内，每隔 12h 用上述亚硒酸钠水溶液浸泡 10min，之后沥水并继续保温发芽；然后改为每天早晚各一次用水冲淋，翻拌使麦层适当的降温，并通入新鲜空气排出 CO_2 气体。大约 5d 后，当麦芽长至 2cm 时停止发芽培养。

④风干

在室温条件下风干 24h 使麦芽枯萎。

⑤干燥

在 70℃条件下将麦芽干燥至水含量在 11%以下。

⑥粉碎

用粉碎机将干燥后的麦芽粉碎即可得到富硒麦芽粉。

用此工艺制得的麦芽粉含硒量为 40mg/kg，有机硒含量占总硒量的 97%左右，经急性毒理、蓄积毒理和致畸致突变试验均呈阴性，而且机体组织对硒的吸收率和留存率均高于亚硒酸纳，是一种良好的功能性食品基料。

3. 富硒豆芽

(1)原理

属于植物种子发芽转化法的一种。用含有无机硒的水浸泡绿豆或黄豆，在适宜的温度和湿度下，在绿豆或黄豆发芽过程中，将硒吸收并转化成有机硒。

(2)设备发芽室等。

(3)基本工艺流程

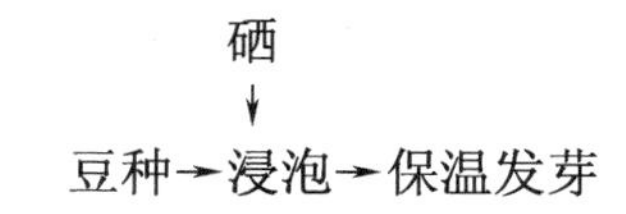

(4)工艺说明

①豆种　绿豆或黄豆。

②浸泡　将绿豆或黄豆等原料放在 3 倍重量的含 200～400mg/kg 亚硒酸钠水溶液中浸泡 24h，温度维持在 28℃左右。

③保温发芽　将浸泡过的绿豆或黄豆转入发芽室中保持 30℃，并伴有弱光照射以促进发芽，每隔 3～4h 喷淋一次硒水溶液或纯净水，过 5～7 天即可长出 8～15cm 的豆芽。发芽前 3～4 天保持弱光照射，豆瓣呈紫色，之后改为较强光照射，豆瓣变成淡绿色或黄绿色。

通过此方法制得的鲜豆芽含硒量为 20～40mg/kg。口感较普通豆芽清香。鲜豆芽榨汁后可调配成富硒功能性饮料，也可直接加工成富硒豆浆或豆浆晶等。干燥后的富硒豆芽经粉碎后，可作为一种富硒基料应用于面包、饼干等固体食品的生产。

4. 富硒食用菌

天然食用菌中的硒含量较低，部分新鲜产品中的硒含量为 1×10^{-6}：香菇 0.53、银耳

0.27、平菇0.25、猴头菇0.10、毛木耳0.14、金针菇0.10、草菇0.07和黑木耳0.02，其中子实体中的硒含量要比柄部略高一些。

在富含亚硒酸钠的培养料上接种入菌种，所长出的食用菌成品中硒含量明显提高。以平菇、凤尾菇、金针菇为对象的试验结果如表8－1所示，在一定范围内（0～50×10^{-6}）成品食用菌中的硒含里与培养料中亚硒酸钠的浓度呈正相关，即培养料中硒浓度越高。则所产食用菌中的硒含量也越多。因此，可以根据不同的需要培养出不同栖含量的富硒食用菌。

表8－1　食用菌成品中的硒含量与培养料中硒浓度

培养料中硒浓度（×10^{-6}）	成品中的硒含量（×10^{-6}）		
	平菇	凤尾菇	金针菇
0	0.25	0.28	0.10
10	12.51	7.24	17.2
50	60.32	70.42	46.54

经研究表明，培养料中的硒浓度超过200×10^{-6}时，食用菌的菌丝体不能正常繁殖，子实体也不能正常形成。当硒浓度保持在0～50×10^{-6}范围内，则菌丝体生长、子实体形成等基本不受影响，在50～100×10^{-6}范围内会对生长产生一定的抑制作用，使成品食用菌产量减少5%～10%。

值得一提的是，在富硒食用菌栽培过程中，随着无机亚硒酸钠向有机硒的生物转化，富硒产品中的蛋白质含最有一定的较明显的增加，待别是必需氨基酸含量的提高尤为显著，幅度高达25%～43%，这更进一步地提高了富硒食用菌的生理保健功能。这其中所包含的机理尚不清楚。可能是硒通过某些酶的作用促进了蛋自质的生物合成。

对猴头菇富硒能力的研究表明，培养料中硒浓度为240×10^{-6}时对猴头菌正常的生长、繁殖及产量均无明显的影响。较低浓度的硒还有比较明显的增产作用，头潮菇采收期与普通产品相近或提早2～3d，子实体色白形大且圆整、基部分枝少。随着浓度的提高会给菌体生长带来抑制作用，产量下降，头潮菇采收期延迟3～5d，菇体有时呈畸形、味苦。当培养基中硒浓度达到1600×10^{-6}～3000×10^{-6}时，菌丝生长完全受到抑制，不能正常结实。

上述是通过农业栽培方法生产富硒食用菌，还可以在发酵罐的深层培养液中添加亚硒酸钠进行富硒发酵培养出富硒菌丝体（类似富硒酵母的培养），这方面研究在我国尚属初步，很有深入开展的必要。

5. 富硒茶叶

富硒茶叶的加工属于植物天然合成转化法。有两种具体方法：其一是在种植茶叶的土壤中喷洒一定浓度的无机硒水溶液，使土壤中的硒达到一定的含量，茶树在生长过程中会吸收土壤中的硒并富集于叶子中；另外，还可以通过叶面喷施亚硒酸钠溶液，喷施硒后12d采摘茶叶来制备富硒茶。不同来源富硒茶叶的含硒量差异较大，但是茶叶中有机硒所占比例却较接近，占79.4%～86.7%。因此，茶叶中的硒有80%以上是有机硒，这部分有机硒主要与蛋白质结合，可占有机硒的79.56%～88.70%。实验表明，富硒茶叶可以有效提高GSH－Px活性、降低MDA含量，即具有较好的抗氧化效应，是人体安全、有效的补硒资源。

三、富硒基料在功能食品中的应用

由于天热，食物中的硒含量普遍较低，而亚硒酸钠之类无机硒因毒性较高只能用于医药品而不能用于食品。通过人工方法转化无机硒为有机硒，可以提高硒的生理活性与吸收率，同时降低其毒性。因为经过转化之后的硒以类似天然食物中的有机硒形式存在。目前有实际应用的转化方法包括微生物合成转化法（如富硒酵母或富硒食用菌）、植物天然合成转化法（如富硒茶叶）和植物种子发芽转化法（如富硒麦芽或富硒豆芽）等几种，其中富硒酵母在国外已实现工业化生产并进入实用阶段，在许多食品店或杂货店可以买到此特种酵母及其加工产品，我国也有类似产品问世。

1. 抗衰老胶丸

抗衰老胶丸主要由硒酵母、维生素E、核黄素丁酸酯和β-胡萝卜素等活性成分组成。硒、维生素E和β-胡萝卜素均是著名的自由基清除剂，能保护生命大分子物质免遭自由基攻击而起到抗衰老作用，β-胡萝卜素还兼具天然色素的作用。核黄素丁酸酯是核黄素与丁酸的酯化产物，在体内除了起维生素 B_2 的作用之外，还能直接作用于过氧化脂质，阻止过氧化脂质的催老进程。

硒酵母不溶于植物油，核黄素丁酸酯也较难溶于植物油。要将这两种物质填充到胶丸内，保持隐定的悬浮状态，对产品的质量尤为重要。

实用配方1：在10kg橄榄油中加入2.5kg维生素（α-生育酚）和0.02kg β-胡萝卜素，在50℃温度下搅拌1h使之完全溶解解，之后加入2.5kg硒酵母和0.6kg核黄素丁酸酯，搅拌30min使混合液呈稳定的悬浮态，最后经填充机填充到胶丸中。每个胶丸约含内容物150mg，呈橙色颗粒状。

实用配方2：在10kg小麦胚芽油中加入3kg维生素E，维持40℃温度搅拌促溶，然后加入0.7kg核黄素丁酸酯和3kg硒酵母，搅拌30min调成黄色的悬浮状混合油，将其填充到明胶胶丸中。每个胶丸的内容物约为250mg，呈黄色颗状。

实用配方3：在10kg玉米胚芽油中加入4kg维生素E，混合后添入2kg硒酵母、0.4kg核黄素丁酸酯和50g焦糖色素，在室温下充分搅拌1h使之悬浮，然后将其填充到胶丸中，得到内容物约280mg的茶褐色颗粒状胶丸。

2. 富硒功能性饼干

（1）配方

富硒麦芽粉1.4％、面粉58％、多功能纤维粉（MFA）8.5％、高果糖浆5.7％、乳糖醇14.5％、起酥油8.6％、食盐1.2％、大豆磷脂1.2％、碳酸氢钠0.6％、碳酸氢铵0.3％及适量的水。

（2）设备

和面机、烤炉等。

（3）基本工艺流程

预混合①
↓
面粉→和面→面团输送→成型→烘烤→冷却输送→整理→包装
↑
预混合②

(4)操作要点

1)预混合①　将乳糖醇粉碎,与富硒麦芽粉及一小部分面粉(大约10%)预混合。

2)预混合②　将碳酸氢钠、碳酸氢铵和食盐用少量的水溶解,然后与多功能纤维粉(MFA)、高果糖浆、乳糖醇、起酥油及大豆磷脂混合。

3)和面　将混合好的原料与主料面粉倒入和面机充分混合,控制和面温度25～30℃,和面时间10～15min,和好面的面团含水量宜为15%(占面粉总量)。

4)成型　将和好的面团静置熟化10min后,经冲印或辊印成型。

5)烘烤　烘烤温度240～260℃,时间3～4min。

按上述工艺生产出的成品饼干中硒含量为0.7mg/kg,膳食纤维6%。

3. 颗粒状富硒早餐食品

(1)配方

富硒麦芽粉、面粉、食盐、糖、水及酵母等。

(2)设备

和面机、烤箱等。

(3)基本工艺流程

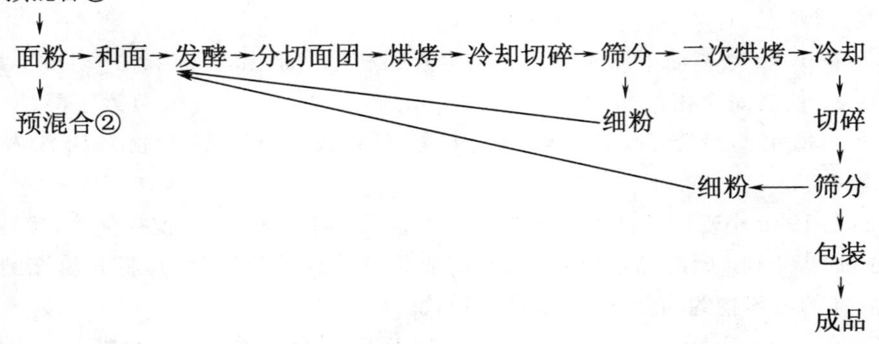

(4)操作要点

1)预混合①

将富硒麦芽粉与10%的面粉混合。

2)预混合②

将干酵母溶解,糖和盐用适量水溶解,混合。

3)和面

将上述预混合后的原料与其余的面粉混合,倒入和面机内,中速和面10～15min,形成成熟的黏稠状生面团。

4)发酵

在27℃、相对湿度80%的环境下发酵4.5～5h,然后形成胚料。

5)烘烤

在140℃的烤箱中烘烤2h。烘烤后的胚料用刀切成碎块后筛去细粉,将较大的碎块再在120℃温度下烘烤2h。二次烘烤后的大碎块需重新破碎筛分,筛上物即为符合要求的颗粒状早餐食品。各道筛分出的细屑碎粉可重返和面工序中循环使用,但对重返的细粉有一定的比例限制，否则会影响面团的发酵品质。

用上述工序生产出的颗粒状早餐食品的含硒量为 0.6mg/kg。

4. 富硒多糖饮料

(1)配方

富硒绿豆芽汁(硒含量 30mg/kg)4%～5%，香菇浸出液(多糖含量 50mg/100g)20%，木糖醇 9%，柠檬酸 0.2%，葡聚糖 0.4%，苯甲酸钠 0.02%和香精 0.02%。

(2)设备

发酵罐、压榨机、过滤机、高压杀菌锅等。

(3)基本工艺流程

木糖醇、柠檬酸、苯甲酸钠→分别溶解→分别过滤

葡聚糖→浸泡→溶胀

↓　↓

绿豆→富硒水浸泡→发芽→压榨→过滤→澄清→混合调配→杀菌→灌装→二次杀菌→冷却→包装→成品

↑

经深层发酵培养的香菇菌丝体浸出液

(4)工艺说明

①香菇菌丝体浸出液

香菇纯种→一级摇瓶培养→二级摇瓶培养→种子罐→发酵罐，将从发酵罐放出的发酵液调节 pH 至 5.5 左右，通入蒸汽使发酵液温度上升至 45～55℃，并保持 5～6h，此时香菇菌丝体细胞膜溶解释放出所有的活性成分，有时为了加速浸出，还可添加适量溶菌酶。然后将菌液升温至 90～100℃，并保持 5min 灭酶、过滤。

②混合调配

取滤液与富硒豆芽汁、木糖醇、柠檬酸、葡聚糖和苯甲酸钠等混合均匀，杀菌后灌装封口，再经二次杀菌后冷却，即为终产品。本产品的特点是：含有 1.2～1.5mg/kg 的天然有机硒；含有 10mg/100g 的香菇多糖；强化了水溶性膳食纤维；使用木糖醇作甜味剂。根据上述特点可知该产品是一种具有多种生理活性的功能性饮料，适合于老年人、糖尿病人、肥胖症病人和肿瘤患者食用。

任务 2　活性铬生产技术及应用

【知识目标】

掌握铬的生理功能，与人体疾病之间的关系。掌握 GTF 与胰岛素共同对机体的促进作用。掌握富含铬功能性基料的加工原理与功能性食品的加工工艺。

【能力目标】

能解释铬与葡萄糖耐量之间的作用机理。能处理不同原料中添加铬的数量与方式。能准确描述富含铬元素制品的生产要点及控制方法。

铬是 1797 年法国化学家沃克兰从当时称为红色西伯利亚矿石中发现的。早在 1766 年，在俄罗斯圣彼得堡任化学教授的德国人列曼曾经分析了它，确定其中含有铅。1798 年，沃克

兰给他找到的这种灰色针状金属命名为 chrom，来自希腊文 chroma（颜色）。由此得到铬的拉丁名称 chromium 和元素符号 Cr。差不多在同一个时期里，克拉普罗特也从铬铅矿中独立发现了铬。铬在 1948 年被认为是动植物体内的组成成分，1954 年发现铬有生物活性，1957 年确定铬是动物营养的必须微量元素，参与了机体的糖类代谢与脂肪代谢。缺铬会引起白内障、高血脂、糖尿病与动脉硬化等疾病。

一、活性铬的生理功能

1. 铬是葡萄糖耐因子的组成成分

“葡萄糖耐量”指的是经口摄入或注射葡萄糖使血糖水平升高后，由机体细胞从血液中带走的糖，使得血糖浓度降回原来正常水平的速度。葡萄糖耐量因子（Glucose tolerance factor，GTF）可认为是一种类激素，能促进升高的血糖降回到正常值。目前虽尚未弄清 GTF 的结构，但已知它是一种水溶性的低分子含铬配位物。由铬和尼克酸组成，可能还含有谷氨酸、甘氨酸相含硫氨基酸，其他成分则较少。其生理活性与铬含量具有平行关系。GTF 在啤酒酵母、猪肾、牛初乳和牧草中均存在。人体内的 GTF 可由无机铬转化而成，但其转变速度随年龄的增大而减慢。

当血液中葡萄糖或胰岛素含量明显提高时，以 GTF 形式存在的铬可从肝、肾等贮存铬的组织中释放到血液中。GTF 与胰岛素一起使氨基酸、脂肪酸和葡萄糖能较容易地通过血液送到各组织细胞中，同对它还能促进细胞内营养素的代谢。若 GTF 数量不足或缺乏，要进行这些过程，就需要更多的胰岛素。但当胰岛素缺乏时，GTF 似乎不起作用，值得一提的是，GTF 与胰岛素共同促进的机体反应还包括：

①利用各种氨基酸合成蛋白质；

②提高噬菌白细胞寻找致病细菌的能力（糖尿病人的这种功能受到削弱）；

③提高眼球晶状体对葡萄糖的利用率。

每当需要 GTF 发挥作用时，尿中的排铬量就会相应上升，这表明糖尿病人对 GTF 的利用率较差、需求量也较大。研究表明，糖尿病人不能利用膳食中的无机铬来合成足够数量的 GTF，为了避免体内 GTF 有限资源的耗尽，就需从膳食中摄取现成的 GTF。孕妇对 GTF 的需求量也较大，与糖尿病人相似，也需从膳食中摄入现成的 GTF。母体通过胎盘输给胎儿的铬是 GTF，而不是无机铬。

铬作用于细胞膜上胰岛素的敏感部位。有试验表明，铬是通过 GTF 与胰岛素、膜受体间形成三元配合物而发挥作用，不过这种配合物的真实性尚需证明。

2. 铬对糖类代谢的影响

+3 价铬参与体内的糖类代谢，是维持机体正常的葡萄糖耐量、生长和寿命不可缺少的微量元素。缺铬会使组织对胰岛素的敏感性降低，注射胰岛素后血浆中为铬浓度会暂时地升高，这表明铬与胰岛素之间以某种方式联系在一起。

胰岛素是一种多肽激素，最显著的功能是降低血糖，此外还能抑制脂肪分解、促进蛋白质合成和加速葡萄糖的有氧分解代谢。铬作为一种“协同激素”，能协助或增强胰岛素的生理作用，影响体内所有依靠胰岛素调节的生理过程（包括糖类、脂肪和蛋白质的代谢等），但它并不是胰岛素的取代物。在胰岛素的存在下，铬也能加强眼球晶状体对葡萄糖的吸收，促进利用葡萄糖合成糖原的过程。

关于铬与胰岛素之间直接的相互作用机理，目前尚不清楚，通常认为铬可能是改善了组织与胰岛素之间的相互关系和降低了组织对胰岛素的敏感性。试验表明，给小鼠补充 2×10^{-6} 的铬可减少小鼠对胰岛素的需求量，并有可能减少分泌量。另一项对肥胖小鼠的研究表明，铬的补充，降低了体内胰岛素的水平，胰岛素与葡萄糖的比值显著降低，由此可知胰岛素的作用效率得以明显提高。

至于铬对糖原代谢的影响，现有的研究认为，铬可刺激糖原合成酶的活性，使基础肝糖原浓度显著提高。

3. 铬对脂质代谢的影响

铬能影响机体的脂质代谢，缺铬可能会引起脂代谢方面的失调或紊乱。摄入低铬饲料的大鼠，随着其年龄的增高，其血清胆固醇和动脉脂含量会逐渐升高，出现动脉硬化斑块，加速了心血管的衰老与不正常化。用高胆固醇饲料喂养兔子而诱发出现的动脉粥样硬化斑，会随着铬的补充而显著缩小，动脉管内血清胆固醇含量也会显著降低。如果在喂养高胆固醇饲料的同时补充铬，也可降低血清胆固醇含量，同时缩小主动脉的硬化斑块面积。

用肥胖小鼠研究铬对总肝脂和胆固醇水平影响的结果表明，肥胖小鼠的肝重与总肝脂显著相关，缺铬小鼠的总肝脂显著地高于含有足量铬水平的小鼠。

对人体的试验表明，补充富铬酵母可显著改善葡萄糖耐量，有助于维持血清胆固醇和甘油三酯的正常水平。例如，通过富铬啤酒的补充，人体胆固醇和甘油三酯的水平得以降低，以原先水平最高的受试者降低幅度最大。另一次研究是每天让受试者接受 150～250μg 的铬，结果发现胆醇水平明显降低。

总之，种种研究表明铬有维持正常血清胆固醉水平的作用，缺铬会影响脂肪酸和胆固醇的合成或者清除。

4. 铬的生化功能

铬能激活某些酶，这些酶大多参与了体内糖类、脂肪和蛋白质的代谢过程，不过这些酶中有一部分也可以被其金属元素（如铁、锌和镁等）所活化。铬能激活胰蛋白酶，但其他金属同样也有此作用，因此缺铬并不会使这些酶的活性受到明显的抑制。

铬协同某些必需元素来稳定核酸（主要是 RNA）的结构，以防止其受破坏，这有助于防止细胞内基因物质的突变，也就是说能够防止肿瘤的发生，不过这方面的证据尚不很充分。

二、富铬制品制备技术

美国农业部的科学家均已证实，微量元素的三价铬（Cr^{3+}）离子是葡萄糖耐量因子（GTF）的重要组成部分，它具有调节脂质代谢、改善糖耐量的作用，为此，通过酵母中添加铬，被认为是补充铬元素的有效途径。

酵母铬（富铬酵母）是国家食品药品监督管理局指定的铬营养补充来源之一。酵母是人类利用最早、最广泛的纯天然营养型微生物，也是天然的营养宝藏和理想的生物载体。酵母铬是将酵母细胞培养在含三价铬的培养基中，通过生物转化将无机铬转变成有机铬，从而提高铬在机体内吸收利用率，降低其毒副作用，更好地发挥其调节血糖、降脂及降胆固醇的作用。

临床试验发现：服用铬酵母不仅对降低 II 型糖尿病人对外源胰岛素需要和对 II 型糖尿

病人降血糖外，冠心病患者总胆固醇降低10%，高密度脂质（HDL）显著增高14%，总胆固醇与高密度脂质比值降低约17%。食物中添加高铬酵母能预防和控制动脉粥状硬化症状发生。

1. 酵母铬的分类

(1)无机铬产品

种类较多，主要是将氯化铬与奶粉混合，或与其他微量元素如碘、锌、硒、镁等混合而生产的产品。这些产品既为人们补铬带来了便利，也存在很多无法克服的问题：

①吸收率低，一般都低于10%；

②无生物活性，需要转化成有生物活性的GTF铬，才有调节代谢的作用，但糖尿病及冠心病患者的机体基本没有这种转化能力；

③无机铬的有害作用，在动物实验中发现，被喂无机铬的大鼠，其腹腔网膜上有大量的脂肪堆积，在肾脏的基底细胞有无机铬聚集，而服无机铬的肾衰患者在做透析时，发现其血液中无机铬的浓度远远高于未服无机铬者。

(2)有机铬产品

目前，商品有机铬有3种形式：吡啶铬羧酸、烟酸铬和酵母铬。

1)吡啶甲酸铬

有效成分：吡啶甲酸铬纯品为玫瑰红色结晶，微溶于水，溶于稀酸溶液，由于铬离子与3个吡啶甲酸分子形成稳定的络合物，而具有理想的稳定性并易为动物吸收。

作用机理：铬是动物必需的微量元素之一，是动物葡萄糖耐量因子（GTF）中的活性成分，含三价铬的复合物为胰岛素的增强剂。能明显促进胰岛素与细胞受体的结合。进而刺激组织对机体对葡萄糖的摄取。铬还参与蛋白质的合成和核酸、脂肪的代谢，降低机体脂肪含量，提高瘦肉率。具有生物活性的Cr^{3+}还可以增强动物免疫力、繁殖力、提高机体对不良状况与应激的抵抗力。本品无毒、无残留。

功效：它稳定性强，是脂溶性的，可顺利通过细胞膜直接作用于组织细胞，是较易被人体吸收的有机铬，可调节血糖，增强胰岛素活性，改善人体糖代谢，从而预防和改善糖尿病人乏力、多尿、口渴等症状，可防止糖尿病合并症的产生。

用法用量：本产品以预混剂形式添加，预混剂有效有机铬含量为0.2%或0.1%，全价料每吨添加100～200g。

2)烟酸铬

性状：纯品为灰蓝色粉末，微溶于水，易溶于稀酸，不溶于乙醇，其中铬为三价。

化学成分：分子式　$Cr(C_6N_4NO_2)_3$

作用机理：铬是葡萄糖耐量因子的重要活性成分，含三价铬的复合物为胰岛素的增强剂。明显促进胰岛素与细胞受体的结合。进而促进蛋白质的合成和糖、脂肪的代谢，降低机体脂肪含量，提高瘦肉率。具有生物活性的Cr^{3+}还可以增强动物免疫力、繁殖力，提高机体对不良状况与应激的抵抗力。本品无毒、无残留。

3)酵母铬

主要以安琪酵母铬为代表。

安琪酵母铬简介：天然血糖调控剂，在机体糖代谢和脂代谢中发挥特殊作用的人体必需微量元素——铬激活胰岛素活性，调节血糖，抑制糖转化为脂肪。

主要功用：铬能增强胰岛素活性，控制血糖。能调节脂肪储存量，帮助减重。降低血中胆固醇和甘油三酯的含量，预防心血管病。

最佳摄取量：100μg，若为治疗目的，则以 200μg 为宜。酿酒活性干酵母是最好的摄取方式。研究指出，每日 200μg 酵母铬，血糖平均可降低 18%。每日补充 200μg 以上的酵母铬胆固醇会大为降低。

产品规格：富铬酵母中有机铬 Chromium(Cr) 含量大于 0.25%。

产品优点：本品符合国际标准，有机铬含量 0.25%～0.8%，其中蛋白质含量大于 38%，已处于国内领先水平。铬是人体必需微量元素，是胰岛素辅助因子。

2. 酵母铬的特点与功效

(1)酵母铬的优点

①通过毒性试验证实酵母铬食用安全，无毒性。

②酵母铬含有的生物活性铬的人体吸收率可高达 10%～15%，其吸收率是甲基吡啶铬的 311%，氯化铬的 672%。

③酵母铬本身富含蛋白质、糖类和 B 族维生素，除可作为铬源使用外，还同时提供其他有益营养。

④酵母铬能进行大规模工业化生产，生产成本低。

(2)酵母铬的功效

①降低糖尿病患者的血糖，也可以改善其低血糖反应，具有对血糖的双重调节作用，能有效控制糖尿病，消除葡萄糖耐量方面的异常现象。

②能明显降低血清胆固醇水平，减轻动脉硬化症状。

③能纠正缺铬儿童和长期肠外营养患者的糖耐量异常。

④能有效增加人体肌肉，减少脂肪。

⑤在生长/肥育猪日粮中添加铬可显著提高胴体瘦肉率，提高饲料转化率，降低背脂厚度，还可以提高母猪的繁育性能和仔猪的成活率。

⑥能增加蛋鸡的产蛋率，降低鸡蛋胆固醇，也可增加肉鸡生长速度，降低胸肌脂肪含量。

⑦能改善动物内分泌，增强抗应激能力。

三、富铬基料在功能食品中的应用

目前，在食品加工中应用的富铬基料以富铬酵母为主，其丰富的蛋白质、核酸、糖原、脂肪、多种 B 族维生素和其他多种微量元素等使其营养价值获得普遍认可。除此之外，富铬基料在食品工业中还有很多应用：

①适于制作点心、面包、饼干等快餐食品的强化营养，一般添加量 2%～3%；

②改善点心、面包、生面团质量，增加延展性，便于操作，添加量 0.5%～1%；

③提高熟食品、冷冻食品的风味，添加量 2%～3%；

④对于含有较高脂肪和脂溶性维生素(A，D，E，K)的食品，添加铬酵母能引起抗氧化作用，添加量 1%；

⑤铬酵母可提高肉类制品本身的黏合性和保水性，并且能增加香味，添加量为 1%～3%；

⑥铬酵母自溶或酶解液与一定量的果汁、调味汁等配成营养强化饮料与调味液(例如鲜酱油、食醋)，也可与豆乳、牛乳混合喷雾干燥为降糖豆乳粉和奶粉。

任务3 活性锗生产技术及应用

【知识目标】

了解富锗功能性基料的加工原理,掌握锗的生理功能,与相应缺乏症,学会富含锗功能性食品的加工工艺。

【能力目标】

能生产一种富锗功能性基料,并以此基料加工一种食品。能处理不同原料添加锗的数量与方式。能写出富含活性微量元素制品的生产要点及控制方法。

锗是德国化学家 Winkler 于 1988 年 2 月最先从矿石中分离出并命名的,原子序数为 32,原子量 72.6,常见的氧化态形式有+2,+4,+6 价,还有 0 和−4 价的存在形式。锗在地壳中的分布属典型的稀有元素,土壤中的平均含量仅为 0.2×10^{-6}。锗普遍存在于机体中。机体中的部分酶蛋自(如细胞色素酶等)、大脑中的皮质和灰质中,均含有痕量的锗。细胞壁,线粒体、染色体、囊孢和溶酶体等亚细胞成分中也含有锗。人体某些组织器官中的锗含量为(1×10^{-6}):血液 0.2、头发 2.2(0.9～3.7)、肾胆 9.1、肝脏 0.04、肌肉 0.08、指甲 0.48～10.8、红细胞 650。迄今为止,我们尚无有力的证据可以证明锗也是人体必需的微量元素,也没发现生物体(包括人体和动物)因缺锗而出现的病理变化,因此在通常情况下并没有补锗的必要。

目前,发现锗有益的生物效应与其存在形式关系甚大,无机锗似乎并没显示出明显而有效的生理活性,只有部分有机锗化合物才表现出显著而又肯定的生理活性。1988 年 3 月,日本浅井一彦首次报道了他们最先合成的水溶性有机化合物 β-羧乙基锗倍半氧化物(即 Ge-132),具有广谱的药理活性,而于 1974 年合成出来的螺锗化合物则具有更高的抗肿瘤活性。近些年来,日本报道的临床试验结果肯定了有机锗的生理活性与医疗保健价值,并出现多种富含有机锗的功能性食品,有机锗已经引起了食品界、医药界和化学界广泛的重视和兴趣。

一、活性锗的生理功能

有机锗 Ge-132 和螺锗等具有明显的抗肿瘤活性,且毒性低,尤其是没有骨髓毒性这一优点,在防治肿瘤和辅佐放化疗方面很有潜力,已进入临床试用阶段。日本对不同类型的人体肿瘤进行了 Ge-132 的Ⅰ期和Ⅱ期临床试验,表明它对胃癌、肺癌、胰腺癌、子宫癌、乳腺癌、前列腺癌以及多发性骨髓瘤等均有较好的治疗作用,并未出现明显的副作用。自 1975 年公布 Ge-132 以来,日本已接受治疗的各种肿瘤患者达万例之多。我国有人于 1985—1988 年试用了 Ge-132 治疗胃癌、肝癌和肺癌等各种晚期癌瘤达 112 例,结果表明它对大部分患者具有稳定作用,能显著减轻症状。

体外试验表明,螺锗对 Hela 细胞,K681 细胞等瘤株有直接的杀伤作用。动物试验证实,螺锗能治疗腹腔移植性瓦克氏癌肉瘤,对大鼠乳腺癌和前列腺癌具有中度抑制作用。近些年来,日本、美国和瑞典等国家进行了广泛的 I 期和 II 型临床试脸,表明螺锗对恶性淋巴癌、卵巢癌、大肠癌、子宫颈癌,前列腺癌和黑色素瘤的疗效较佳,且完全没有骨髓毒性。例如,Fallrson 等用它对 30 名晚期乳腺癌妇女治疗观察,其中 21 例患者的症状得到明显改善。德国首先推出的乳酸—柠檬酸锗有机化合物，对小鼠 180 肉瘤、黑色素瘤 D10 和 Lewis 肺癌有中度的抑制作用，对小鼠结癌、骨髓瘤也有一定的抑制作用，能显著延长白血病和结肠癌小鼠的存活时间，降低纤维瘤等的发生率。在 I 期临床试验中，它能使子宫恶性肿瘤患者的症状显著减轻，并没有出现毒副反应。

其他有机锗化合物，如呋喃锗衍生物、卟啉锗化合物、氨基酸锗氧化物、葡萄糖酸锗和葡萄糖锗络合物等，均具有较明显的抑制肿瘤活性。例如，有人用氨基酸锗氧化物治疗原发性肝癌 15 例，均发现只有明显的缓解作用。

有机锗化合物抑制肿瘤活性的可能机制包括增强机体免疫力、清除自由基和抗突变等多个方面。

有机锗的免疫调节功能是锗研究中的活跃点。试验表明，Ge－132 可使免疫力降低小鼠的免疫反应正常化，其增强免疫反应的最佳剂量约为 100mg/kg。Ge－132 能刺激机体 T 淋巴细胞产生淋巴因子，包括诱发 T 扰素 γ－IFN 及辅助因子 IL－2 等，通过琳巴因子活化巨噬细胞转变成细胞毒巨噬细胞以及激活自然杀伤细胞（NK）活性等来发挥对癌细胞的杀伤作用。另有研究表明，螺锗化合物对自身免疫疾病也有潜在的治疗功能。

锗原子外层有 4 个电子（$4S^2 4P^2$）易发生电荷迁移，是一种负电荷载体，当它与未配对电子的自由基相遇时，其中 1 个电子可跳出轨道而形成正空穴，其余 3 个电子就可捕获自由电子以维持稳定性。从理论上说，锗就是通过这种方式达到清除自由基的目的。1987 年，Nakmura 等人研究认为：Ge－132 具有清除活性氧自由基的作用，1985 年，Harisch 证实：乳酸-柠檬酸锗具有抑制脂质过氧化作用的形成。

通过抗突变作用是有机锗化合物实现抗肿瘤活性的一种可能机制。试验表明，Ge－132 具有明显拮抗 γ-射线诱发大肠杆菌的致突变作用，赖氨酶锗氧化物对甲基硝基亚硝基胍的致突变过程有明显的阻断作用。

螺锗对体内外多种癌细胞有直接的细胞毒性作用，分析表明，这是它对蛋白质合成抑制的结果。Scheia 等人发现，5μmoL 的螺锗就表现出对 DNA，RNA 和蛋白质合成的显著抑制效果。

在许多有生物活性的有机锗化合物分子中，与锗原子配位的通常是氧、硫或氮之类强电负性原子，由于它们对电子的吸引作用导致锗原子周围的电子云偏离原子核而形成一个正电中心。当有机锗化合物遇到肿瘤细胞时，其正电中心可增加肿瘤细胞的电势能，降低其活动能力，从而起到抑制或杀死肿瘤细胞的作用。这就是有机锗抑制肿瘤活性的生物电位学说。

除了抗肿瘤及免疫赋活作用外，锗有益的生物效应还包括刺激造血系统的功能发挥，抑制细胞生长促进抗菌消炎、富集氧气促进体内氧的有效供应与利用，以及促进植物生长等作用。锗对血液系统的作用主要体现在刺激血中红细胞和血红蛋白数量的增加，对治疗贫血有一定的作用。

二、富锗制品制备技术

1. 富锗酵母

与硒一样，通过酵母的生物富集作用可增加天然酵母中的锗含量。所用的菌种以葡萄酒酵母和啤酒酵母为好，原始培养基由 10°Bé 的麦芽汁与 0.5％的酵母浸膏组成，在此培养基中添加 100×10^{-6} 的 GeO_2 或 Ge－132 培养温度保持在 30℃左右。试管菌种先静置培养 16h

后,再振荡培养 16h。发酵罐培养时间约 20h,通气量控制在 1.5 $m^3(m^3 \cdot min)$左右。发酵结束后通过离心机离心分离出酵母菌体,经水冲洗后干燥和粉碎即得富锗酵母粉,其锗含量可达 820×10^{-6}左右,是一种很好的功能性富锗原料。

硒会抑制酵母的生长,但微量的锗对酵母的正常生长反而有促进作用,因此培养基中可添加较高浓度的锗。锗浓度在 $0\sim100\times10^{-6}$范围内,酵母的锗富集量与培养基的锗添加量成正比,超过 100×10^{-6}时,酵母中的锗含量并没有进一步明显增加,实际生产时以 100×10^{-6}为好。

(1)原理

属于微生物合成转化法。利用酵母对锗的富集作用以及将无机锗转化为有机锗的能力,在培养基中加入 GeO_2 或 Ge-132,通过微生物培养制取富锗酵母粉。

(2)培养基

麦芽汁、酵母浸膏。

(3)菌种

葡萄酒酵母、啤酒酵母。

(4)设备

高压灭菌锅、发酵罐、真空干燥箱、粉碎机等。

(5)基本工艺流程

锗
↓
培养基→试管静置培养→振荡培养→发酵罐培养→分离菌体→干燥→粉碎→富锗酵母粉
↑
菌种

(6)操作要点

①培养基

10°Be′麦芽汁与 0.5%酵母浸膏组成。

②加锗

向培养基中加入预杀菌过的 GeO_2或 Ge-132,使培养基中锗的浓度达到 100mg/kg。

③试管静置培养

试管菌种先静置培养 16h,培养温度保持在 30℃。

④振荡培养

30℃,16h。

⑤发酵罐培养

30℃,20h,通气量为 $1.5m^3/(m^3 \cdot min)$。

⑥分离菌体

通过离心法分离出酵母菌体。

⑦干燥

用水反复冲洗后,在 55～60℃的温度下干燥,粉碎后即得淡黄色的富锗酵母粉。

用上述方法制得的富锗酵母,锗含量通常为 820mg/kg 左右。富锗酵母中锗的存在形式为有机形式,有机化程度可以达到 96.7%,是一种很好的功能性食品基料。

2. 富锗豆芽

所用豆类可选择绿豆和黄豆，将原料放在3倍重量的Ge-132浓度为$200\times10^{-6}\sim600\times10^{-6}$的溶液中浸泡24h，温度维持在28℃左右，然后转入发芽室(筐)中保持30℃，并伴有弱光照射以促进发芽。每隔3～4h喷淋一次含锗水溶液或纯净水，过5～7天即可长出8～15cm的豆芽。发芽前3～4d保持弱光照射豆瓣呈紫色，之后改为较强光照射豆瓣变成淡绿色或黄绿色，烹调后口感类似于普通豆芽，但清香味有所增加。这样得到的鲜豆芽含锗量为$30\times10^{-6}\sim40\times10^{-6}$，干豆芽含锗量为$200\times10^{-6}\sim260\times10^{-6}$[鲜豆芽与干豆的重量比值为(6.5～7.5)∶1]。

较低浓度的锗溶液($<500\times10^{-6}$)可促进豆芽的生长并缩短出芽时间，但浓度继续增加则会转变成抑制作用。制得的富锗豆芽经压榨取汁后可调配成富锗功能性饮料，还可直接加工成富锗豆浆或豆浆晶等；干燥后的富锗豆芽粉碎后还可作为一种功能性基料应用于面包、饼干等固体食品的生产。

3. 富锗鸡蛋

将GeO_2，Ge-132或氨基酸锗氧化物等配成水溶液添加入蛋鸡饲料中，饲料中的锗含量保持在800×10^{-6}浓度，蛋鸡机体吸收饲料中的锗，经代谢后能富集部分的锗于鸡蛋中，即可产下富锗鸡蛋。分析表明，锗化合物在饲料中的不同含量虽会影响蛋中锗浓度，但无统计学意义上的差异。蛋鸡摄入富锗饲料后7～15d内，产下蛋的锗含量为$15\times10^{-6}\sim300\times10^{-6}$。这种富锗鸡蛋的食用特性、保存性能等特性与普通鸡蛋相似。若将锗添入鹌鹑饲料中，也可得到富锗鹌鹑蛋。

4. 富锗牛乳

在乳牛饲料中添加$250\times10^{-6}\sim280\times10^{-6}$的Ge-132，7～15d内可得到富锗牛乳，乳中锗含量为$0.7\times10^{-6}\sim4.2\times10^{-6}$(典型值为$2\times10^{-6}$)，是一种良好的富锗原料，可用来加工富锗乳粉、冰淇淋或其他乳制品。

5. 富锗蜂蜜

将Ge-132配成一定浓度的水溶液后与蜂蜜按照1∶(5～7)的比例混合，调节pH为3～8，相对密度为1.3～1.4，以此为饵料喂养蜂蜜，经生物转化可得到天然的高浓度的富锗蜂蜜。例如，将8g的Ge-132溶解670mL水中，再与4.8kg的蜂蜜混合调成饵料，其糖度为67°、相对密度为1.37以及pH为4。用此饵料喂养5万只蜂群，蜜蜂采蜜异常活跃，3日后可得到4.7kg的富锗蜂蜜，其糖度为77°和锗含量为446×10^{-6}。蜂群数增加至5.5万只，而对照组只得到4.3kg的普通蜂蜜。

三、锗基料在功能食品中的应用

1. 富锗低能量冰淇琳

通过添加经生物转化的富锗牛乳为有机锗来源，以结晶果糖或乳糖醇为甜味剂，以油脂替代品(如Maltrin 040或Simple-sse)替换普通产品中具有高能量的部分脂肪(如乳脂和人造奶油)，这样制得的冰淇淋其特点在于：

(1)约含$1\times10^{-6}\sim1.5\times10^{-6}$的天然有机锗；

(2)用果糖或乳糖醇作甜味剂，糖尿病人可以食用；

(3)油脂替代品、果糖及乳糖醇的使用使产品总能量大幅度降低；

(4)产品的可接受性很好。

奶油香型冰淇淋以%计实用配方：富锗鲜牛乳（固形物含量13%～13.5%，锗含量2×10^{-6}）73.9，结晶果糖10、乳糖醇4.5、Maltrin 040（25%水溶液）6、人造奶油3、蛋黄粉2.1、食用明胶0.5和乳化型炼乳香精0.02。

该类低能量冰淇淋产品的生产工艺与普通冰淇淋相似。首充将富硒牛乳倒入冷热缸中通蒸汽加热至70℃左右，加入人造奶油、果糖、Simple－sse、蛋黄粉及预溶胀的稳定剂等各种辅料，混合搅拌均匀，通过压力为15～20MPa的高压均质机均质处理，然后经板式热交换器或汽包进行121℃/3s的高温瞬时杀菌，迅速冷却至2～5℃，泵入老化缸中保持此低温进行老化成熟4～6h，再经连续式凝冻机凝冻成半流动状物料。凝冻的同时充入经净化处理的压缩空气，控制出料口物料的膨胀率在80%～100%；灌装成型后立即送入－40～－30℃速冻隧道式硬化室中，速冻硬化15～25min后，进行纸箱小包装，立即送入－18℃以下的冷库中贮藏待出厂。

2. 富锗黑米挂面

（1）配方

特一粉88%，水25%～28%，食盐2%～3%，纯碱0.15%～0.2%，富锗豆芽粉4%，黑米粉5.5%，多功能纤维粉（MFA）2.5%。

（2）设备

和面机，拌料机，压面机，粉碎机，烘干机，培养箱等。

（3）基本工艺流程

原料准备与处理→计量配料→和面→熟化→压片→切条→剪齐→烘干→切断→计量→包装→成品

（4）操作要点

①富锗豆芽粉的制备

按照前面提到的加工工艺制得富锗豆芽粉，粉碎后过60目筛，包装备用。

②黑米粉的制备

将黑米拣选、洗干净后，进行浸泡。夏天2～3 h，冬天3～4h，至手捻米烂即可。然后取出沥干水分，加工成粉，粒度要求过60目筛。

③多功能纤维粉（MFA）的制备

以大豆湿加工所制得的新鲜不溶性残渣为原料，经过特殊的湿热处理转化内部成分而达到活化纤维生理功能的作用，再经脱腥、干燥、粉碎、过筛和包装等工序而制成。产品既含有68%的总膳食纤维，又含有20%的优质植物蛋白，添入食品中既能有效地提高产品纤维含量，又有利于提高蛋白质含量。

④计量配料

将特一粉、黑米粉、富锗豆芽粉以及MFA按配方比例进行混合，备用。

⑤和面

将上述混合粉放入和面机中，加入水、食盐和碱（食盐、碱预先用水化开）。和面机转速控制在70r/min，时间以14～18min为宜。

⑥熟化

将从和面机中出来的经均匀搅拌如散豆腐渣状的面粉，送入熟化机中充分舒展面筋。熟化机转速 5～10r/min，熟化时间为 30min。

⑦压片

熟化后的面团经辊轧压成面带，调节辊距，厚度逐渐缩小，面筋组织逐渐分布均匀，强度逐步提高。

⑧切条

面带经切条机连续切成适当粗细的面条，面条形式可随切条辊刀的形式而变化。

⑨干燥

面条的干燥在烘房中进行，温度为 50～55℃，湿度为 55%～65%，大约需 12～13h。

⑩切断、计量、包装

经干燥后的挂面下架，计量包装制成 18～26cm 的成品。

【小结】

通过本章的阐述，了解食品中添加活性微量元素的目的、意义；能根据不同原料选择适合的工艺、方法生产富含活性微量元素的制品；明确微量元素的添加量、添加方式，并能控制活性微量元素制品的生产。

【复习思考题】

1. 硒在功能性食品开发中的应用有哪些？
2. 铬对糖尿病人有哪些积极的影响？锗对肿瘤病人有何意义？
3. 微量元素的生理功能与缺乏症有哪些？
4. 硒、铬、锗的功能性基料生产技术是什么？
5. 阐述富含硒、铬、锗元素的功能性食品生产工艺。

实验六　富锗功能性奶糖

一、实验目的

通过该实训开展，使学生了解奶糖的加工原理，熟练掌握富锗功能性食品的加工技术，明晰锗的功能特性。

二、实验原理

以富锗甜炼乳为锗源，以麦芽糖醇和高果糖浆等为糖基料，配以发泡剂及香料等，通过溶化、熬煮、溶胀、搅拌、调制等技术制成富锗功能性奶糖。

三、实验原辅料

（以%计）：结晶伏麦芽糖醇（Malbit）21.2、55%高果玉米糖浆 42.4、富锗甜炼乳（固形物 63%～66%，锗含量（5×10^{-6}～8×10^{-6}）30、乳脂 4.8、明胶 1.6、香兰素 0.02。

四、实验步骤

首先，将明胶加少量水预溶胀后备用，使用前加热溶化。将麦芽糖醇和高果糖浆加热溶化并升温至125℃，加入乳脂继续熬煮至135℃。然后缓慢加入富锗炼乳并不断搅拌，熬煮温度维持在135℃以上。将熬煮好的糖浆稍冷后与明胶胶冻一起放入搅拌机内，混合均匀后以最快转速搅打30～40min使之充气发泡，停止搅打之前加入香兰素增香。充气后的奶塘精膏移至冷却台（夹层通有流动水）上，摊开冷却适度，送至成型生产线上整形、拉条、切割成型，剔除变形的糖果，输送至包装机上包装即可。

五、实验结果

1. 产品的感官评分

评分项目	色泽	外形	滋味	硬度	包装效果	总分
分值						

2. 操作过程评分

考核方式	准备工序	操作过程	团结合作	组织能力	总分
分值					

3. 综合结论

综合实验成绩(考评)表

考核方式	感官评分	操作评分	实验报告	答辩	总分
比例	20%	50%	15%	15%	
分值					

项目九　强化食品加工技术

【知识目标】

了解我国食品营养强化剂的分类及其使用范围和使用量，理解食品营养强化应该遵循的基本原则，熟悉维生素类强化剂的种类及其品种，掌握食品营养强化剂的概念及食品营养强化的意义。

【能力目标】

能解释主要强化食品的加工原理，能应用常见的食品加工技术与方法生产强化食品，能写出主要强化食品的工艺流程及其操作要点。

任务1　强化食品的概念与基本要求

一、食品营养强化的概念、分类与意义

1. 食品营养强化的概念

随着社会经济的快速发展，我国在改善国民的食物与营养状况方面取得了巨大的成就。但是，由于各地区的经济发展不平衡，以及管理、教育、营养知识普及等诸多方面的原因，当前在我国国民中仍然存在着比较严重的营养不良问题。应对我国存在的营养问题的挑战，需要采取多种措施，提倡平衡膳食、合理营养是最根本的解决办法。此外，研制和推广营养强化食品以预防大规模人群的营养缺乏问题是行之有效的措施。

根据营养需要向食品中添加一种或多种营养素或者某些天然食物成分，以改善食品中各营养素之间的比例关系和提高食品营养价值的过程称为食品的营养强化或简称食品强化。经过强化处理的食品则称为强化食品。

2. 我国食品营养强化剂的分类

目前，我国批准使用的食品营养强化剂有100多种。1994年，我国制定了有关营养强化剂使用卫生标准(GB 14880—1994)，并在促进和规范食品营养强化方面取得了明显的成效。在GB 14880—1994中，食品营养强化剂分为三类，分别是氨基酸及含氮化合物、维生素类和矿物质类。此外，近些年来，某些脂肪酸和膳食纤维也被用于食品的营养强化。作为食品营养强化用的食品营养强化剂既可以是天然提取物及其制品，也可以是化学合成制剂。

(1)氨基酸类

氨基酸是蛋白质的基本组成单位，尤其是必需氨基酸则是食品营养强化剂的重要组成部分。《食品营养强化剂使用卫生标准》(GB 14880—1994)中规定可以用于食品营养强化的氨基酸类有L-盐酸赖氨酸和牛磺酸。赖氨酸是谷物食品如大米、小麦、大麦、玉米等中的第一限制氨基酸，因此主要用于谷类及其制品的营养强化。牛磺酸可促进大脑生长发育，特别是

对智力发育有益，主要用于婴幼儿食品，尤其是乳制品。

此外，我国尚许可将5′-腺苷酸、5′-胞苷酸、5′-尿苷酸以及5′-肌苷酸二钠、5′-鸟苷酸二钠等作为营养强化剂用于婴幼儿配方奶粉。

(2)维生素类

作为食品营养强化剂使用的维生素种类繁多。使用维生素类进行营养强化时，为了提高其稳定性和适应食品加工工艺的需要，有时会使用维生素的衍生物。《食品营养强化剂使用卫生标准》(GB 14880—1994)中规定可以用于食品营养强化的维生素类有维生素A、维生素D、维生素E、维生素B_1、维生素B_2、维生素C、烟酸或烟酰胺、维生素B_6、维生素B_{12}、维生素K、胆碱、肌醇、叶酸、泛酸和生物素等。维生素类可分别用于婴幼儿食品、乳制品、谷类及其制品和孕妇食品等的营养强化。

(3)矿物质类

矿物质强化剂品种很多，既包括不同矿物质元素强化剂，也包括含相同矿物质元素的不同矿物质强化剂品种。《食品营养强化剂使用卫生标准》(GB 14880—1994)中规定可以用于食品营养强化的矿物质类有铁、钙、锌、碘、硒、镁、铜和锰等8种矿物质。这些矿物质可用于谷物及其制品、饮料、乳制品、婴幼儿食品、食盐等的营养强化。

(4)脂肪酸

用于食品营养强化剂的脂肪酸为多不饱和脂肪酸。它们主要是亚油酸、γ-亚麻酸和花生四烯酸等。亚油酸是机体的必需脂肪酸，而γ-亚麻酸、花生四烯酸不是必需脂肪酸，它们可由亚油酸在体内转化而成。但是，使用将γ-亚麻酸和花生四烯酸对食品进行营养强化可减少机体对亚油酸的需要，尤其是对生理功能不全的婴幼儿更为重要。

(5)膳食纤维

现已公认，膳食纤维有益于人体健康，被称为第七营养素。膳食纤维可防止肥胖、预防便秘、防止心血管病和降低结肠癌的发病率，因而有必要对食品进行一定的营养强化。用于食品营养强化的膳食纤维可由不同的植物原料制成。例如，米糠、麸皮可以制成米糠粉和麸皮粉。

3. 食品营养强化的意义

(1)弥补天然食物的营养缺陷

几乎没有一种天然食物能够满足人体所需要的各种营养素。有针对性地进行食品强化、增补天然食物缺少的营养素，可有效改善人们的营养和健康水平。

(2)补充食品在加工、储运时营养素的损失

食品在加工、储运时，会受到机械、化学、生物等因素的影响，引起营养素的损失。为了弥补营养素的损失，在食品中补充这些营养素很有意义。

(3)简化膳食处理，方便摄食

由于天然的单一食物仅含有人体所需部分营养素，人们为了获得全面营养需要就必须同时进食多种食物，使得膳食处理较繁琐。为了适应现代化的生活，满足人们的营养和嗜好要求，许多营养快餐应运而生。

(4)适应不同人群的营养素需要

对于不同年龄、性别、工作性质以及处于不同生理、病理状况的人来说，它们所需的营养是不同的，对食品进行不同的营养强化可分别满足需要。

(5)预防营养不良

从预防医学的角度看，食品强化对预防和减少营养缺乏病，特别是地方性营养缺乏病具有很重要的意义。例如，对缺碘地区的居民采取食盐加碘可大大降低当地甲状腺肿的发病率，用维生素 B_1 防治食米地区的维生素 B_1 缺乏病。营养强化食品对于改善营养缺乏不仅效果良好，而且价格低廉，适于大面积推广。

二、食品营养强化遵循的基本原则

食品的营养强化必须从安全、营养、经济等角度综合考虑。通常，选择食品营养强化剂时，需要遵循以下原则。

1. 使用范围和使用量必须按规定

进行食品营养强化前必须对本国(本地区)的食物种类以及人们的营养状况做全面细致的调查研究，从中分析缺少哪种营养成分，再根据本国(本地区)人们摄食的食物种类和数量选择需要强化的载体以及强化剂的种类和数量。例如，我国南方大多以大米为主食，而且由于生活水平的提高，人们多喜食精米，从而膳食中缺少维生素 B_1，致使有的地区脚气病流行。因此，有条件的地方可考虑对精米进行适当的 B 族维生素强化。《食品营养强化剂使用卫生标准》(GB 14880—1994)规定了我国食品强化剂的使用范围和使用量。

2. 稳定性高

食品营养强化剂如多种维生素和氨基酸均易因光、热和氧化等作用而破坏。在食品的加工、贮存等过程中遭受损失。除了适当增加强化剂量外，更重要的是提高它们的稳定性。提高强化剂稳定性的方法有：改变强化剂的结构，添加稳定剂，改进加工工艺，改善包装和贮存条件等。

3. 符合营养学原理

人体所需各种营养素在数量上有一定的比例关系，应注意保持各营养素之间的平衡。强化剂若使用不当，不但无益，甚至反而会造成某些新的不平衡，产生某些不良影响。这些平衡关系主要有：必需氨基酸之间的平衡，产能营养素之间的平衡，维生素 B_1、维生素 B_2、烟酸与热能之间的平衡，钙、磷平衡等。

另外，食品强化用的营养素尽量选取那些易被机体吸收、利用的强化剂。例如，机体对血红素铁的吸收利用远比非血红素铁好，我国近年来研制并已获批准并可使用的氯化高铁血红素和铁卟啉可供选用。

4. 不影响食品原有的感官性状

食品强化过程中，不应损害食品的原有感官性状而影响消费者对食品的接受程度。例如，当用大豆粉强化食品时易产生豆腥味，故大多采用大豆浓缩蛋白或分离蛋白。此外，维生素 B_2 和 β-胡萝卜素色黄、铁制剂色黑、维生素 C 味酸、维生素 B_1 即使有少量破坏也可产生异味，鱼肝油具有腥臭味。上述物质若强化不当，可使人不悦。

5. 经济合理，有利推广

食品营养强化的目的主要是提高人民的营养和健康水平。通常，食品的营养强化需要增加一定的经济成本，但应注意价格不能过高，否则不易推广，发挥不到应有的作用。

任务2　强化食品生产技术

一、维生素类强化食品生产技术

维生素是参与生物生长发育和代谢所必需的一类微量有机物质，也是维持人体正常生理功能所必须的营养素。这类物质由于体内不能合成或合成量不足，所以虽然需要量很少，但必须经常由食物供给。

维生素的种类很多，化学结构差异极大，通常根据溶解性能分为水溶性维生素和脂溶性维生素。水溶性维生素主要包括维生素B族和维生素C，B族中主要有维生素B_1、维生素B_2、烟酸或烟酰胺、维生素B_6、泛酸、生物素、叶酸、维生素B_{12}等。脂溶性维生素主要包括维生素A、维生素D、维生素E、维生素K。

1. 概述

（1）水溶性维生素

1）维生素C

维生素C具有防治坏血病的功能，又称为抗坏血酸。维生素C参与羟化反应，可促进胶原蛋白和神经传递质的合成，促进类固醇羟化，促进有机物或毒物羟化解毒。维生素C还具有还原作用，促进抗体和四氢叶酸的形成，促进铁的吸收，维持巯基酶的活性。维生素C具有解毒作用，可以缓解铅、汞、镉、砷等重金属的毒性。维生素C可阻断致癌物N-亚硝基化合物的合成，预防癌症。维生素C缺乏时可引起坏血病。

维生素C是最不稳定的维生素之一，在食品加工中极易破坏而失去活性。实际应用时多使用其衍生物如抗坏血酸钠、抗坏血酸钾、抗坏血酸钙等、抗坏血酸磷酸酯镁、抗坏血酸棕榈酸酯和抗坏血酸硬脂酸酯等。例如，抗坏血酸磷酸酯镁经200℃，15min处理后的保留率为90%，生物效应基本不变。

《食品营养强化剂使用卫生标准》(GB 14880—1994)规定了维生素C的使用范围及每kg使用量。果泥为50～100mg，饮液及乳饮料为120～240mg，水果罐头为200～400mg，夹心硬糖为2000～6000mg，婴幼儿食品为300～500mg，高铁谷类及其制品品（每天限食这类食品50g）为800～1000mg。

2）维生素B_1

维生素B_1又称抗脚气病维生素，抗神经炎维生素，因分子中含有硫和氨基，故又称为硫胺素。维生素B_1构成辅酶，维持体内正常代谢。维生素B_1具有促进胃肠蠕动的作用。维生素B_1缺乏可引起脚气病。

维生素B_1不稳定。用于食品营养强化的品种有盐酸硫胺素、硝酸硫胺素等，日本尚许可使用硫胺素鲸蜡硫酸盐、硫胺素硫氰酸盐、硫胺素萘-1,5-二磺酸盐、硫胺素月桂基磺酸盐等。上述硫胺素衍生物的水溶性比硫胺素小，不易流失，且更稳定。

《食品营养强化剂使用卫生标准》(GB 14880—1994)规定了维生素B_1的使用范围及每kg使用量。盐酸硫胺素用于谷类及其制品为3～5mg，饮液及乳饮料为1～2mg，婴幼儿食品为4～8mg。

3)维生素 B_2

维生素 B_2 又名核黄素,是核醇与 6,7 -二甲基异咯嗪的缩合物,在生物体内氧化还原过程中起传递氢的作用。维生素 B_2 构成黄酶的辅酶参加物质代谢,还参与细胞的正常生长。单纯核黄素缺乏,呈现特殊的上皮损害、脂溢性皮炎、轻度的弥漫性上皮角化并伴有脂溢性脱发和神经紊乱。

维生素 B_2 在大多数食品加工条件下都很稳定,用于食品营养强化的品种主要是核黄素和 5′-磷酸核黄素。

《食品营养强化剂使用卫生标准》(GB 14880—1994)规定了维生素 B_2 的使用范围及每kg 使用量。谷类及其制品为 3～5mg,饮液及乳饮料为 1～2mg,婴幼儿食品为 4～8mg,食盐为 100～150mg。

4) 烟酸或烟酰胺

维生素 PP 又名维生素 B_5、烟酸,或称尼克酸、抗癞皮病维生素,是吡啶衍生物,有烟酸和烟酰胺两种物质。烟酰胺构成呼吸链中的辅酶Ⅰ或辅酶Ⅱ,在生物氧化中起电子载体或递氢体的作用。烟酸是葡萄糖耐量因子的组成成分,还具有保护心血管的作用。烟酸缺乏时可引起癞皮病,此病起病缓慢,常有前驱症状,如体重减轻、疲劳乏力、记忆力差、失眠等。如不及时治疗,则可出现皮炎、腹泻和痴呆。

烟酸或烟酰胺的稳定性好,美国尚可使用烟酰胺抗坏血酸酯。

《食品营养强化剂使用卫生标准》(GB 14880—1994)规定了烟酸或烟酰胺的使用范围及每 kg 使用量。谷类及其制品为 40～50mg,婴幼儿食品为 30～40mg,饮液及乳饮料为10～40mg。

5) 维生素 B_6

维生素 B_6 是吡啶的衍生物,在生物组织内有吡哆醇、吡哆醛和吡哆胺 3 种形式。维生素 B_6 作为辅酶在氨基酸代谢、糖原与脂肪酸中发挥重要作用。维生素 B_6 缺乏典型临床症状是一种脂溢性皮炎、小细胞性贫血、癫痫样惊厥,以及抑郁和精神错乱。

维生素 B_6 的 3 种形式对热都很稳定。维生素 B_6 用于营养强化的品种主要是人工合成的盐酸吡哆醇或 5′-磷酸吡哆醇。

《食品营养强化剂使用卫生标准》(GB 14880—1994)规定了维生素 B_6 的使用范围及每kg 使用量。婴幼儿食品为 3～4mg 和饮液为 1～2mg。

6) 维生素 B_{12}

维生素 B_{12} 又称钴胺素,参与同型半胱氨酸甲基化转变为蛋氨酸的反应和甲基丙二酸—琥珀酸的异构化反应。维生素 B_{12} 缺乏多因吸收不良引起,膳食维生素 B_{12} 缺乏较少见。维生素 B_{12} 缺乏的表现为巨幼红细胞贫血和高同型半胱氨酸血症。

维生素 B_{12} 用于营养强化的品种主要是氰钴胺或羟钴胺。

《食品营养强化剂使用卫生标准》(GB 14880—1994)规定了 B_{12} 的使用范围及每 kg 使用量。婴幼儿食品为 10～30μg 和饮液为 2～6μg。

7) 其他

叶酸在食物中含量甚微,且生物利用率低,易于缺乏,尤其对于孕妇、乳母和婴幼儿更易缺乏。叶酸缺乏可引起巨幼红细胞贫血和高同型半胱氨酸血症以及引起胎儿神经管畸形。故对孕妇、乳母专用食品和婴幼儿食品等有必要进行一定的营养强化。

《食品营养强化剂使用卫生标准》(GB 14880—1994)规定了叶酸的使用范围及每 kg 使用量。婴幼儿食品为 380～700μg 和乳母专用食品为 2000～4000μg。

泛酸、生物素、胆碱及肌醇等常用于婴幼儿食品等的营养强化。它们每 kg 的使用量分别是:泛酸用于婴幼儿食品为 15～28mg,用于饮液为 2～4mg;生物素用于婴幼儿食品为 0.10～0.40mg,用于饮液为 0.02～0.08mg;胆碱用于婴幼儿食品为 380～790mg,用于饮液为 50～100mg;肌醇用于婴幼儿食品为 210～250mg,用于饮液为 25～30mg。

(2)脂溶性维生素

1)维生素 A

维生素 A 又名视黄醇。维生素 A 可以维持正常视觉功能,若维生素 A 不足,则视紫红质再生慢而不完全,故暗适应恢复时间延长,严重时可产生夜盲症。维生素 A 可以维护上皮组织细胞的健康,当维生素 A 不足时,上皮基底层增生变厚,细胞分裂加快、张力原纤维合成增多,表面层发生细胞变扁、不规则、干燥等变化。维生素 A 可以维持骨骼正常生长发育,当其缺乏时,成骨细胞与破骨细胞间平衡会被破坏。维生素 A 可以促进生长与生殖,动物缺乏维生素 A 时,明显出现生长停滞。

维生素 A 对氧敏感,在紫外线照射以及金属离子存在时不稳定。用于营养强化的维生素 A 多为维生素 A 油,是将鱼肝油经真空蒸馏等精制而成。亦可将视黄醇与乙酸或棕榈酸制成维生素 A 乙酸酯,或维生素 A 棕榈酸酯后再添加精制植物油予以应用。

《食品营养强化剂使用卫生标准》(GB 14880—1994)规定了维生素 A 的使用范围及每 kg 使用量。芝麻油、色拉油和人造奶油为 4000～8000μg,婴幼儿食品和乳制品为 3000～9000μg,乳及乳饮料为 600～1000μg。

2)维生素 D

维生素 D 为类甾醇衍生物,具有抗佝偻病作用,故称为抗佝偻病维生素。维生素 D 可以促进小肠黏膜和骨组织对钙的吸收,促进肾小管对钙、磷的重吸收。婴幼儿缺乏维生素 D 可引起佝偻病,以钙、磷代谢障碍和骨样组织钙化障碍为特征;成人缺乏维生素 D 使成熟骨钙化不全,表现为骨质软化症。

维生素 D 对热、碱较稳定,光及酸能促进其异构化。利用维生素 D 来防治儿童佝偻病的发生具有很重要的作用。作为维生素 D 强化剂应用的主要是维生素 D_2 和维生素 D_3。前者由麦角固醇经紫外线照射转化制得;后者是由 7-脱氢胆固醇经紫外线照射制得,后者活性稍大。

《食品营养强化剂使用卫生标准》(GB 14880—1994)规定了维生素 D 的使用范围及每 kg 使用量。乳及乳饮料为 10～40μg,人造奶油为 125～156μg,乳制品为 63～125μg,婴幼儿食品为 50～100μg。

3)维生素 E

维生素 E 又名生育酚。维生素 E 具有抗氧化作用,能保持红细胞的完整性,可调节体内某些物质如维生素 C 和辅酶 Q 的合成。动物实验还发现,高浓度的维生素 E 可使多种免疫功能增强,包括抗体反应和吞噬细胞活性等。

食物中的维生素 E 对热、光及碱性较稳定,但对氧十分敏感。用于维生素 E 的强化剂品种较多,如 DL-α-生育酚、D-α-生育酚、DL-α-乙酸生育酚和 D-α-乙酸生育酚等。

《食品营养强化剂使用卫生标准》(GB 14880—1994)规定了维生素 E 的使用范围及每 kg

使用量。芝麻油、人造奶油、色拉油和乳制品为100～180mg，婴幼儿食品为40～70mg，乳饮料为10～20mg。

4)维生素K

维生素K是所有具有叶绿醌生物活性的α-甲基-1,4-萘醌衍生物的统称。维生素K具有血液凝固作用，维生素K缺乏的主要症状是出血，在某些情况下可产生致命的贫血。维生素K作为辅酶影响骨组织的代谢。

维生素K对热、空气和水分都很稳定，但易被光和碱破坏。维生素K很少缺乏，可应用植物甲萘醌对婴幼儿食品进行适当的营养强化，使用量为420～750μg/kg。

2. 维生素类强化食品的加工工艺

(1)B族维生素强化米

大米作为世界上一半以上人口的主要食品，是持续、均衡提供人们热量、蛋白质、维生素和矿物元素等营养素的基础食品。随着生活水平的日益提高，人们越来越倾向于食用高精度大米。精度越高，其食味越好，但营养损失越严重，但这些营养素往往是人体所必需的，长期食用高精度大米会引起某些营养素的缺乏症。

营养强化米是指在普通大米中添加某些人体需要而大米中缺乏的营养素如维生素B_1、维生素B_2而制成的成品米。南方人主要以大米为主食，所以，在不改变人们食用大米习惯的前提下，生产出具有丰富营养价值的营养强化米就显得非常重要了。

1）原理

先将各种强化剂配成稳定的水或油溶液，将米浸渍于溶液中吸收各种营养强化剂成分，或将溶液喷涂于米粒上，然后干燥而成。为了使强化成分被牢固地吸附，而不易在水洗时溶出损失，则再另涂覆一或二层保持膜。

2）主要设备

自动称量计、卧式回转鼓、连续式蒸煮机等。

3）工艺流程

维生素B_1、维生素B_6、维生素B_{12} → 溶解 → (浸吸)

维生素B_2、氨基酸 → 溶解 → (二次浸吸)

米粒→浸吸→初步干燥→喷涂→干燥→二次浸吸→汽蒸糊化→喷涂酸液→干燥→强化米

4）工艺说明

①浸吸及喷涂：首先将维生素B_1、维生素B_6、维生素B_{12}等维生素称量后溶解于0.2%的多聚磷酸钠的中性溶液中。将米粒与上述溶液置于具有水蒸气保温夹层的卧式回转鼓中每100kg米粒吸附量为10kg，溶液温度为30～40℃，吸附时间为2～4h。随后鼓入40℃的热空气，并开动回转鼓，使米粒稍为干燥，再将未吸尽的溶液由喷雾器喷至米粒上，使之全部吸收，最后鼓入热风使米粒干燥。

②二次浸吸：将维生素B_2、氨基酸称量后同样溶于多聚磷酸钠的中性溶液中，再置于回转鼓中与米粒混合进行二次浸吸，溶液与米粒比例同上，但不进行干燥。

③汽蒸糊化：将浸吸后的米粒置于连续式蒸煮机中进行汽蒸。于100℃蒸汽下保持

20min，使米粒糊化，对防止米粒破碎及营养素的水洗损失均有好处。

④喷涂酸液及干燥：将汽蒸后的米粒再次置于回转鼓中，在转动的同时喷入5%的醋酸溶液5kg以达到防腐及防虫的目的。然后于40℃下进行热风干燥至含水量在13%以下。

(2) 维生素C微胶囊

由于维生素C的性质不稳定，在有氧、光照、金属离子存在时易被氧化破坏。因此，在食品工业中作为强化剂使用时存在不少问题。通过维生素C的微胶囊化，可以提高其稳定性，扩大使用范围。制备微胶囊的方法很多，目前应用的方法有喷雾干燥法、喷雾冷冻法、空气悬浮法、包接络合法、凝聚法、挤压法等，下面介绍挤压法加工微胶囊维生素C的工艺。

1)主要材料

维生素C、海藻酸钠、氯化钙等。

2) 挤压法工艺流程

壁材→ 溶于定量水→ 加热溶解→ 冷却至室温→ 加入维生素C→ 搅匀→ 造粒→ 固化→ 干燥→ 微胶囊产品

3)工艺说明

①挤压法是一种低温微胶囊化方法。芯材首先分散于壁材中，然后通过挤压法造粒形成微胶囊，壁材物质固化而包埋芯材物质，固化后的微胶囊粒经干燥后即得成品。

②壁材对微胶囊化维生素C工艺具有重要影响。用于制造微胶囊维生素C的壁材须满足以下要求：成膜性好，能完全包裹维生素C而不使其暴露于空气中；无不良气味和滋味；符合食品卫生标准，食用安全性高。能满足以上要求的壁材有明胶、卡拉胶、海藻酸钠等。但前两者形成的凝胶在高温下易溶解，对保存维生素C不利。而海藻酸钠是糖醛酸的钠盐聚合物，极易溶于水，在酸性条件下可形成凝胶。同时，海藻酸钠在一定条件下与金属离子结合形成耐高温、不溶于水的凝胶。

③海藻酸钠浓度、固化液浓度对微胶囊化维生素C工艺也具有重要的影响。当海藻酸钠溶液滴入氯化钙溶液后，立刻发生置换反应，形成不溶性钙盐，由于表面张力及内聚力的结果，使滴液缩小成为表面最小的球体结构，同时表面形成一个不溶性的胶体膜，随着浸泡的延续，膜内海藻酸钠与钙盐继续作用，最后形成不溶性钙盐小球。这种胶囊是一种半透明薄膜的网状结构，水分子可以通过，大分子颗粒物质不能通过，因此，水溶性色素、糖等甜味剂，柠檬酸等酸味剂，水溶性香料等物质都能通过此层薄膜。

(3)维生素A蛋白奶茶

1)主要设备

清洗机、夹层锅、打浆机、过滤机、反渗透(RO)浓缩设备、高温瞬时灭菌(UHT)设备、高压灭菌锅、立式胶体磨、高压均质机、真空封罐机。

2)工艺流程

①大豆→ 烘干→ 破碎、脱皮分离→ 用2%茶水浸泡→ 高温使酶失活、软化(加茶水)→ 粗磨浆→ 精磨分离消泡→ 加入异抗坏血酸→ 高温瞬时灭菌→ 茶豆浆

②胡萝卜→ 洗净去皮→ 切片→ 打浆→ 过滤→ 反渗透浓缩→ 制成胡萝卜浓缩汁

③奶粉→ 加温水搅拌→ 过滤→ 制成10%奶液

④将上述茶豆浆、胡萝卜浓缩汁、奶液混合 →加入蔗糖、β-胡萝卜素、异抗坏血酸、柠檬酸、黄原胶、羟甲基纤维素进行调配 →杀菌脱臭 →混合 →均质乳化 → 灌装 →杀菌 → 包装

→ 检测→ 成品

3)工艺说明

①茶豆浆

茶叶为市售精制绿茶,加茶叶重量10%的环糊精以提取更多活性成分。以2%~4%浓度的茶水浸豆和磨豆,大豆含量为1/8,浸泡时间4~5h,浸泡温度40℃,pH6.5~6.8。

②胡萝卜汁

称取胡萝卜,用4%的碱液(原料∶碱液=1∶2),95℃脱皮1min,用清水冲洗去皮后,用0.5%的柠檬酸溶液(原料∶柠檬酸=1.2∶1)煮8~10min,使组织软化,再用煮后的原料∶水=1∶1(重量比)进行捣碎,打浆、过滤、浓缩。

③蔗糖处理

配成65Brix,加热溶化,冷却到60℃,过滤备用。

④均质处理

均质压力为23~25MPa,温度控制在75~80℃,采用二次均质。

⑤高温瞬时灭菌

大豆精磨后得到的茶豆浆应进行瞬时高温灭菌(UHT),灭菌的条件为110~120℃,10~15s。

⑥杀菌冷却

维A蛋白奶茶中蛋白质含量较高,pH接近中性,采用高温杀菌工艺:12~25~15min/121℃。

⑦加工时间

全过程(不包括浸泡茶叶、大豆)控制在3h以内,特别是从灌装到杀菌之间的间隔时间要控制在1h以内。

4)参考配方

茶豆浆(茶水浸泡大豆磨制成浆)70%,胡萝卜汁20%,蔗糖6%,奶粉3%,β-胡萝卜素、黄原胶、柠檬酸、羟甲基纤维素、异抗坏血酸)等共计1%。

二、矿物质类强化食品生产技术

人体内的元素除碳、氢、氧、氮以有机的形式存在外,其余的统称为矿物质。矿物质分为常量元素和微量元素,其中体内含量较多(>0.01%体重),每日膳食需要量在100mg以上者,称为常量元素,有钙、磷、钾、钠、镁、氯与硫7种元素。矿物质的营养特点是,它们不能在体内合成,也不能在体内代谢过程中消失,除非排出体外。

从食物与营养角度,一般把矿物质元素分为必需元素、非必需元素及有毒元素3类。必需元素是指存在于机体健康组织中,并且含量浓度比较恒定,缺乏时可使机体组织或功能出现异常,补充后又恢复正常,或可防止这种异常发生的矿物质。

矿物质类营养素缺乏症,一直是困扰世界上大多数国家的重要问题。有资料表明,世界上3/4的微量元素缺乏者生活在亚太地区。缺铁性贫血是常见的营养缺乏病,根据WHO资料小儿发病率高达52%,男性成人约为10%,女性20%以上,孕妇40%,铁缺乏影响着世界上20多亿人口,超过全世界人口的1/3。所以,重视矿物质的营养功能,在食品中强化矿物质元素是解决微量元素缺乏症的重要途径。

1. 重要的矿物质元素

(1)钙

钙是人体中含量最丰富的矿物质元素。钙是形成和维持骨骼和牙齿的结构的重要成分,可以维持肌肉和神经的正常活动,参与血凝过程,调节或激活多种酶的活性。钙摄入量过低可致钙缺乏症,主要表现为骨骼的病变,即儿童时期佝偻病和成年人的骨质疏松症。

钙强化剂品种包括无机钙盐和有机钙盐。我国许可使用的一些钙强化剂品种、使用范围、使用量及其元素钙含量如表 9—1 所示。

表 9—1　钙强化剂品种、使用范围、使用量及钙含量

名称	元素钙含量/%	使用范围及每 kg 使用量
柠檬酸钙	21.08	谷物及其制品 8～16g 饮液及乳饮料 1.8～3.6g
葡萄糖酸钙	8.9	谷物及其制品 18～36g 饮液及乳饮料 4.5～9.0g
碳酸钙	40	谷物及其制品 4～8g 饮液及乳饮料 1～2g 婴幼儿食品 7.5～15g
乳酸钙	13	谷物及其制品 12～24g 饮液及乳饮料 3～6g 婴幼儿食品 23～46g
磷酸氢钙	15.9	谷物及其制品 10～20g 饮液及乳饮料 2.5～5g 婴幼儿食品 19～38g

(2)铁

铁在机体中参与氧的运送、交换和组织呼吸过程。铁是过氧化氢酶的组成成分,参与体内过氧化氢的清除,有利机体健康。铁对血红蛋白和肌红蛋白起呈色作用。铁缺乏是一种常见的营养缺乏病,特别是在婴幼儿、孕妇、乳母中更易发生。体内铁缺乏,引起含铁酶减少或铁依赖酶活性降低,使细胞呼吸障碍,从而影响组织器官功能,降低食欲。严重者可有渗出性肠病变及吸收不良综合征等。

铁强化剂的品种繁多,我国许可使用的铁强化剂见表 9—2。通常,二价铁比三价铁易于吸收,故铁强化剂多使用亚铁盐。此外,血红素铁的吸收比非血红素铁好。因此,我国近年来已研制并批准许可使用氯化高铁血红素和铁卟啉等强化剂。

表 9—2　我国许可使用的铁强化剂

硫酸亚铁	柠檬酸铁铵	延胡索酸亚铁	氯化高铁血红素
葡萄糖酸亚铁	乳酸亚铁	琥珀酸亚铁	铁卟啉
柠檬酸铁	碳酸亚铁	焦磷酸铁	还原铁
富马酸铁	柠檬酸亚铁	乙二胺四乙酸铁钠	电解铁

《食品营养强化剂使用卫生标准》(GB 14880—1994)规定了铁强化剂的使用范围及使用量。表 9—3 列出了我国许可使用的部分铁营养强化剂的强化剂量。

表 9—3　部分铁营养强化剂的强化剂量　　(mg/kg)

强化剂	谷类及其制品	饮料	乳制品、婴幼儿食品	高铁谷类及其制品(每日限食 50 g)	食盐、夹心糖
硫酸亚铁	120～240	50～100	300～500	860～960	3000～6000
葡萄糖酸亚铁	200～400	80～160	480～800	1400～1600	4800～6000
柠檬酸铁	150～290	60～120	360～600	1000～1200	3600～7200
富马酸铁	70～150	30～60	180～300	520～580	1800～3600
柠檬酸铁铵	160～330	70～140	400～800	1200～1350	4000～8000

(3)锌

锌是很多酶的组成成分,人体内 200 多种酶含锌,并为酶的活性所必须。锌与蛋白质的合成,以及 DNA 和 RNA 的代谢有关。锌还是胰岛素的组成成分,与胰岛素的活性有关。人类锌缺乏的常见体征是生长缓慢、皮肤伤口愈合不良、味觉障碍、胃肠道疾患、免疫功能减退等。

锌强化剂的品种也很多。我国现已批准许可使用的品种有硫酸锌、氯化锌、乙酸锌、乳酸锌、柠檬酸锌、葡萄糖酸锌和甘氨酸锌等。

《食品营养强化剂使用卫生标准》(GB 14880—1994)规定了锌强化剂的使用范围及每 kg 使用量。硫酸锌用于乳制品为 130～250mg,用于婴幼儿食品为 113～318mg,用于饮液及乳饮料为 22.5～44mg,用于谷类及其制品为 80～160mg,用于食盐为 500mg。葡萄糖酸锌用于乳制品为 230～470mg,用于婴幼儿食品为 195～545mg,用于饮液及乳饮料为 40～80mg,用于谷类及其制品为 160～320mg,用于食盐为 800～1000mg。

(4)碘

碘参与甲状腺激素的合成,促进机体的代谢和体格的生长发育。碘参与能量代谢,在蛋白质、脂类与碳水化合物的代谢中,甲状腺素促进氧化和氧化磷酸化过程,促进分解代谢、能量转换、增加氧耗量、参与维持调节体温。碘还促进神经系统的发育。碘缺乏不仅会引起甲状腺肿和少数克汀病发生,还可引起更多的亚临床克汀病和儿童智力低下的发生。

利用食盐加碘来防治我国乃至全球缺碘性地方性甲状腺肿已收到显著成效。作为碘强化剂的品种主要是用人工化学合成的碘化钾和碘酸钾。此外,我国尚许可使用由海藻提制的海藻碘。

《食品营养强化剂使用卫生标准》(GB 14880—1994)规定了碘强化剂的使用范围及每 kg 使用量。碘化钾用于食盐为 30～70mg,用于婴幼儿食品为 0.3～0.6mg。碘酸钾用于食盐为 34～100mg,用于婴幼儿食品为 0.4～0.7mg。

(5)硒

硒是构成含硒蛋白与含硒酶的重要成分。硒具有抗氧化作用,能阻断活性氧和自由基的致病作用。硒对甲状腺激素具有调节作用,有抗肿瘤作用,能维持正常免疫功能和维持生物体正常发育。硒缺乏已被证实是发生克山病的重要原因。克山病在临床上主要症状为心脏扩大、心功能失代偿、心力衰竭等。

硒强化剂除化学合成的亚硒酸钠和硒酸钠外，我国尚许可使用富硒酵母、硒化卡拉胶和硒蛋白等。这主要是将无机硒化合物通过一定的方法将其与有机物结合，用以获取有机硒化合物。

《食品营养强化剂使用卫生标准》(GB 14880—1994)规定了硒强化剂的使用范围及每 kg 使用量。亚硒酸钠用于食盐为 7～11mg，用于饮液及乳饮料为 110～440μg，用于乳制品、谷物及其制品为 300～600μg。富硒酵母用于饮液为 30μg/10mL。硒化卡拉胶用于生产片、粒、胶囊为 20μg/片、粒(胶囊)。

(6)镁

镁是体内多种酶的激活剂，可参与 300 多种酶促反应，对葡萄糖酵解、脂肪、蛋白质、核酸的生物合成起重要的调节作用。镁是骨骼的组成成分，并维持骨骼的正常生长和神经肌肉的兴奋性。镁缺乏可导致神经肌肉兴奋性亢进，低镁患者可有房室性早搏、房颤以及室速与室颤，半数有血压升高。镁缺乏也可导致胰岛素抵抗和骨质疏松。

镁强化剂主要包括硫酸镁和氯化镁等。《食品营养强化剂使用卫生标准》(GB 14880—1994)规定了镁强化剂的使用范围及每 kg 使用量。硫酸镁用于乳制品为 3000～7000mg，用于婴幼儿食品为 2000～5800mg，用于饮液及乳饮料为 1400～2800mg。

2. 矿物质类强化食品的加工工艺

从我国近年来历次营养调查来看，各类人群钙、铁、锌、硒等矿物质缺乏的情况相当严重。因此，人们通过在食品中添加一些矿物质，这样不仅可以恢复食品中原有的营养元素，还可使食品中的矿物质元素趋于平衡，提高其营养价值。实践证明，营养强化是解决人体微量营养素缺乏症，提高国民整体健康水平的有效途径之一。

(1)富含钙的超微粉碎骨泥火腿肠

饮食习惯导致我国国民普遍缺钙。1997 年，美国政府审查机构通过大量严格的实验指出，平均直径在 110μ m 以下的骨粒，在与人体胃液相同的 pH 下是可溶的。超微粉碎骨泥中 Ca∶P 的比例接近 2∶1，非常有利于人体的吸收，是理想的天然钙源。以普通火腿肠加工技术为基础，开发出的超微粉碎骨泥火腿肠，具有补充钙质的功能。

1)材料与设备

材料：超微骨泥(骨粉与水 1∶1)，猪肉，淀粉，食盐，糖，味精，多聚磷酸钠，胡椒粉。

设备：质构仪，胶体磨，斩拌机，灌肠机，超微粉碎机，角切式破碎机，电磁炉，锅。

2)超微骨泥的制备

①工艺流程

鲜骨 → 清洗 → 干燥 → 粗粉碎 → 骨粉 → 胶体磨磨制 → 超微骨泥

②操作要点

制作超微骨泥的原料是经过 HYP-250 角切式破碎机粗粉碎的骨粉，用胶体磨研磨，研磨时先加入骨粉，研磨一段时间后加入水，水与骨粉的添加量为 1∶1，先加入少量的水，待骨粉被水湿润以后，再加入其余的水。磨制 3min 后，打开出料口放出骨泥。在超微粉碎的过程中，胶体磨的动、静磨片的高速相对运动，产生相对较大的速度梯度，当物料通过动、静磨片的间隙时，受到强大的剪切力，物料在这种作用下产生粉碎分散作用，使物料的平均粒度降低到 20μm，在这种粒度范围内，超微粉碎骨泥很容易被人体吸收。并且由于物料粒度的降低，其表面积也随之增大，各种基团也随之暴露，在胶体磨的高速旋转之下物料可以充分乳化，使产品的质地均匀。

3）火腿肠的制备

火腿肠的原料配比为：猪肉100，水20，淀粉20，盐3，糖1.5，味精0.3，多聚磷酸钠0.35，胡椒粉0.4。在斩拌的过程中，将超微粉碎骨泥加入馅料，添加量为5。

制作工艺如下：鲜猪肉→绞肉馅→加淀粉、香辛料→搅拌→腌制→混合→斩拌→灌肠→煮制→冷却→成品

以此配方制得的超微粉碎骨泥火腿肠，不仅可以保持传统做法制得的火腿肠的风味和质地，并且具有骨头固有的营养与香味。

（2）钙、锌强化牛乳

牛乳是矿物质强化剂的良好载体，添加的矿物质主要是铁、锌和钙的盐类，如铁盐中最常用的是硫酸亚铁、乳酸亚铁；锌盐常用的有硫酸锌、乳酸锌和葡萄糖酸锌；钙盐主要有乳酸钙、葡萄糖酸钙、柠檬酸钙等。经强化后的高钙牛乳、低脂高钙牛乳，其最终产品的钙含量一般在140～160mg/100mL之间，而正常牛乳中钙含量一般为100～120mg/100mL。另外，还有添加维生素A、维生素D、牛磺酸、叶酸、烟酸等营养素的AD奶、AD钙奶、学生营养奶等。

1）主要设备

净乳机、标准化机、奶油分离机、板式热交换器、高压均质机、杀菌机（UHT超高温瞬时灭菌机）、无菌灌装机、冷热缸、贮奶罐、奶泵等。

2）工艺流程

钙、锌及其他营养素强化剂
↓
原料乳验收→净化→标准化→强化调配→预热均质→杀菌冷却→无菌灌装→成品

3）工艺说明

①原料乳验收

原料乳的质量和新鲜度是保证产品质量的基础条件。原理乳验收的标准为：d_{20}^{4}为1.029～1.031，脂肪≥3.0%，非脂乳固体≥8.2%，酸度≤16～18°T。

②净化

验收合格的原料乳需经净乳机进行净化，以除去杂质，提高原料乳的净度。

③标准化

标准化是保证产品理化指标符合质量标准的重要工序，对产品的风味与营养价值有很大影响。按照强化乳的质量标准要求，对原料乳的脂肪含量、乳固形物含量、蛋白质含量进行标准化处理。

④强化调配

将配制好的钙、锌强化剂与标准化后的原料乳定量混合均匀。钙和锌的强化量为1kg牛乳600～800mg和5～10mg。其他的营养素强化量可以参考《食品营养强化剂使用卫生标准》（GB 14880—1994）的规定。

⑤预热均质

强化后的原料乳经板式热交换器预热至60～65℃，并在此温度下以20～25MPa的压力

进行均质处理。

⑥杀菌

均质后的原料乳随即进入杀菌器进行杀菌。超高温瞬时灭菌法(UHT)是目前消毒乳加工中最好的杀菌方法,可将营养物质的损失减少到最低,杀菌条件是140~150℃,2~5s。

⑦冷却、无菌灌装

杀菌后的牛乳由泵送至板式热交换器,经热交换后迅速冷却到4~8℃进行无菌灌装。

4)产品标准

①感官指标

具有灭菌牛乳固有的纯香味,无明显涩味和其他异味。呈均匀的胶态流体,无沉淀、凝块、机械杂质、黏稠和浓厚现象。乳白色或稍带微黄色。

②理化指标

全乳固形物≥11.2%~12.0%,脂肪≥3.1%,蛋白质≥2.9%,钙≥160mg/100mL,锌≥1mg/100mL,酸度≤16~18°T,汞(以Hg计)≤0.01mg/kg。

③微生物指标

细菌总数(个/mL)≤商业无菌,大肠杆菌≤10个/100mL(最大近似数),致病菌不得检出。

(3)铁强化功能饮料

铁在机体内具有重要的生理功能,它主要参与机体内部氧和二氧化碳的运输、交换和组织的吸收过程及某些氧化还原过程。缺铁时,会引起缺铁性贫血、发育不良等症状。

以猪血为原料,先通过酶解的方法使血红蛋白水解,生成血红素铁,然后分离得到纯度相对较高的血红素铁溶液,并利用此溶液,通过调酸、加香精的方法去除血红素铁的血腥味,从而制得色泽、风味和状态较佳的,且具有一定补铁保健功能的铁强化功能饮料。

1)原辅材料

猪血、碱性蛋白酶、白砂糖、海藻酸丙二醇酯、柠檬酸、山梨酸钾、乳化橘子香精、柠檬酸三钠、亚硫酸氢钠、维生素C、硝酸钠、氢氧化钠、盐酸等。

2)主要仪器与设备

离心沉淀机、恒温水浴锅、显微镜、马福炉、可见分光光度计等。

3)工艺流程

新鲜猪血→离心→下层红血球→溶血→酶解蛋白质→调pH<4→血红素铁析出→水洗数次→移到另一容器→调pH=7→过滤→血红素铁溶液→加入白砂糖、稳定剂、柠檬酸、山梨酸钾、香精(以上物质先溶解过滤)→调配定容→均质→装瓶→杀菌→检验→成品

4)操作要点

①猪血的预处理

在新鲜的猪血中立即加入0.8%的柠檬酸三钠,0.1%~0.2%的亚硫酸氢钠,0.7%的维生素C和0.1%的硝酸钠,混匀。

②离心

用4000 r/min的速度离心10min,弃去上层血浆,收集下层红血球。

③溶血

用超声波处理5min,即可完全溶血。也可以选用渗透压法溶血,在红血球中加入2.5倍

体积的水，搅拌均匀，放置30min，靠渗透压的作用使红血球破裂，达到溶血的目的。可用显微镜观察红血球是否破裂。

④酶解蛋白质

溶血后，用NaOH调pH至9左右，加入1.2%的碱性蛋白酶，搅匀，在50℃条件下恒温水浴5h，然后加热到80℃使蛋白酶失活。

⑤血红素铁溶液的提取

酶失活后，冷却至室温，加HCl调pH在4.0以下，使血红素铁析出，水洗数次，移入另一容器中，再加入适量水，分散后，用NaOH调pH值至7附近，进行过滤，即得血红素铁溶液。

⑥铁含量的测定

铁含量的测定采用硫氰酸钾比色法，其中灰化条件要求在500℃以上，时间大于4h。另外，硫氰酸铁的稳定性差，时间稍长，红色会逐渐消退，影响测定结果，故应在规定时间内完成比色。然后根据测定结果，计算出血红素铁溶液中铁的含量，来确定在饮料配方中所加血红素铁溶液的比例，要求饮料中铁的含量为1mg/100mL以上。

⑦饮料的配制

将白砂糖、海藻酸丙二醇酯、柠檬酸、山梨酸钾等固体物质先用水溶解过滤之后，再进行混合配制，最后加入香精，混匀定容。

⑧均质

生产中应采用二次均质，以达最佳稳定状态，首先选用19.6MPa的压力，再采用39.2MPa的压力。

⑨杀菌

尽可能减少微生物的污染，灌装后至于恒温水浴锅杀菌，杀菌条件63～65℃/30min。

5)参考配方

血红素铁溶液50%、蔗糖10%、柠檬酸0.5%、海藻酸丙二醇酯0.3%、山梨酸钾0.05%、香精适量。

三、氨基酸类强化食品生产技术

1. 概述

目前，市场上的氨基酸类营养强化剂主要是以赖氨酸为代表的氨基酸，还有以牛磺酸为代表的含氮化合物。

(1)氨基酸

作为食品营养强化用的氨基酸，实际应用最多的是人们食物最易缺乏的一些限制性氨基酸，如赖氨酸、蛋氨酸、苏氨酸和色氨酸等，且多为DL-型人工合成的氨基酸制剂。

赖氨酸是应用最多的氨基酸强化剂。由于人体没有赖氨酸转化酶，它不能重新生成，只能从食物中摄取。赖氨酸是人体必需氨基酸，而且还是谷物食品如大米、小麦、玉米等中的第一限制氨基酸。赖氨酸在谷物等植物蛋白质中的含量仅为肉、鱼等动物蛋白质中含量的1/3。因此，对于广大以谷物为主食，且动物性蛋白质尚不富裕的人们来说，很有强化赖氨酸的必要。

然而，赖氨酸很不稳定。在高温时，存在于食物中的糖类的醛基与赖氨酸的ε-氨基相结合，使赖氨酸失去营养价值。因而作为食品营养强化用的多为赖氨酸的衍生物，如L-赖氨酸盐酸盐、L-赖氨酸-L-天门冬氨酸盐和L-赖氨酸-L-谷氨酸盐等。《食品营养强化剂使用卫生标准》(GB 14880—1994)规定了赖氨酸的使用范围及每kg使用量。L-盐酸赖氨酸用于加工面包、饼干、面条的面粉使用量为1～2g,用于饮液为0.3～0.8g。

蛋氨酸是花生、大豆等的第一限制氨基酸,它大多用于这类食品加工时的营养强化。组氨酸则多用于婴幼儿食品的营养强化。

某些非必需氨基酸也可用于食品的营养强化。例如,L-丙氨酸除可以用作食品强化外,尚可作为增味剂应用。

(2)牛磺酸

牛磺酸又称作牛胆酸,因首先从牛胆中提取而得名,其化学名为α-氨基乙磺酸。牛磺酸既可从外界摄取,也可在体内由蛋氨酸或半胱氨酸的中间代谢产物磺基丙氨酸脱羧形成,并在体内游离存在。美国测定的结果表明,蔬菜、水果、谷类、干果类都不含牛磺酸,只有禽畜类、水产品和乳制品中含有牛磺酸,其中以海产品中牛磺酸含量最高,如牡蛎、蛤蜊等。禽类中红肉比白肉含量高,乳制品中含量很低。

牛磺酸是心脏中含量最丰富的游离氨基酸,约占游离氨基酸总量的60%,具有保护心血管的作用。牛磺酸能促进脂肪乳化,预防胆固醇性结石的形成。牛磺酸能促进神经系统发育,对大脑神经细胞DNA的合成具有明显的促进作用。此外,牛磺酸还是人肠道双歧杆菌的促生长因子,有利于优化肠道菌群结构。

人乳可保证婴儿对牛磺酸的需要,但它在人乳中的发展随婴儿出生后的天数增加而下降。此外,尽管它可以在人体合成,但婴儿体内磺酸丙氨酸脱羧酶的活性低,合成速度受限,而牛乳中的牛磺酸含量又很低,故有必要进行营养强化。作为食品营养强化剂的牛磺酸多数是人工合成,《食品营养强化剂使用卫生标准》(GB 14880—1994)规定了牛磺酸的使用范围及每kg使用量。牛磺酸用于乳制品、婴幼儿食品及谷类制品的使用量为0.3～0.5g,用于饮液和乳饮料为0.1～0.5g。

2. 氨基酸类强化食品的加工工艺

(1)赖氨酸强化面包

小麦粉的赖氨酸含量很低,其蛋白价为48%～52%,在面包中仅为44%,而人体最低需要值为70%,所以在面包中进行赖氨酸强化很有必要。如日本在面包中赖氨酸的强化量为100mg/100g以上。面包中赖氨酸的强化可通过添加大豆蛋白粉、脱脂乳粉及赖氨酸强化剂来实现。

1)加工设备

调粉机、发酵室、自动切块机、搓圆机、成型机、烤模、烤炉、包装机等。

2)原辅材料

面粉、酵母、蛋、甜味剂、脱脂乳粉、大豆蛋白粉、赖氨酸及其他营养素强化剂等。

3)工艺流程

赖氨酸等强化剂和其他辅料

↓

原辅料处理→种子面团调制→第一次发酵→主面团调制→第二次发酵→分块、搓圆→整型、装盘或装听→中间醒发→烘烤→冷却包装→成品

4)操作要点

①原辅料处理

面粉过筛除去杂质,大豆蛋白粉或脱脂乳粉、赖氨酸及其他营养强化剂预先用适量水溶解待用。

②种子面团调制

将酵母、水及部分面粉于调粉机中调成种子面团。种子面团与主面团面粉用量的比例为70/30或60/40(高筋面粉),50/50(中筋面粉),30/70(低筋面粉)。加水率为55%~60%,此次调粉时间不宜过长。

③ 种子面团发酵

温度27~29℃,相对湿度75%~80%,时间3~5h。

④主面团调制

首先用水将盐、蛋、甜味剂等辅料充分混合溶解,然后加入种子面团进行搅拌,再加入剩余的面粉、脱脂奶粉(或大豆蛋白粉),最后加入赖氨酸、维生素等强化制剂,充分搅拌至面筋形成。

⑤主面团发酵

温度28~32℃,相对湿度75%~80%,时间15~40min。

⑥分块、搓圆、中间醒发

发酵后的面团经自动切块机定量切块,再经搓圆机搓成圆形后,送入发酵室进行中间醒发。温度27~29℃,相对湿度75%,时间8~20min。

⑦整型、装听、醒发

经手工成型或机械成型后,将面包坯装入模具(面包听或烤盘)中进行最终醒发。温度38~42℃,相对湿度80~90%,时间30~60min。以面包坯体积增加3~4倍,或达到成品面包体积的80%(另外20%在烤炉中完成)为醒发结束的标志。

⑧烘烤

初期上火温度不宜超过120℃,下火200~220℃,以利于面包体积增长,时间2~3min;中期上下火均可提高,使面包定型;后期上火210~220℃,下火140~160℃,以利于上色增香。

⑨冷却、包装

控制冷却包装间的温度为22~26℃,相对湿度85%,空气流速30~240m/min。

(2)绿豆乳饮料

绿豆乳饮料是由绿豆浆和鲜牛奶按适当比例混合,蛋白质含量丰富,必需氨基酸齐全。绿豆中赖氨酸含量高,而赖氨酸是许多食物提供蛋白质的限制性氨基酸。因此,在牛奶成分基础上,添加赖氨酸后,可发挥氨基酸的互补作用,使得该产品营养高、成本低、价格低廉。

1)原材料

鲜牛奶、白砂糖、绿豆、稳定剂(黄原胶和海藻酸钠)等。

2)工艺流程

白砂糖、稳定剂→溶解→均质→过滤→原糖液

↓

鲜牛奶→过滤→冷藏→乳原料→调配→杀菌→均质→冷却→无菌灌装→成品

↑

绿豆浆

3）绿豆浆的制备过程及操作要点

① 绿豆浆的制备工艺流程

无虫、无霉变优质绿豆→去杂清洗→脱皮→浸泡→磨浆→浆渣分离→脱腥→绿豆浆

② 操作要点

a. 绿豆预处理：选择饱满、无霉变、脂肪蛋白含量高的绿豆，生产前将泥沙、杂物、烂豆除去。

b. 脱皮：绿豆皮中含有大量单宁物质，经加热处理很快由绿变为黄绿色，直至褐色，而经过脱皮后制成的豆乳颜色为浅黄绿色，所以必须进行脱皮。要求脱皮率不低于85%。

c. 浸泡：浸豆主要为软化豆粒，便于磨浆。浸豆时间要根据豆粒大小、绿豆品种、生产季节、水温高低而定，一般用15～20℃水浸泡，夏季8～10h，冬季16～20h，浸泡时加适量小苏打粉，使pH值在7.5～8.5之间，以利于抑制豆内脂肪氧化酶活性，除去豆腥味和苦涩味，浸泡至绿豆可掐出白汁，有脆感，并散发出香气为止。

d. 磨浆：将浸泡好的绿豆加清水（加水可选择绿豆：水=1：12），用磨浆机立即磨浆，磨浆机可使用胶体磨或砂轮磨；磨浆2次，然后用150～200目的过滤筛过滤，磨浆时用水要适量，水量过多虽有利于营养成分提取充分，但不利于生产。一般选择磨浆温度为50℃。磨浆后，将渣子分离出去后立即在浆液中通入蒸汽进行加热，使绿豆中的淀粉颗粒膨胀溶解与蛋白质形成乳状液。

e. 脱腥：绿豆原味与黄豆原味不同，绿豆原味一般消费者很喜欢，可不做脱腥处理。如需脱腥可采取真空脱腥的办法除去腥味。

4）糖与稳定剂的混合溶解

将白砂糖、稳定剂（0.04%黄原胶和0.05%海藻酸钠）按比例干混，混合均质后，加入50～60℃温水，搅拌成糖浆液均质过滤后备用。均质温度为55～60℃，均质压力为20～30MPa。

5）乳的调制

需净乳后备用。

6）调配

调配也是生产绿豆乳饮料的关键工序，不仅要严格、准确控制各辅料用量，而且要严格控制好调制温度与时间，以防蛋白质变性。调配温度一般不超过80℃。调配还应严格控制好饮料的pH值，远离绿豆乳饮料的等电点（pH=5.8），一般要求pH为7.5～8.0，以确保形成均匀、稳定、洁白的饮料。

7）均质

均质压力和浆液温度对绿豆乳饮料的保质稳定性极为重要，浆液在75～80℃的条件下，均质压力为20～25MPa，均质2次可获得良好效果。

8）杀菌与灌装

为使豆乳保存期延长，可采用121℃，15min杀菌，经过杀菌后的豆乳应尽快冷却下来，以免蛋白质受热变性。包装形式可采用易拉罐或玻璃瓶。

9）保存温度

一般为6～10℃为宜，因为绿豆中除含蛋白质外还含有淀粉，保藏温度太低，淀粉易老化。

（3）牛磺酸强化牛奶

由于营养素失衡或地方性营养素缺乏而造成的智力低下，在我国乃至全世界都时常见

到。老年性痴呆症也是一种发病率很高的疾病。如何改善记忆力、延缓大脑的衰老是目前的一个重要研究课题。为此，具有改善记忆的增智功能性食品将展现出广阔的市场前景与发展潜力。

1)主要原料

生鲜牛乳、锌、牛磺酸、二十二碳六烯酸(DHA)、花生四烯酸(AA)、羧甲基纤维素(CMC)、黄原胶、卡拉胶。

2)主要设备

搅拌器、牛奶自动标准化设备、超高温杀菌机、分析天平。

3)工艺流程

稳定剂→ 溶解→加入强化剂→均质

↓

生鲜牛乳→净乳→标准化→混合→均质→超高温杀菌→灌装→成品

4)操作要点

① 原料乳标准化

采用牛奶自动标准化设备，对所用原料乳进行标准化，使其指标可以满足生鲜牛乳收购标准的要求。

② 辅料混合

将 CMC、黄原胶、卡拉胶 3 种稳定剂加入到 75℃热水中，搅拌 10min，使其充分溶解。冷却至 60℃，再加入牛磺酸、锌、DHA 和 AA，搅拌 15min，混匀后在压力 18 MPa 下进行均质。均质后辅料液与牛奶混合。

③ 均质

为了保证产品质地均匀及在货架期内不会出现分层现象，将混合均匀的料液预热至 60～65℃。在压力 18～20 MPa 下进行二次均质。

④ 杀菌

采取超高温杀菌，杀菌条件为 135℃，4s。不仅可以保证产品在货架期内的卫生状况，而且可以减少营养成分损失。

5)参考配方

100 g 产品配方：80 g 生鲜牛乳，40 mg 牛磺酸，5 mg 锌，2 mg 的 DHA，4 mg 的 AA，0.12 g 的CMC，0.03 g 黄原胶，0.06 g 卡拉胶，19 g 软化水。

【小结】

本章主要介绍了食品营养强化的概念、分类与意义、食品营养强化遵循的基本原则以及维生素类强化食品、矿物质类强化食品和氨基酸类强化的基本生产工艺。近些年，我国在改善国民的营养状况方面取得了巨大的成就。但由于各地区的经济发展不平衡，以及管理、教育、营养知识普及等多方面原因，当前在我国国民中仍然存在着比较严重的营养不良问题。根据我国有关食品营养强化的法规规定，确定科学合理的食品强化工艺，采用先进有效的加工技术与方法，合理选择营养强化的载体和强化剂，注重食品中各营养素之间的平衡，弥补天然食品中某些营养素的不足，使其营养趋于平衡，是强化食品生产的重要准则。

【复习思考题】

1. 什么是食品的营养强化？食品营养强化的意义是什么？在食品强化时应遵循哪些原则？

2. 目前我国食品强化剂分为哪几类？举例说明各类食品强化剂的种类有哪些？

3. 试述维生素强化米的加工原理及工艺流程。

4. 试述挤压法加工维生素 C 微胶囊的工艺要点。

5. 试述维生素 A 蛋白奶茶的工艺要点。

6. 试述超微粉碎骨泥火腿肠的工艺流程及工艺要点。

7. 试述钙、锌强化牛乳的工艺流程及工艺要点。

8. 试述铁强化功能饮料的工艺流程及工艺要点。

9. 试述赖氨酸强化面包的工艺流程及工艺要点。

10. 试述绿豆乳饮料的工艺流程及工艺要点。

11. 试述牛磺酸强化牛奶工艺流程及工艺要点。

实验七　儿童营养酸奶的加工

牛乳在乳酸菌发酵过程中能产生人体所需要的多种维生素，如维生素 B_1、维生素 B_2、维生素 B_6、维生素 B_{12} 等。发酵还使牛乳中 20％左右的糖、蛋白质被分解成为小分子化合物，如半乳糖和乳酸、小的肽链和氨基酸等，使酸奶更易消化和吸收，特别适合于消化系统不完全的婴幼儿。在酸奶中添加 AD 钙粉、铁锌粉、维生素 C、牛磺酸等可以使酸奶的营养更全面，具有更高的营养保健作用。

1. 主要原料

鲜牛乳、白砂糖、Rhodia 菌种 MY900、牛初乳粉、AD 钙粉、铁锌粉、麦片、异麦芽低聚糖、牛磺酸、维生素 C、微晶纤维素(稳定剂)。

2. 主要设备

电热恒温培养箱、均质机、蒸汽灭菌锅等。

3. 实验方法

铁锌粉、AD钙粉、白砂糖、麦片、异麦芽低聚糖、牛磺酸等

↓

原料乳→净化→标准化→配料→均质→杀菌→冷却→加发酵剂→发酵→冷却至10℃→添加牛初乳粉、维生素C→灌装→贮藏→检验→成品

4. 操作要点

(1)原料乳应优质，除酒精实验、无抗试验外，还要做热稳定性试验及微生物检验，并标准化，使乳脂含量≥3.0％。

(2)原料预热至 60～65℃时将铁锌粉、AD 钙粉、白砂糖、麦片、异麦芽低聚糖、牛磺酸等加入。

(3)杀菌温度为95℃,5min。冷却至43℃时添加发酵剂,添加量为4U/100kg,置于43℃培养室内培养,发酵酸度为65～68°T时冷却至10℃,添加牛初乳粉及对热不稳定的维生素C,然后在0～5℃的冰箱中贮藏24h,酸度70～75°T时,即为成品。

5. 参考配方

AD钙粉添加量为0.05%,铁锌粉为0.05%,维生素C为0.005%,异麦芽低聚糖1%,牛磺酸为0.0025%,麦片为1.5%,牛初乳粉为0.2%,白砂糖6%,微晶纤维素0.5%。

实验八　营养强化小米的加工

小米是一种营养丰富、具有医疗保健作用的优质粮源。小米有清热、消渴、利尿等作用,可治脾胃虚弱、消化不良、反胃呕吐等疾病。食用小米还可防止幼儿贫血,对孕妇有安胎助产之功效。但小米中赖氨酸和硒含量较低,可以将南瓜、红枣等营养物质以及赖氨酸、硒等营养元素附着于小米表层,以达到强化小米营养的目的。

1. 主要原料

小米、南瓜、红枣、赖氨酸、硒。

2. 主要设备

粉碎机、电子分析天平、电热鼓风恒温干燥箱等。

3. 加工工艺

南瓜、红枣去皮→去瓤(核)→切块→烘干→超微粉碎
↓
赖氨酸、硒等强化剂→琼脂溶化成溶液→小米→烘干→成品

4. 操作要点

(1)将琼脂溶化成溶液,控制质量分数为0.1%～0.2%(最佳比例为0.6g琼脂加水400mL加温溶化),在这种配比条件下涂膜效果好,而且小米不会吸湿太多,容易干燥。

(2)将南瓜、红枣等果蔬去皮、去瓤(核)、切块、烘干,然后经过超微粉碎制得南瓜粉、红枣粉等。

(3)将南瓜粉5%～9%、红枣粉5%～9%、赖氨酸0.2%～0.3%、硒0.010%～0.015%等强化营养元素溶于14%～18%的琼脂溶液,制成膏状。以上比例均以小米为基料计算,即占小米质量的比例,中间值为最佳比例。

(4)将制备好的营养膏状体涂膜于小米表层,混合搅拌均匀。

(5)通过20 min左右的烘干,将小米水分含量控制在13%以下,以便于保存。

(6)这种营养强化小米表层附着有营养元素,因此食用时不宜淘洗,直接熬粥食用即可。

附录　保健食品评审技术规程

第一章　总则

第一条　根据《保健食品管理办法》(以下简称《办法》)的有关要求,为使保健食品的评审工作科学化、规范化、标准化,特制定本规程。

第二条　本技术规程旨在规范保健食品的申报和评审工作,并使保健食品的研制、申报和评审有章可循,有关"安全性毒理性评价"和"保健食品功能学评价"的技术要求,须依据《食品安全性毒理学评价程序和检验方法》、《保健食品功能学评价程序和检验方法》执行。

第二章　保健食品审批工作程序

第三条　国内保健食品审批工作程序

(一)国内保健食品申请者,必须向其所在省、自治区、直辖市卫生厅(局)提出申请,填写《保健食品申请表》,并报送《办法》第六条所规定的申报资料及样品。

(二)受理申请的省、自治区、直辖市卫生厅(局),负责组织省级食品卫生评审委员会初审,初审通过后上报卫生部。

(三)申报资料及样品必须在每季度第一个月底前送至卫生部卫生监督司,逾期上报的产品将列入下一季度评审。

(四)卫生部卫生监督司负责受理上报的资料,并组织召开卫生评审委员会会议,对申报产品进行评审。

第四条　进口保健食品审批工作程序

(一)进口保健食品申请者,必须向卫生部提出申请,填写《进口保健食品申请表》,除提交《办法》第六条所规定的有关资料外,还应提供产品出产国(地区)官方卫生机构出具有允许生产或销售的证明文件等资料,代理商还应提交生产企业提供的委托书。

(二)卫生部卫生监督司负责受理进口保健食品的申请并组织召开卫生部食品卫生评审委员会会议,对申报产品进行评审。

(三)受理截止日期为每季度第一个月底前,逾期申请的产品将列入下一季度评审。

第五条　通过卫生部食品卫生评审委员会评审的产品,报经卫生部批准后,由卫生部颁发《保健食品批准证书》或《进口保健食品批准证书》。

第三章　评审委员会工作任务及制度

第六条　省级评审委员会对申报的保健食品进行初审。

(一)根据《办法》第六条规定,全面审查申请者提供的资料是否完整,有无缺、漏项,各种评价、检验报告的出具单位的资格是否符合《办法》及有关规定的要求。

(二)重点对产品的安全性进行审查。

（三）省级评审委员会必须对初审的产品提出具体的初审意见，上报卫生部。

第七条　卫生部评审委员会负责对进口保健食品及省级卫生行政部门初审上报的产品进行终审，重点审查保健功能及说明书、标签内容的真实性，为卫生部审批保健食品提供技术评审意见。

第八条　卫生部评审委员会每年召开四次会议，会议时间在每季度最后一个月。

第九条　评审会议由主任委员或副主任委员主持，无特殊原因，评审委员应出席评审会议。

第十条　评审会议必须在有 2/3 以上委员出席时方可召开，并必须有全体委员的 2/3 以上委员同意方可认为评审通过。

第十一条　被评审产品如涉及某评审委员，评审时若需要回避的，该委员应该回避。

第十二条　评审会议结束时，评审委员应将全部评审资料交评审委员会秘书处，并必须对被评审产品的配方和工艺保密。

第四章　保健食品的评审

第十三条　保健食品名称的审查

产品命名应符合《办法》第二十二条和《保健食品标识规定》的要求。申报资料中应包括命名说明。

第十四条　保健食品申请表的审查

申报者应采用卫生部统一印发的《保健食品申请表》或《进口保健食品申请表》，按“填表说明”填写，不得将需填写的内容复印后粘贴到表上。

第十五条　保健食品配方的审查

（一）产品所用原料应满足《办法》第四条第（二）款的要求。

（二）产品配方应满足《办法》第四条第（三）款的要求。

（三）配方含量必须真实，并提供配方依据。

（四）以菌类经人工发酵制得的菌丝体或菌丝体与发酵产物的混合物为原料的，必须提供所用菌株的鉴定报告及稳定性资料。

（五）以微生态类为原料的，必须提供菌株鉴定报告及菌株的稳定性试验报告，同时应提供菌株是否含有耐药因子等有关问题的资料。

（六）以藻类、动物及动物材料等为原料的，必须提供品种鉴定报告。

（七）以从动植物中提取的单一有效物质或生物、化学合成物为原料的，需提供该物质的理化性质、毒理学试验报告及在产品中的稳定性试验报告等资料，并尽可能地提供该物质的化学结构式。

（八）产品所用加工助剂及食品添加剂必须符合国家食品卫生标准。

（九）对具有抗疲劳作用、改善性功能作用、促进生长发育等作用的产品，需提交有关兴奋剂和激素水平的检测报告。

第十六条　生产工艺审查

（一）生产工艺应合理，必须符合《办法》第十八条的规定。

（二）生产工艺应包括各组份的制备、成品加工过程及主要技术条件。

第十七条　质量标准审查

(一)产品质量标准应符合国家有关标准制订原则。

(二)所有能反映产品内在质量的指标均应列入标准。

(三)质量标准应对产品的原料、原料来源、品质等作出规定。

(四)质量指标中属于国家强制性标准的,应符合国家有关食品卫生标准。

(五)原则上应制订特异功效成分指标,并附定性、定量检测方法。

(六)制订编制说明,说明质量标准中各项指标制订的意义及依据。

第十八条　安全性毒理学评价报告的审查

(一)产品必须完成安全性毒理学评价试验,这是评审产品安全性的必要条件。

(二)安全性毒理学评价试验必须严格按照《食品安全性毒理学评价程序和方法》(GB 15193.1～GB 15193.19－2003)的规定执行。

(三)保健食品原则上必须完成《食品安全性毒理学评价程序和方法》规定的第一、二阶段的毒理学试验,必要时仍需进行进一步的毒理学试验。

(四)对以单一营养素为原料的产品,在理化测定的基础上,若用量在安全剂量范围内,一般不要求做毒理学试验。但对以多种单一营养素为原料加工生产的产品,仍需进行安全性评价。

(五)对以生物提取物及化学合成物为原料的产品,若国内外已有大量的安全性评价资料证明该物质是安全的,在证明产品所用该物质的理化性质和纯度与文献报道一致的前提下,一般不要求做毒理学试验。

(六)以普通食品原料和/或药食两用名单之列的物质为原料的产品,一般不要求做毒理学试验。

(七)卫生部已批准生产和试生产的新资源食品,在申报保健食品时,一般不再要求做毒理学试验。

第十九条　保健食品功能学评价报告的审查

(一)审查产品的动物和/或人群功能性评价试验,以评价产品是否具有明确、稳定的保健作用。

(二)产品的功能学评价试验必须在卫生部认定的机构进行,并应严格按照《保健食品功能学评价程序和检验方法》进行。

(三)进口保健食品的功能学评价试验或验证工作,须在卫生部指定的保健食品功能评价、检测和安全性毒理学评价技术中心卫生部食品卫生监督检验所进行。

(四)对以单一营养素为原料的产品,在理化测定的基础上,若用量在安全剂量范围内,且达到有效剂量,一般不要求做功能学评价试验。但对以多种单一营养素为原料加工生产的产品,仍需进行功能学评价试验。

(五)对营养强化食品,若宣传其功能,应按保健食品申报。

(六)未列入《保健食品功能学评价程序和检验方法》的功能学评价项目,在申请者提供方法的基础上,经卫生部食品卫生监督检验所或卫生部认定的其他功能学检验机构进行功能学评价试验,如试验结果肯定,该产品可申报保健食品,但必须提交具体试验方法及有关参考文献。评价方法的科学性和结果的可靠性,由卫生部食品卫生评审委员会会同有关专家评定。

第二十条 功效成分资料的审查

(一)原则上申报资料应提供产品功效成分含量测定报告。

(二)单一功效成分的应提供该成分含量测定报告。

(三)多组分产品,原则上应提供主要功效成分含量测定报告。

(四)因在现有技术条件下,不能明确功效成分的,则须提交食品中与保健功能相关的原料名单及含量。

第二十一条 产品稳定性资料的审查

(一)产品的稳定性是其质量的重要评价指标之一,是核定产品保质期的主要依据。

(二)申请《保健食品批准证书》或《进口保健食品批准证书》时,申请者须提交产品的稳定性资料。

(三)稳定性试验是将定型包装的产品置于温度 37～40℃和相对湿度 75%的条件下,选择能代表产品内在质量的指标,每月检测一次,连续 3 个月,如指标稳定,则相当于样品可保存两年。有条件的申请者,还可选择常温条件下进行稳定性试验,周期一年半,此法较前者更可靠。

(四)产品的稳定性试验,至少应对三批样品进行观察,所有代表产品内在质量的指标均应监测,并应注意直接与产品接触的包装材料对产品稳定性的影响。

(五)有明确功效成分的产品,必须提供功效成分的稳定性资料。

(六)稳定性试验报送的资料,应包括试验方法、数据、结论等有关资料。

第二十二条 产品卫生学检验报告的审查

(一)产品卫生学检验报告须由省级以上卫生行政部门出具。

(二)进口保健食品的卫生学检验报告须由卫生部食品卫生监督检验所出具。

(三)应提供近期三批有代表性样品的检测报告。

(四)所检指标应符合有关国家标准,无国家标准的,应符合产品的质量标准。

第二十三条 标签及说明书(送审样)审查按《办法》第四章及《保健食品标识规定》要求进行。

第二十四条 国内外有关资料审查应尽可能地提供国内外同类产品的研究利用情况及有关文献资料。

(一)经初审合格后上报卫生部的申报资料,至少一式 20 份。

(二)《保健食品申请表》或《进口保健食品申请表》要求有 3 份原件,其余可用复印件。

(三)上报卫生部的所有检测报告必须有一份原件,其余可用复印件。

(四)上报卫生部的所有鉴定证书、委托书等必须有一份是原件,其余可用复印件。

(五)上报卫生部的样品需最小包装 10 件(不包括检验样品)。

参考文献

[1]李世敏．功能食品加工技术．北京:中国轻工业出版社．2009

[2]孙长颢主编．营养与食品卫生学[M]．北京:人民卫生出版社,2008.

[3]丁晓雯,周才琼．保健食品原理[M]．重庆:西南师范大学出版社,2008.

[4]李朝伟,陈青川．食品风险分析[J]．检验检疫科学,2001,11(1):57～58.

[5]范青生．保健食品工艺学[M]．北京:中国医药科技出版社,2006.

[6]郑建仙．功能性食品学．北京:中国轻工业出版社,2003

[7]金园．食品营养卫生学．北京:中国商业出版社,1986

[8]中国预防医学科学院营养与食品卫生研究所．食物成分表．北京:人民卫生出版社,1991

[9]王银瑞,胡军,解柱华．食品营养学．西安:陕西科学技术出版社,1992

[10]吴坤．营养与食品卫生学．第五版．北京:人民卫生出版社,2003

[11]陈君石,闻芝梅．功能性食品的科学．北京:人民卫生出版社,2002

[12]凌关庭主编．保健食品原料手册．北京:化学工业出版社,2002

[13]王光亚．保健食品功效成分检测方法．北京:中国轻工业出版社,2002

[14]何照范,张迪清．保健食品化学及其检测技术．北京:中国轻工业出版社,2002

[15]刘志皋．食品营养学(第二版)．北京:中国轻工业出版社．2009

[16]葛可佑．公共营养师(基础知识)．北京:中国劳动社会保障出版社．2007

[17]贡汉坤．食品生物化学．北京:科学出版社．2010

[18]吴俊明．食品化学．北京:科学出版社．2004

[19]刘晓玲等．助智牛奶的研制．中国乳品工业,2007,35(1):44～46

[20]范青生．保健食品研制与开发技术[M]．北京:化学工业出版社,2006.

[21]刘静波,林松毅．功能食品学[M]．北京:化学工业出版,2008.

[22]金宗濂．食品科学概论[M]．北京:科学出版社,2006.

[24]张燕萍,谢良．食品加工技术[M]．北京:化学工业出版社 2006.

[25]钟耀广．功能性食品[M]．北京:化学工业出版,2004.

[26]张孔海．食品加工技术概论[M]．北京:中国轻工业出版社,2007.

[27]金凤燮．生物化学[M]．北京:中国轻工业出版社,2004.

[28]付瑞燕等．氧自由基清除剂的应用．生物学杂志, 2002, 19(4):52～58

[29]赵宝路．氧自由基和天然抗氧化剂．北京:科学出版社,1999

[30]迟乃玉等．SOD的化学特性及其应用．沈阳农业大学学报,1999, 30(2): 171～175

[31]周嘉伟．衰老的自由基学说与抗衰老中药的研究．天津药学． 1997,9(2): 47～49

[32]万素英等．天然食品抗氧化剂与人的营养与健康．河北农业大学学报,1998,21(1):110～114

[33]汪秋安．天然抗氧化剂的开发利用．广西轻工业,1999,2:22～23

[34]张德权等．生物类黄酮的研究及应用概况[J]．食品与发酵工业,1999,25(6):52～57

[35]杨成峰,陈学敏．锗-132对氧自由基清除作用的研究．现代预防医学,1997,24(1):28～30

[36]FLOYD R A, SOONG L M, STUART M A, et al. Spin trapping of free radicals produced from nitrosoamine carcinogens. Photochem photobiol, 1978, 28: 857～863

[37]HEINLE H, KLING D, et al. Oxygen free radical and scavengers in the natural sciences. Budapest: Akade miai Kiado (Publishing House of the Hungarian Academy of Sciences), 1993. 159～165

[38]TOTH E, NGUYEN Thi Ha, et al. Oxygen free radical and scavengers in the natural sciences. Budapest: Akade miai Kiado(Publishing House of the Hungarian Academy of Sciences). 1993. 155～158

[39]TOLLE A, KOLLECK I, et al. Vitamin E metabolism of the lung. Fett Lipid, 1996, 98: 328～331

[40]Mutoh H, Hiraishi H, OTA S, et al. Relationships between metals ions and oxygen free radicals in ethanol induced damage to cultured rat gastric mucosal cells. Digestive Diseases and Sciences. 1995, 40: 2704～2711

[41]DEVECI M, DIBIRDIK I, et al. Alpha - tocopherol and GinKgo biloba treatment protects lipid per-oxidation during ischemic period in rat groin island skin flaps. European Journal of Plastic Surgery, 1997, 20: 141～144

[42]NIAZ M A, SINGH R B, et al. Effect of antioxidant rich foods on plasma ascorbic acid, cardiac enzyme, and lipid peroxide levels in patients hospitalized with acute myocardial infarction. Journal of the American Dietetic Association, 1995, 95: 775～780

[43]BIACS P A, DAOOD H G, et al. Oxygen free radicals and scavengers in the natural sciences. Budapest: Akade miai Kiado(Publishing House of the Hungarian Academy of Sciences). 1993. 307～314

[44]HUANG Kehe, CHEN Wan-feng, HUANG K H, et al. Effect of selenium on the resistance of chickens to Marek's disease and its mode of action. Acta Veterinarian et-Zoo technica Sinica, 1996, 7: 448～455

[45] Ensminger, A. H. et al.: Foods and Nutrition Encydopedia, First Edition, USA,1983

[46] Shamberger, R. J.: Biochemistry of Selenium, Plenum, New York and London,1983

[47]McCord J M, Fridovich I, Superoxide dismutase; An enzymic function for erythrocuprein (bemocuprein). J Biol Chem,1969,244:6049～6055

[48]Beauchamp C, Fridovich I, Superoxide dismutase; Improved assays and an assay applicable to acrylamide gels. Anal Biochem,1971,44:276～287